中国城市科学研究系列报告

中国城市科学研究会　主编

中国建筑节能年度发展研究报告 2023

（城市能源系统专题）

 清华大学建筑节能研究中心　著

U0291666

中国建筑工业出版社

图书在版编目（CIP）数据

中国建筑节能年度发展研究报告. 2023：城市能源
系统专题 / 清华大学建筑节能研究中心著. — 北京：
中国建筑工业出版社，2023.4
（中国城市科学研究系列报告）
ISBN 978-7-112-28552-5

Ⅰ. ①中… Ⅱ. ①清… Ⅲ. ①建筑－节能－研究报告
－中国－2023 Ⅳ. ①TU111.4

中国国家版本馆 CIP 数据核字（2023）第 052199 号

本书是自 2007 年出版以来的第 17 本连续出版物。本书以城市能源系统作为专题进行阐述，共分为两篇，第 1 篇为中国建筑能耗和碳排放、第 2 篇为城市能源系统。主要内容包括：中国建筑能耗与温室气体排放、中国城镇供热需求和供热系统现状、双碳背景下我国城市供热发展思辨、新型电力系统的电源结构及供热影响、低品位余热及其在未来供热系统中的作用、低品位余热利用三大关键技术、城镇低碳供热技术、低碳供热最佳实践案例等内容。本书可供各级政府机关、建设领域和节能领域工作人员使用，还可供科研机构研究人员、大专院校师生使用。

责任编辑：齐庆梅
文字编辑：胡欣蕊
责任校对：张　颖

中国城市科学研究系列报告
中国城市科学研究会　主编

中国建筑节能年度发展研究报告 2023
（城市能源系统专题）

清华大学建筑节能研究中心　著

*

中国建筑工业出版社出版、发行（北京海淀三里河路 9 号）
各地新华书店、建筑书店经销
北京红光制版公司制版
建工社（河北）印刷有限公司印刷

*

开本：787 毫米×1092 毫米　1/16　印张：22¾　字数：416 千字
2023 年 5 月第一版　　2023 年 5 月第一次印刷
定价：**98.00** 元
ISBN 978-7-112-28552-5
（41018）

版权所有　翻印必究
如有印装质量问题，可寄本社图书出版中心退换
（邮政编码 100037）

本书顾问委员会

主任：仇保兴

委员：（以姓氏拼音排序）

陈宜明　韩爱兴　何建坤　胡静林

赖　明　倪维斗　王庆一　吴德绳

武　涌　徐锭明　寻寰中　赵家荣

周大地

本书作者及编写分工

清华大学建筑节能研究中心

江亿（第1章）

胡姗（第1章）

杨子艺（第1章，2.3）

王正华（1.1，1.3，1.4）

王宝龙（1.4）

徐天昊（1.6）

夏建军（第2章、第5章）

魏江辉（2.1）

江永澎（2.1）

单明（2.1）

刘朝阳（2.2，2.3，2.4，5.1）

罗旭（2.2，7.6）

杨赞宇（2.2，2.3）

杨晓霖（2.3，5.1，5.2）

祝子涵（2.3）

唐千喻（2.3）

付林（第3章）

李永红（第4章）

孙德熙（5.1）

吴彦廷（6.1，8.6，8.7）

杨波（6.2，7.3）

谢晓云（6.3，7.1，7.2，7.5，8.3）

张浩（7.1，8.3）

井洋 （7.2）

邓杰文 （7.4）

特邀作者

中国建筑科学研究院有限公司	袁闪闪 （2.1）
新奥能源控股有限公司	刘建伟 （2.1）
内蒙古自治区供热工程技术研究中心	方豪 （5.1，8.2，8.5）
（即内蒙古富龙供热工程技术有限公司）	张俊月 （8.2）
山东核电有限公司	吴放 （8.1）
	王震 （8.1）
北京清建能源技术有限公司	张世钢 （8.4）
天津华赛尔传热设备有限公司	赵殿金 （8.5）
华清安泰能源股份有限公司	刘伟 （8.6）
北京清华同衡规划设计研究院有限公司	王潇 （8.7）
上海交通大学机械与动力工程学院	王如竹 （8.8）

统稿

吴彦廷　　胡姗

总　序

　　建设资源节约型社会，是中央根据我国的社会、经济发展状况，在对国内外政治经济和社会发展历史进行深入研究之后做出的战略决策，是为中国今后的社会发展模式提出的科学规划。节约能源是资源节约型社会的重要组成部分，建筑的运行能耗大约为全社会商品用能的三分之一，并且是节能潜力最大的用能领域，因此应将其作为节能工作的重点。

　　不同于"嫦娥探月"或三峡工程这样的单项重大工程，建筑节能是一项涉及全社会方方面面，与工程技术、文化理念、生活方式、社会公平等多方面问题密切相关的全社会行动。其对全社会介入的程度很类似于一场新的人民战争。而这场战争的胜利，首先要"知己知彼"，对我国和国外的建筑能源消耗状况有清晰的了解和认识；要"运筹帷幄"，对建筑节能的各个渠道、各项任务做出科学的规划。在此基础上才能得到合理的政策策略去推动各项具体任务的实现，也才能充分利用全社会当前对建筑节能事业的高度热情，使其转换成为建筑节能工作的真正成果。

　　从上述认识出发，我们发现目前我国建筑节能工作尚处在多少有些"情况不明，任务不清"的状态。这将影响我国建筑节能工作的顺利进行。出于这一认识，我们开展了一些相关研究，并陆续发表了一些研究成果，受到有关部门的重视。随着研究的不断深入，我们逐渐意识到这种建筑节能状况的国情研究不是一个课题通过一项研究工作就可以完成的，而应该是一项长期的不间断的工作，需要时刻研究最新的状况，不断对变化了的情况做出新的分析和判断，进而修订和确定新的战略目标。这真像一场持久的人民战争。基于这一认识，在国家能源办、住房和城乡建设部、发展改革委的有关领导和学术界许多专家的倡议和支持下，我们准备与社会各界合作，持久进行这样的国情研究。作为中国工程院"建筑节能战略研究"咨询项目的部分内容，从 2007 年起，把每年在建筑节能领域国情研究的最新成果编撰成书，作为《中国建筑节能年度发展研究报告》，以这种形式向社会及时汇报。

清华大学建筑节能研究中心

前　言

按照每四年一循环的原则，今年《中国建筑节能年度发展研究报告 2023（城市能源系统专题）》的主题应当是北方城镇供热系统。如每年的系列报告中所分析的，北方城镇冬季供热导致的能源消耗和碳排放，大约占到全国总的建筑运行相关能耗和碳排放的四分之一，所以十五年前根据我国建筑节能工作发展所确定分出等比例的精力研究规划北方城镇供热的节能与低碳。自 2020 年中央提出"双碳"目标以来，怎样实现由目前的碳基能源结构转为零碳的能源结构成为实现碳中和的最主要任务。从这一任务出发，目前大量工作围绕如下一些主题开展：一次能源的转型（煤、油、气的生产与供给系统），以零碳为目标的新型电力系统的建设，工业生产的低碳转型，交通的低碳转型和建筑运行用能的低碳转型。然而，隐在其中的一个重要环节却有些被忽视：城市能源供给系统。其中有：城市配电系统、城市燃气供给系统、城市热力供给系统（包括循环热水的供热和蒸汽供给）。这一部分包括了从一次能源向终端用能形式的转换，从供给源向需求侧的输配，以及终端的接收和转换。除了少数工业生产过程和少数交通方式还需要燃料，在碳中和场景中，终端的主要能源将来自于电力和集中提供热力，从而不再有用能过程中的直接碳排放。而可能的碳排放将主要产生于城市能源供给系统的能源转换过程中。所以这应该是研究如何全面实现碳中和目标的关键。城市的配电、燃气供给和热力供给三大系统从来都是各自独立：独立的系统、独立的管理、独立的运行调节。而围绕能源转型的目标开展研究，就会发现这三大供给系统在碳中和场景下其结构将出现彻底的变化，且需要相互协同、相互依存。不能再把电力、燃气、热力的供给割裂分开，而必须放在一个统一的平台下进行彻底的研究、反思，必须把城市能源供给系统作为完成低碳供能这样一个总的任务的一个整体系统进行研究、规划，才能科学地确定系统的发展方向。鉴于这一原因，我们决定把北方城镇供热这一主题扩展为城市能源系统，从今年的报告开始，每四年一次，全面综合地讨论城市能源供给系统的问题，包括但不限于怎样满足目前城镇发展的需要，怎样全面实现未来的碳中和目标，怎样按照中央"先立后破"的精神，在全面保障社会发展、居民生活和经济增长的前提下，实现现有系统向新系统的逐步转换。

本书所讨论的城市能源供给系统主要面对如下能源需求：

（1）城市建筑、工业和交通对电力的需求；

（2）城市建筑冬季供暖用热、制备生活热水用热以及某些特殊功能建筑（如医院）对蒸汽的需求；非流程制造业（机械制造、电子、纺织、印染、皮革、造纸、食品、制药、橡胶、塑料成型等）生产过程中对热量的需求（循环热水方式和蒸汽方式）。

燃气目前主要用于：①建筑炊事和其他热量需求；②通过锅炉为建筑和工业提供热量；③作为某些需要燃烧的工业过程的燃料；④作为某些工业生产过程的原料；⑤部分车辆的燃料；⑥部分火电的燃料。因为天然气是化石能源同时也是重要的温室气体，不仅燃烧会排放二氧化碳，作为温室气体直接泄漏也会导致十余倍的温室效应，尽可能避免使用天然气是实现碳中和的重要任务之一。所以上述应用中的①和②要研究的是如何通过电力和热力供给替代燃气供给，⑤也尽可能通过电气化来替代，而其余的应用则仅在工厂、电厂等特定场合，所以城市内主要面向建筑需求的全面的燃气管网很可能将被逐步取消。这样，就不需要再研究主要服务于建筑的城市燃气网了。城市能源供给系统的核心就是电力供给和热力供给，这也是本报告研究讨论的重点。

感谢华能集团从2020年开始通过"基础能源研究基金"对碳中和愿景下城市能源供给系统研究的支持，感谢中国科学院、中国工程院从2020年开始作为碳中和发展规划分别对此方向研究的支持，感谢住房和城乡建设部通过GEF基金对这一研究的支持，也感谢中国城镇供热协会多年来一直对供热专项统计工作的支持。经过付林、夏建军和江亿三个课题组持续三年多的研究，对我国碳中和愿景下城市能源供给系统的结构、特点与运行模式有了初步构思，同时也初步厘清了如何在保障目前建筑和工业用能需求及不断增长的需要的前提下，怎样在已有系统的基础上，一步步改造，最终转变成新的满足碳中和要求的能源供给系统。本书综合叙述上述研究结果，包括基本理念的辨析（第3章），建立电力的日总量分区域模型，通过优化方法确定各区域未来的风电、光电、火电装机容量和全年的运行状态（第4章），以及未来建筑和非流程工业对热量的需求预测（第5章）、未来各种余热资源的预测。由此得到在碳中和愿景下，通过热电协同，利用弃风弃光电力、核电与调峰火电冷端余热以及流程工业排放的低品位余热，为高密度热量需求的城市密集区建筑和非流程工业直接提供所需要的热量，或提供热泵的低温热源热量。而对于低密度的热量需求（如生活热水制备、农村建筑供暖、北方城市低密度建筑供暖、南方建筑供暖等）则直接利用电动热泵，从环境周边的空气、土壤或地表水中获取热量。本书第6章讲述实现低品位余热共享系统的三大关键技术：跨季节储热技术，长距离低成本输热技术和热量参数变换技术。第7章则进一步深入介绍了一些相关的技术。第8章介绍了按照这个方向目前落实的一些具体工程项目。因为仅仅是这个方向上的初步探讨，所以现在还找不到一个完整地按照本书描述的余热共享系统所建成的工程，各个示范工程都只是对本书所提出理念和技术的部分尝试。但这至少说明本书所倡导的技术都已经有了真实的工程示范案例，把这些案例综合起来，完整地展示零碳的城市能源供给系统的未来已经是有可能实现了。

在此感谢各个示范工程的决策者、支持者和参与者。零碳的城市能源供给系统是能源系统的一次革命，必须有坚定的创新意识，有高度的社会责任，再加上科学务实的精神才能向前一步一步推动。也只有这样一步一步地推进，一部分一部分地实现，才能最终全面建成零碳的新的城市能源供给系统，实现我们的碳中和大业。我想，在这里要感谢这些对示范工程项目做出重大贡献的决策者：太原热力集团的李建刚董事长、海阳核电的吴放董事长、中环寰慧集团的吴立群董事长、赤峰市前市长孟宪东等。这都是最终推动示范工程落地的决策者，没有这些敢于第一个吃螃蟹的决策者，新的城市能源供给系统就只能停留在纸面上。我们真心希望有更多的决策者拿出更多的工程项目来尝试，尽早在中国大地上建成具有一定规模的余热共享系统，完整地按照新的构想实现热量的零碳供给，完整地交出一份碳中和的城市能源供给系统的答卷。

本书的主要作者是胡姗（第1章），夏建军和魏江辉（第2章），付林和吴彦廷（第3章、第6章），李永红（第4章），夏建军和刘朝阳（第5章）。第7章和第8章则是由各位专项技术和示范工程的提供者完成，他们是：谢晓云、杨波、邓杰文、罗旭、吴放、方豪、张世钢、刘伟、王潇、王如竹。这里要特别感谢一下上海交通大学的王如竹教授，他看准未来通过热泵技术制备低压蒸汽，替代燃煤燃气锅炉为工业领域提供蒸汽这一方向，并指导研究生研究成功系列产品，具体应用在工业生产工艺中，为蒸汽锅炉的替代和蒸汽制备电气化做出了开创性成果，同时也感谢他对本报告的无私支持。

今年这本报告是在新冠肺炎疫情的特殊时期，由"动态清零"到"全民放开"的过程中完成的。参与工作的作者们无一例外地经过了从阳转阴的过程，度过了这样一次前所未有的人生考验。大家克服困难，坚持了下来，在转阴的过程中完成了本书的主要工作。这也算是经历一次大考。"动态清零"结束，一切活动恢复到正常。面对错综复杂的国际形势，面对被新冠肺炎疫情搅得脱离了原来轨道的经济形势，面对以碳中和为目标的能源转型战略任务，我们认为 2023 年都是重大的破局之年。党的二十大明确了在这种形势下的发展方向，让我们按照二十大报告中给出的任务，在今年这个破局之年开创出新的局面。

2023 年元旦　于深圳盐田港

目　　录

第1篇　中国建筑能耗和碳排放

第2篇　城市能源系统

本书部分彩图可扫码查看

第 1 篇　中国建筑能耗和碳排放

第1章　中国建筑能耗与温室气体排放

1.1　中国建筑领域基本现状

1.1.1　城乡人口

近年来，我国城镇化高速发展。2021 年，我国城镇人口达到 9.14 亿人，农村人口 4.98 亿人，城镇化率从 2001 年的 37.7% 增长到 2021 年的 64.7%，如图 1-1 所示。

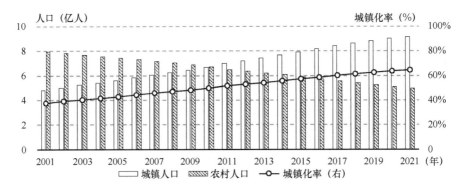

图 1-1　中国逐年人口发展（2001—2021 年）

大量人口由乡村向城镇转移是城镇化的基本特征，在我国城镇化过程中人口的聚集主要在特大城市和县级城市两端。根据中国城市规划设计研究院原院长李晓江的相关研究，2000—2010 年城镇人口增长的 41% 集中在超大、特大、大城市，37% 集中在县城和镇❶。近年来，由于大型城市人口过度聚集，进入门槛过高，使得这些城市的人口增速都显著降低，例如从 2016 年起，北京、上海地区的常住人口数量基本保持稳定。

农村人口向县城和小城镇转移是我国城镇化进程的另外一端。目前，我国约有 1/4 的人口居住在小城镇，截至 2021 年，我国共有县城 1482 个，建成区总人口

---

❶ 李晓江，郑德高. 人口城镇化特征与国家城镇体系构建［J］. 城市规划学刊，2018，4.

1.39 亿人；建制镇 19072 个，建成区总人口 1.66 亿人，自 2001 年至今，建制镇实有住宅面积从 28.6 亿 m² 增长到 63.2 亿 m²，规模翻倍❶。在历史上，这种聚集了 1 万~10 万人的小城镇其主要功能是向周边农村提供经贸、文化、医疗服务，其经济运行的支撑主要由所服务的周边农牧林业规模决定。这些小城镇的经济活动主要是服务业，很难布局第二产业活动。随着城镇化比例提高，农业人口减少，与其对应的小城镇服务功能也相应减少。小城镇人口与其所服务的周边农村人口之比高于一定限值，就会出现房屋空置现象。未来如何规划这些小城镇的功能，科学合理地发展这些小城镇以能源系统为代表的基础设施系统，使其实现可持续发展，是新时期需要解决的重要问题。这些小城镇很少发展成制造业的基地，但完全可以成为承接目前农村大批的留守老人、妇女、儿童的居住地，实现其低成本、高质量居住地的需求，改变农村中大量"993861❷"非生产者占据主导人群的现象，为这些留守人群提供更好地社会保障服务和教育服务。从这样的功能和发展目标看，其房屋建造模式、基础设施建设方式，尤其是能源系统方式应该既不同于大城市，也不同于分散的自然村落，应引起足够的重视。

1.1.2　建筑面积

快速城镇化带动了建筑业持续发展，我国建筑业规模不断扩大。从 2007—2021 年，我国建筑建造速度增长迅速，城乡建筑面积大幅增加。分阶段来看，2007—2014 年，我国的民用建筑竣工面积快速增长，从 2007 年每年 20 亿 m² 左右稳定增长至 2014 年的超过 40 亿 m²。2014—2019 年，我国民用建筑每年的竣工面积逐年缓慢下降，但基本维持在 40 亿 m² 以上。2020 年受新冠肺炎疫情影响；建设速度放缓，民用建筑竣工面积下降至 38 亿 m²。2021 年国内新冠肺炎疫情形势较好，民用建筑竣工面积回升至 41 亿 m²。其中城镇住宅和公共建筑的竣工面积由 2014 年的 36 亿 m² 左右，缓慢下降至 2020 年的 33.4 亿 m²，再回升至 2021 年的 34.9 亿 m²（图 1-2）。伴随着大量开工和施工，城镇住宅及公共建筑的拆除面积从 2007 年的 7 亿 m² 快速增长，至目前稳定在每年 16 亿 m² 左右。

2021 年我国的民用建筑竣工面积中住宅建约占 78%，非住宅建筑约占 22%。根据建筑功能的差别，可以将公共建筑分为办公、酒店、商场、医院、学校

---

❶　数据来源：住房和城乡建设部，《中国城乡建设统计年鉴 2006—2021》。

❷　993861：99 指老人；38 指妇女；61 指儿童。

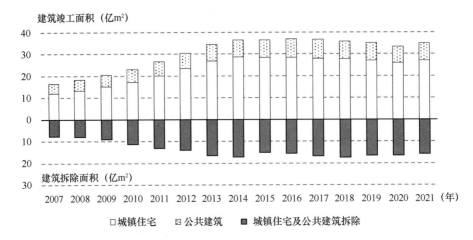

图 1-2 我国城镇建筑竣工面积和拆除面积（2007—2021 年）

以及其他等类型。2001—2021 年期间每年主要的竣工类型均以办公、商场及学校建筑为主，2021 年三者竣工面积合计在公共建筑中的占比约 70%，其中商场占比 29%，办公建筑占比 21%，学校占比 20%。在其余类型中，医院和酒店的占比较小，分别占 7% 和 3%（图 1-3）。

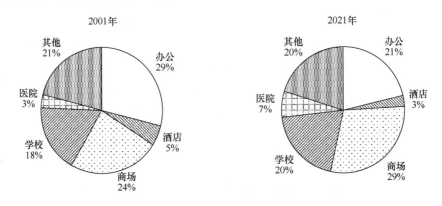

图 1-3 各类公共建筑竣工面积占比（2001 年，2021 年）

2021 年民用建筑竣工面积中，城镇住宅和公共建筑的建设速度较 2020 年有较大提升。公共建筑中学校和医院的建设速度较 2020 年增幅较大，其中学校建筑竣工面积较 2020 年增长 13%，医院建筑竣工面积较 2020 年增长 22%。

每年大量建筑的竣工使得我国建筑面积的存量不断高速增长，2021 年我国建筑面积总量约 678 亿 m^2，其中城镇住宅建筑面积为 305 亿 m^2，农村住宅建筑面积 226 亿 m^2，公共建筑面积 147 亿 m^2，北方城镇供暖面积 162 亿 m^2（图 1-4）。

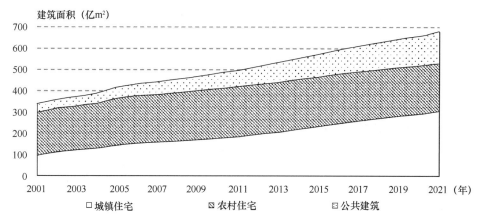

图 1-4　中国总建筑面积增长趋势（2001—2021 年）

数据来源：清华大学建筑节能研究中心 CBEEM❶ 模型估算结果，模型竣工面积输入为《中国建筑业统计年鉴》建筑业企业统计口径下数据。

　　对比我国与世界其他国家的人均建筑面积水平，如图 1-5 所示，可以发现我国的人均住宅面积已经接近发达国家水平，但人均公共建筑面积与一些发达国家相比还相对处在低位。在我国既有公共建筑中，人均办公建筑面积已经较为合理，但人均商场、医院、学校的面积还相对较低。随着电子商务的快速发展，商场的规模很难继续增长，但医院、学校等公共服务类建筑的规模还存在增长空间，因此可能是下一阶段我国新增公共建筑的主要分项。此外，其他建筑中包括交通枢纽、文体建

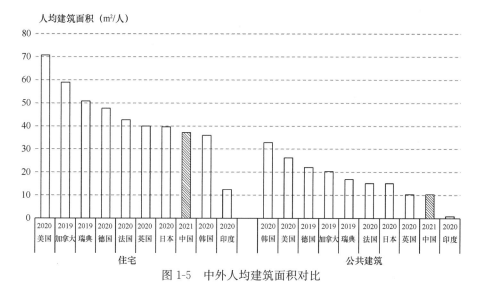

图 1-5　中外人均建筑面积对比

---

❶　中国建筑建造能耗和排放模型，China Building Energyand Emission Model，简称 CBEEM。

筑以及社区活动场所等，预计在未来也将成为主要发展的公共建筑类型。

1.2　中国建筑领域能源消耗和温室气体排放的界定

1.2.1　建筑生命期的界定

建筑全生命期主要包括建材生产阶段（A1-A3）、建材运输与建筑建造阶段（A4-A5）、建筑运行使用阶段（B）以及建筑拆除处理阶段（C），如图1-6所示。一般来说，分析建筑的隐含能耗和碳排放，涉及图1-6中除了建筑运行B6以外的所有阶段。建筑领域的用能和排放涉及建筑的不同阶段，但绝大部分用能和温室气体排放都是发生在建材生产、运输与建筑建造（A1-A5）和运行（B6）这两个阶段。大量针对建筑的全生命期案例研究表明，建筑运行阶段是建筑全生命期内碳排放最主要的产生阶段，约占建筑全生命期碳排放的70%；其次是建材生产阶段，约占建筑全生命期碳排放的20%；建材运输和建筑建造过程约占3%，维护修缮过程约占5%，建筑拆除处理过程约占2%[1]~[3]，如图1-7所示。

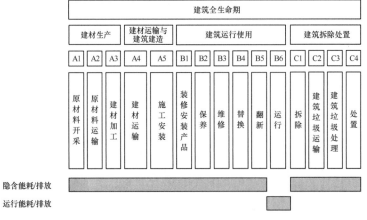

图1-6　建筑全生命期示意图

[1]　Sharma A，Saxena A，Sethi M，et al. Life cycle assessment of buildings：a review [J]. Renewable and Sustainable Energy Reviews，2011，15（1）：871-875.

[2]　Cabeza L F，Rincón L，Vilariño V，et al. Life cycle assessment (LCA) and life cycle energy analysis (LCEA) of buildings and the building sector：A review [J]. Renewable and sustainable energy reviews，2014，29：394-416.

[3]　Ramesh T，Prakash R，Shukla K K. Life cycle energy analysis of buildings：An overview [J]. Energy and buildings，2010，42（10）：1592-1600.

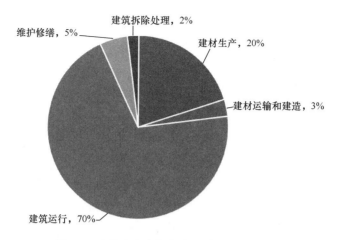

图 1-7　建筑全生命期各阶段碳排放占比示意

1.2.2　建筑领域能耗的核算方法

　　建筑领域的能耗涉及建筑的不同阶段，本书对建筑隐含能耗和建筑运行能耗分别进行分析。建筑隐含能耗指的是由于建筑建造所导致的原材料开采、建材生产、运输以及现场施工所产生的能源消耗，也包括建筑在拆除阶段的能源消耗。在我国的统计口径中，民用建筑的建造与生产用建筑（非民用建筑）建造、基础设施建造一起归到建筑业中，统一归为建筑业相关的隐含能耗。本书基于清华大学建筑节能研究中心的中国建筑建造能耗和排放模型（China Building Energy and Emission Model，简称 CBEEM），提供了中国建筑业建造隐含能耗和中国民用建筑建造隐含能耗两个口径的分析数据，详见 1.3.2 节。

　　本书所关注的建筑运行能耗指的是民用建筑的运行能源消耗，包括住宅、办公建筑、学校、商场、宾馆、交通枢纽、文体娱乐设施等非工业建筑内，为居住者或使用者提供供暖、通风、空调、照明、炊事、生活热水，以及其他为了实现建筑的各项服务功能所产生的能源消耗。完全服务于工业生产过程的建筑其运行能耗与工业生产能耗很难区分，无论是冶金厂房还是集成电路或药品生产，厂房的通风、空调、净化用能都占到生产用能中的很大比例，但这些用能很难计入建筑用能。因此本书不涉及这些服务于生产过程的建筑，其研究对象仅限于民用建筑。

　　基于对我国民用建筑运行能耗的长期研究，考虑到我国南北地区冬季供暖方式的差别、城乡建筑形式和生活方式的差别，以及居住建筑和公共建筑人员活动及用能设备的差别，本书将我国的建筑用能分为四大类，分别是：北方城镇供暖用能、城镇住宅用能（不包括北方地区的供暖）、公共建筑用能（不包括北方地区的供暖），以及农村住宅用能，详细定义如下。

1. 北方城镇供暖用能

这里指的是采取集中供暖方式的省、自治区和直辖市的冬季供暖能耗，包括各种形式的集中供暖和分散供暖。地域涵盖北京、天津、河北、山西、内蒙古、辽宁、吉林、黑龙江、山东、河南、陕西、甘肃、青海、宁夏、新疆的全部城镇地区，以及四川的一部分。西藏、川西、贵州部分地区等，冬季寒冷，也需要供暖，但由于当地的能源状况与北方地区完全不同，其问题和特点也很不相同，需要单独考虑。将北方城镇供暖部分用能单独计算的原因是，北方城镇地区的供暖多为集中供暖，包括大量的城市级别热网与小区级别热网。与其他建筑用能以楼栋或者以户为单位不同，这部分供暖用能在很大程度上与供暖系统的结构形式和运行方式有关，并且其实际用能数值也是按照供暖系统来统一统计核算，所以把这部分建筑用能作为单独一类，与其他建筑用能区别对待。目前的供暖系统按热源系统形式及规模分类，可分为大中规模燃煤热电联产、大中规模燃气热电联产、小规模燃煤热电联产、小规模燃气热电联产、大型燃煤锅炉、大型燃气锅炉、区域燃煤锅炉、区域燃气锅炉、热泵集中供暖、核电及工业余热等集中供暖方式，以及户式燃气炉、户式燃煤炉、空调热泵分散供暖和直接电加热等分户供暖方式。使用的能源种类主要包括燃煤、燃气和电力。本书考察一次能源消耗，也就是包含热源处的一次能源消耗或电力的消耗，以及服务于供热系统的各类设备（风机、水泵）的电力消耗。这些能耗又可以划分为热源和热力站的转换损失、管网的热损失和输配能耗以及最终建筑的得热量。

2. 城镇住宅用能（不包括北方城镇供暖用能）

这里指的是除了北方地区的供暖能耗外，城镇住宅所消耗的能源。在终端用能途径上，包括家用电器、空调、照明、炊事、生活热水，以及夏热冬冷地区的省、自治区和直辖市的冬季供暖能耗。城镇住宅使用的主要商品能源种类是电力、燃煤、天然气、液化石油气和城市煤气等。夏热冬冷地区的冬季供暖绝大部分为分散形式，热源方式包括空气源热泵、直接电加热等针对建筑空间的供暖方式，以及炭火盆、电热毯、电手炉等各种形式的局部加热方式，这些能耗都归入此类。

3. 商业及公共建筑用能（不包括北方地区供暖用能）

这里的商业及公共建筑指人们进行各种公共活动的建筑。包含办公建筑、商业建筑、旅游建筑、科教文卫建筑、通信建筑以及交通运输类建筑，既包括城镇地区的公共建筑，也包含农村地区的公共建筑。2014年之前的《中国建筑节能年度发展研究报告》在公共建筑分项中仅考虑了城镇地区公共建筑，而未考虑农村地区的公共建筑，农村公共建筑从用能特点、节能理念和技术途径各方面与城镇公共建筑有较大的相似之处，因此从2015年起将农村公共建筑也统计入公共建筑用能一项，统称为公共建筑用能。除了北方地区的供暖能耗外，建筑内由于各种活动而产生的能耗，包括空调、照明、插座、电梯、炊事、各种服务设施，以及夏热冬冷地区城镇公共建筑的冬季供暖能耗。公共建筑使用的商品能源种类是电力、燃气、燃油和燃煤等。

4. 农村住宅用能

这里指农村家庭生活所消耗的能源，包括炊事、供暖、降温、照明、热水、家电等。农村住宅使用的主要能源种类是电力、燃煤、液化石油气、燃气和生物质能（秸秆、薪柴）等。其中的生物质能部分能耗没有纳入国家能源宏观统计，但是作为农村住宅用能的重要部分，本书将其单独列出。

本书尽可能单独统计核算电力消耗和其他类型能源的实际消耗，当必须把两者合并时，将所有能源转换为一次能源进行加合，即按照每年的全国平均火力供电煤耗把电力消耗量换算为用标准煤表示的一次能耗。对于热电联产方式的集中供热热源，《民用建筑能耗标准》GB/T 51161—2016规定，根据输出的电力和热量的㶲值来分摊输入的燃料。本书在计算热量㶲折算系数时统一采用环境温度0℃，供/回水温度110℃/50℃，热量的折算系数为0.22。

1.2.3　建筑领域碳排放的核算方法

2020年国务院印发《2030年前碳达峰行动方案》，明确指出要开展城乡建设碳达峰行动。因此，需要对城乡建设领域相关的碳排放进行科学界定和定量核算，以指导建筑领域碳达峰、碳中和技术路径的选择和工作方案的制订。科学的建筑领域碳排放核算方法是建筑领域实现低碳的基础，其核算结果应与要求的减排行动相一致，这样才可以根据定量的碳排放数据确定减碳工作目标，考核工作业绩，制定相关政策。

在核算建筑碳排放的时候，一般有建筑全生命期法（简称全生命期法）和全社会建筑领域碳排放清单法（简称清单法）两类方法（图1-8），全生命期法关注的是单个建筑从原材料挖掘、建材生产、建材运输、建筑建造、建筑运行、建筑修缮和报废所有过程中的碳排放，其单位是一个建筑全生命的累计量（例如70年累计

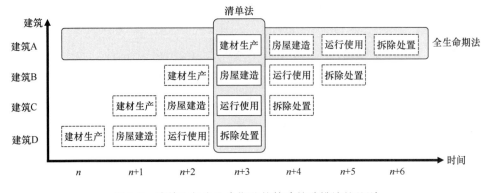

图 1-8 清单法与全生命期法核算建筑碳排放的差别

碳排放），其核算结果得到的是每座建筑在生命期内的累计碳排放总量，单位为吨二氧化碳。这种方法适用于对单项建筑或单个项目设计过程的碳排放计算，并对其采用不同的减碳措施进行定量对比和方案的优化选择。

而清单法关注的是全社会当年的碳排放，分别统计当年全社会由于建筑的建材生产、运输、建造、拆除等阶段产生的建筑隐含碳排放，以及当年全社会由于建筑运行产生的建筑运行碳排放，其核算结果得到的是全社会当年建筑相关碳排放，这种方法适用于对全社会当年的碳排放进行拆分，了解当年全社会排放的主要来源，并对应设计全社会及建筑领域的减碳技术路径。

两种方法虽然都考虑了建材生产、建筑建造、建筑运行等各个阶段的能耗及排放，但其关注点和适用领域有很大不同。全生命期法主要适用于单项技术、单个新建建筑的案例研究，对研究对象进行全生命期碳排放的综合分析，以帮助优化平衡建筑围护结构、分析机电系统投入增加导致间接碳排放量增加和由于这些投入导致运行碳排放量减少之间的平衡关系，从而优化各节能减碳措施。例如分析建筑外保温增厚所增加的隐含碳和其带来的建筑减碳效果之间的关系，以确定最优的建筑外保温厚度。

而清单法主要用于对整个建筑领域，某地区、国家建筑相关碳排放的宏观分析，其分析的是上述各个领域、地区当年在建材制造、建筑运行等各方面的排放情况，其目的在于认清当前全行业、全社会建筑相关能耗及碳排放的分布现状，识别建筑减碳应重点关注的领域及采取的措施，指导建筑减碳路径及政策的制定。

根据清单法核算建筑领域的碳排放时，主要考虑每年的建筑隐含碳排放和建筑运行碳排放，分别对其排放现状和趋势、碳达峰和碳中和的目标、减排关键技术、减排路径与政策措施进行分析和讨论。

建筑隐含碳排放包括民用建筑的建材生产、运输、现场施工以及拆除所导致的碳排放。在我国的统计口径中，民用建筑与生产用建筑（非民用建筑）建造、基础设施建造一起归到建筑业中，统一归为建筑业建造相关的隐含碳排放。本书基于清华大学建筑节能研究中心的中国建筑建造能耗和排放模型，提供了中国建筑业建造隐含碳排放和中国民用建筑建造隐含碳排放两个口径的分析数据，详见 1.4.2 节。

建筑运行碳排放主要包括建筑在运行过程中由于化石燃料直接燃烧和间接使用非化石能源所造成的碳排放，主要包括三类：

1）直接碳排放：主要包括通过燃烧方式使用燃煤、燃油和燃气这些化石能源，在建筑中直接排放的二氧化碳。根据燃料的种类，及其不同的碳排放因子进行计算，可得到碳排放量。

2）电力间接碳排放：指的是从外界输入到建筑内的电力，其在生产过程中所产生的碳排放。计算方法是根据建筑所使用的外部电力总量，乘以电网中电力的平均碳排放因子。建筑自身的光伏发电和用电不纳入统计。

3）热力间接碳排放：指的是北方城镇地区集中供热导致的间接碳排放，北方城镇地区的集中供暖系统采用热电联产或集中燃煤燃气锅炉提供热源，其中：燃煤燃气锅炉排放的二氧化碳完全归入建筑热力间接碳排放，热电联产电厂的碳排放按照其产出的电力和热力的㶲来分摊。本书在计算热量㶲折算系数时统一采用环境温度 0℃，供/回水温度 110℃/50℃，热量的折算系数为 0.22，也就是取输出热量的 22% 作为等效电力，与输出的电力共同分摊电厂排放的二氧化碳总量。

除了碳排放以外，建筑运行过程中也会产生非二氧化碳类温室气体排放，主要指的是由于建筑中制冷热泵设备的制冷剂泄漏所造成的温室气体排放折合为二氧化碳当量进行表示。这部分碳排放的分析详见 1.4.3 节。

1.3 中国建筑领域能源消耗

1.3.1 建筑运行能耗

本章的建筑能耗数据来源于清华大学建筑节能研究中心建立的 CBEEM 的研究结果。分析我国建筑能耗和碳排放的发展状况，2021 年建筑运行的总商品能耗为 11.1 亿 tce，约占全国能源消费总量的 21%，建筑商品能耗和生物质能共计 12 亿 tce（其中生物质能耗约 0.9 亿 tce），具体如表 1-1 所示。从 2010 年到 2021 年，建筑能耗总量及其中电力消耗量均大幅增长,如图1-9所示。受新冠肺炎疫情影响,各项社会活动放缓,2020年建筑用电量增幅较2019年放缓,但2021年随着生产生活恢复正常,建筑的用电量有较大回升,2021年全社会的建筑用电量超过2.2万亿kWh。

图1-9   中国建筑运行折合的一次能耗总量和总用电量(2010—2021年)

2021年中国建筑运行能耗   表1-1

用能分类	宏观参数 (面积或户数)	用电量 (亿 kWh)	燃料用量 (亿 tce)	商品能耗 (亿 tce)	一次能耗强度
北方城镇供暖	162 亿 m²	770	1.89	2.12	13.1kgce/m²
城镇住宅 (不含北方城镇供暖)	305 亿 m²	6051	0.96	2.78	769kgce/户
公共建筑 (不含北方城镇供暖)	147 亿 m²	11717	0.33	3.86	26.3kgce/m²
农村住宅	226 亿 m²	3754	1.19	2.32	1220kgce/户
合计	14.1 亿人 678 亿 m²*	22292	4.37	11.1	

注:表中商品能耗是把电力、热力和燃料统一折合为标准煤的能源消耗,而用电量专指该项建筑用能中的用电量。

　　*:不含北方城镇供暖面积。

　　将四部分建筑能耗的规模、强度和总量表示在图1-10所示的四个方块中,横向表示建筑面积,纵向表示单位面积建筑能耗强度,四个方块的面积即是建筑能耗的总量。从建筑面积上来看,城镇住宅和农村住宅的面积最大,北方城镇供暖面积约占建筑面积总量的1/4,公共建筑面积仅占建筑面积总量的1/5,但从能耗强度来看,公共建筑和北方城镇供暖能耗强度又是四个分项中较高的。因此,从用能总

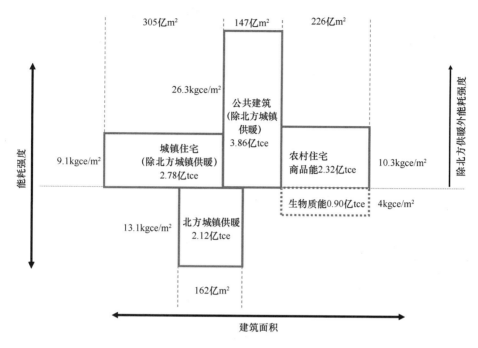

图 1-10　中国建筑运行能耗（2021 年）

注：将电力、热力和燃料统一折合为一次能源，采用标准煤作为单位表示，电力按照每年的全国平均
　　火力供电煤耗折算为用标准煤表示的一次能源，2021 年的折算系数为 302gce/kWh。

量来看，基本呈四分天下的态势，四类用能各占建筑能耗的 1/4 左右。近年来，随着公共建筑规模的增长及平均能耗强度的增长，公共建筑的能耗已经成为中国建筑能耗中比例最大的一部分。

2010—2021 年间，四个用能分项的总量和强度变化如图 1-11 所示，从各类能耗总量和强度来看，主要有以下特点：

1）北方城镇供暖能耗强度较大，但近年来随着新建节能标准的提升和热源效率的大幅提升，该能耗强度持续下降，其总能耗也基本稳定不再增长。

2）公共建筑单位面积能耗强度持续增长，各类公共建筑终端用能需求（如空调、设备、照明等）的增长是建筑能耗强度增长的主要原因，尤其是近年来许多城市新建的一些大体量并应用大规模集中系统的建筑，能耗强度大大高出同类建筑。随着公共建筑规模的增长，其能耗总量仍处于增长阶段。

3）城镇住宅户均能耗强度增长，这是由于生活热水、空调、家电等用能需求增加，夏热冬冷地区冬季供暖问题也引起了广泛的讨论，由于节能灯具的推广，住宅中照明能耗没有明显增长，炊事能耗强度也基本维持不变。随着城镇化的进一步

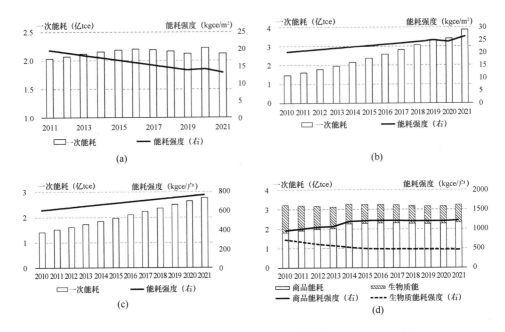

图 1-11　建筑用能各分项总量和强度逐年变化（2010—2020 年）
（a）北方城镇供暖；（b）公共建筑；（c）城镇住宅；（d）农村住宅

推进和城镇住宅规模的增长，其能耗总量仍在增长。

4）农村住宅的户均商品能缓慢增加，在农村人口和户数缓慢减少的情况下，农村商品能耗基本稳定，其中由于农村各类家用电器普及程度的增加和北方清洁取暖"煤改电"等原因，用电量近年来提升显著。同时，生物质能使用量持续减少，因此农村住宅总用能近年来呈缓慢下降趋势。

1. 北方城镇供暖

2021 年北方城镇供暖能耗为 2.12 亿 tce，占全国建筑总能耗的 19%。2001—2021 年，北方城镇建筑供暖面积从 50 亿 m^2 增长到 162 亿 m^2，增加了 2 倍，而能耗总量增加不到 1 倍，能耗总量的增长明显低于建筑面积的增长，体现了节能工作取得的显著成绩——平均的单位面积供暖能耗从 2001 年的 23kgce/m^2 降低到 2021 年的 13.1kgce/m^2，降幅明显。具体说来，能耗强度降低的主要原因包括建筑保温水平提高使得需热量降低，及高效热源方式占比提高和运行管理水平提升。北方城镇供暖能耗总量已经于 2017 年前后达峰，近年来呈现出逐年下降的趋势。新冠肺炎疫情原因，2019—2020 年供暖季各地均出现不同程度的延长供暖情况，根据中国城镇供热协会 2022 年发布的统计数据，2019—2020 年供暖季有 75% 的城市出现延长供暖情况，故 2019—2020 年供暖季的北方城镇总能耗出现小幅回弹现象。

建筑围护结构保温水平逐步提高。近年来，住房和城乡建设部通过多种途径提高建筑保温水平，包括：建立覆盖不同气候区、不同建筑类型的建筑节能设计标准体系，从 2004 年年底开始的节能专项审查工作，以及"十三五"期间开展的既有居住建筑改造。"十三五"期间，我国严寒、寒冷地区城镇新建居住建筑的节能设计标准已经提升至"75％节能标准"，累计建设完成超低、近零能耗建筑面积近 0.1 亿 m²，完成既有居住建筑节能改造面积 5.14 亿 m²、公共建筑节能改造面积 1.85 亿 m²。这三方面工作使得我国建筑的整体保温水平大大提高，起到了降低建筑实际需热量的作用。

热源结构优化和热源效率的显著提升。近年来高效热电联产的比例逐步提高，逐步替代锅炉，根据 2013 年、2016 年和 2020 年三次城镇供暖调研结果显示，如图 1-12 所示，北方城镇地区供暖热源中热电联产的比例分别为 42％、48％ 和 55％。燃气锅炉取代燃煤锅炉，从 2013—2020 年燃煤锅炉的占比从 42％ 降低到 13％，而燃气锅炉的比例从 12％ 增加到 22％。与此同时，各类新型热源不断发展，工业余热、核电余热、地源热泵和生物质等供暖占比上升。近年来供暖系统效率提高显著，使得各种形式的集中供暖系统效率得以整体提高。关于我国北方城镇供暖现状和发展趋势的详细讨论见本书第 2 章。

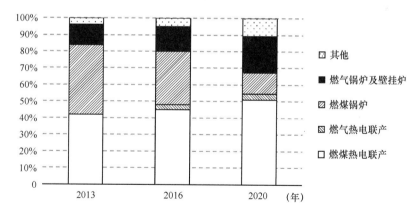

图 1-12 2013 年、2016 年和 2020 年北方城镇地区供暖热源结构变化

2. 城镇住宅（不含北方供暖）

2021 年城镇住宅能耗（不含北方供暖）为 2.78 亿 tce，占建筑总商品能耗的四分之一，其中电力消耗 6051 亿 kWh。随着我国经济社会的发展，居民生活水平不断提升，2001 年到 2021 年城镇住宅能耗年平均增长率高达 7％，2021 年各终端

用电量增长至 2001 年的 5 倍。

从用能的分项来看，炊事、家电和照明是中国城镇住宅除北方集中供暖外耗能比例最大的三个分项，由于我国已经采取了各项提升炊事燃烧效率、家电和照明效率的政策措施并建设了相应的重点工程，所以这三项终端能耗的增长趋势已经得到了有效的控制，近年来的能耗总量年增长率均比较低。对于家用电器、照明和炊事能耗，最主要的节能方向是提高用能效率和尽量降低待机能耗，例如：节能灯的普及对于住宅照明节能的成效显著；对于家用电器中，长时间待机或者反复加热所造成的电力消耗需要通过加强能效标准和行为节能来降低：电视机机顶盒、饮水机和马桶圈的待机都会造成能源大量浪费，应该提升生产标准，例如加强电视机机顶盒的可控性、提升饮水机的保温水平、通过智能控制降低马桶圈待机电耗等，避免这些装置待机产生的浪费。一方面对于一些会改变居民生活方式的电器，例如衣物烘干机等，不应该从政策层面给予鼓励或补贴，而是要警惕这类高能耗电器的大量普及造成的能耗跃增。另一方面，夏热冬冷地区冬季供暖、夏季空调以及生活热水能耗虽然目前所占比例不高，户均能耗均处于较低的水平，但增长速度十分快，夏热冬冷地区供暖能耗的年平均增长率更是高达 50%，因此这三项终端用能的节能应该是我国城镇住宅下阶段节能的重点工作，具体方向应该是避免在住宅建筑中大面积使用集中系统，提倡目前的分散式系统，同时提高各类分散式设备的能效标准，在室内服务水平提高的同时避免能耗的剧增。关于我国城镇住宅节能减排路径的详细讨论见《中国建筑节能年度发展研究报告 2021（城镇住宅专题）》。

3. 公共建筑（不含北方供暖）

2021 年全国公共建筑面积约为 147 亿 m²，公共建筑总能耗（不含北方供暖）为 3.86 亿 tce，占建筑总能耗的 35%，其中电力消耗为 1.17 万亿 kWh。公共建筑总面积的增加、大体量公共建筑占比的增长，以及用能需求的增长等因素导致了公共建筑单位面积能耗从 2001 年的 17kgce/m² 增长到 2021 年的 26.3kgce/m² 以上，能耗强度增长迅速，同时能耗总量增幅显著。

2020 年由于新冠肺炎疫情原因，各类公共建筑的运行时长和运行强度都受到影响，全国公共建筑的平均能耗强度出现了小幅下降，2021 年公共建筑运行用能增长速度回升。2001 年以来，公共建筑竣工面积接近 80 亿 m²，约占当前公共建筑保有量的 79%，即四分之三的公共建筑是在 2001 年后新建的。近年来，在新增的公共建筑中，学校和医院建筑的占比在逐步增大，2021 年新增的医院学校建筑规模超过新增的办公和酒店建筑。

在公共建筑面积迅速增长的同时，大体量公共建筑占比也显著增长。尤其是近年来竣工的公共建筑很多属于大体量、采用中央空调的高档商用建筑，其单位面积电耗都在 $100kWh/m^2$ 以上，高于以往电耗在 $60kWh/m^2$ 左右的小体量学校、办公楼等建筑，随着这些新建的高能耗公共建筑在公共建筑总量中的比例持续提高，公共建筑平均电耗就会持续增加。这一部分建筑由于建筑体量和形式约束导致的空调、通风、照明与电梯等用能强度远高于普通公共建筑，这就是我国公共建筑能耗强度持续增长的重要原因。关于我国公共建筑节能低碳技术路径的详细讨论见《中国建筑节能年度发展研究报告 2022（公共建筑专题）》。

4. 农村住宅

2021 年农村住宅的商品能耗为 2.32 亿 tce，占建筑总能耗的 21%，其中电力消耗为 3754 亿 kWh，此外，农村生物质能（秸秆、薪柴）的消耗约折合为 0.9 亿 tce。随着城镇化的发展，2001—2021 年农村人口从 8.0 亿人减少到 5 亿人，而农村住宅建筑的规模已经基本稳定在 230 亿 m^2 左右，并在近些年开始缓慢下降。

随着农村电力普及率的提高、农村收入水平的提高，以及农村家电数量和使用率的增加，农村户均电耗呈快速增长趋势。例如，2001 年全国农村居民平均每百户空调器拥有台数仅为 16 台/百户，2020 年已经增长至 73.8 台/百户，不仅带来空调用电量的增长，也导致了夏季农村用电负荷尖峰的增长。随着北方地区"煤改电"工作的开展和推进，北方地区冬季供暖用电量和用电尖峰也出现了显著增长，详见《中国建筑节能年度发展研究报告 2020（农村住宅专题）》。同时，越来越多的生物质能被商品能源替代，这就导致农村生活用能中生物质能源的比例迅速下降。

我国于 2014 年提出《关于实施光伏扶贫工程工作方案》，提出在农村发展光伏产业，作为脱贫的重要手段。如何充分利用农村地区各种可再生资源丰富的优势，建立以屋顶光伏为基础的新型能源系统，在满足农村生活、生产和交通用能的同时，还实现向电网的净电力输出，在实现农村生活水平提高的同时全面取消化石燃料和生物质燃料的使用。这不仅可以根治化石燃料和生物质燃料燃烧带来的环境污染、碳排放等问题，还可以使生产和输出零碳能源成为农村的又一项重要经济活动，推动乡村振兴，也可为我国能源系统可持续发展做出重要贡献。

近年来随着我国东部地区雾霾治理和清洁取暖工作的深入展开，各级政府和相关企业投入巨大资金增加农村供电容量、铺设燃气管网、将原来的户用小型燃煤锅炉改为低污染形式，农村地区的用电量和用气量出现了大幅增长。农村地区能源结构的调整将彻底改变目前农村的用能方式，促进农村的现代化进程。利用好这一机遇，科学规划，实现农村能源供给侧和消费侧的革命，建立以可再生能源为主的新型农村生活用能系统，将对我国实现能源革命起到重要作用。

1.3.2　建筑建造隐含能耗

二十年来我国城镇化进程不断推进，使得民用建筑隐含能耗成为全社会总能源消耗中的重要组成部分。大规模建设活动会使用大量建材，建材的生产进而导致了大量能源消耗和碳排放的产生，是我国能源消耗和碳排放持续增长的一个重要原因。

根据清华大学建筑节能研究中心的估算结果，2021 年中国民用建筑建造能耗为 5.2 亿 tce，占全国总能耗的 10%。中国民用建筑建造能耗从 2004 年的 2.4 亿 tce 增长到 2021 年的 5.2 亿 tce，如图 1-13 所示。由于近年来民用建筑总竣工面积整体趋稳并缓慢下降，民用建筑建造能耗自 2016 年起逐渐下降。2020 年受新冠肺炎疫情影响，民用建筑竣工面积下降明显，2021 年国内新冠肺炎疫情稳定，竣工面积有所回升。由此导致 2020 年民用建筑建造能耗较去年下降较多，2021 年建造能耗有所回升。在 2021 年民用建筑建造能耗中，城镇住宅、农村住宅、公共建筑分别占比为 71%、5% 和 24%。

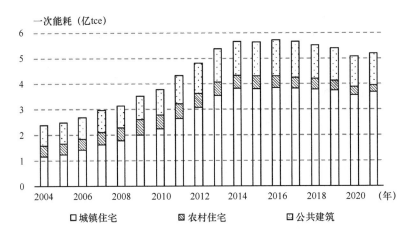

图 1-13　中国民用建筑建造能耗（2004—2021 年）

数据来源：清华大学建筑节能研究中心估算。仅包含民用建筑建造❶。

---

❶　建筑竣工面积的数据来源为《中国建筑业统计年鉴》"建筑业企业统计口径"下的数据。

实际上，建筑业不仅包括民用建筑建造，还包括生产性建筑建造和基础设施建设，例如公路、铁路、大坝等的建设。建筑业建造能耗主要包括各类建筑建造与基础设施建设的能耗。根据清华大学建筑节能研究中心的估算结果❶，2021年中国建筑业建造能耗为 13.7 亿 tce，占全社会一次能源消耗的百分比高达 26%。2004—2021年，中国建筑业建造能耗从接近 4 亿 tce 增长到 13.7 亿 tce，如图 1-14 所示。建材生产的能耗是建筑业建造能耗的最主要组成部分，其中钢铁和水泥的生产能耗占到建筑业建造总能耗的 80% 以上。

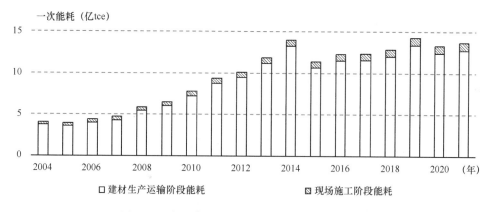

图 1-14　中国建筑业建造能耗（2004—2021 年）❷

数据来源：清华大学建筑节能研究中心估算。建筑业包含民用建筑建造，

生产性建筑和基础设施建造。

我国快速城镇化的建造需求不仅直接带动能耗的增长，还决定了我国以钢铁、水泥等传统重化工业为主的工业结构，这也是导致我国目前单位工业增加值能耗高的重要原因。2017 年中国制造业单位增加值能耗为 6.4tce/万元（2010 年美元不变价），而在主要发达国家中，法国、德国、日本、英国制造业单位增加值能耗均低于 2tce/万元（2010 年美元不变价），美国、韩国制造业单位增加值能耗相对较高，分别为 3.1tce/万元（2010 年美元不变价）和 4.5tce/万元（2010 年美元不变价），但也低于中国目前的水平，如图 1-15 所示。

部分国家制造业用能结构对比如图 1-16 所示，2017 年中国钢铁、有色、建材三大行业用能占到制造业总用能的 54%，而其他发达国家中，除日本占比较高达到 38% 之外，法国、德国、韩国占比在 27% 左右，仅为中国的一半，英国、美国

❶　估算方法见《中国建筑节能年度发展研究报告 2019》附录。

❷　建材用量数据来自于《中国建筑业统计年鉴》。

的占比分别为 18% 和 11%，不足中国的 1/3。

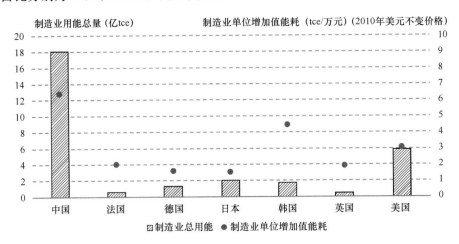

图 1-15 制造业用能总量及单位增加值能耗对比❶

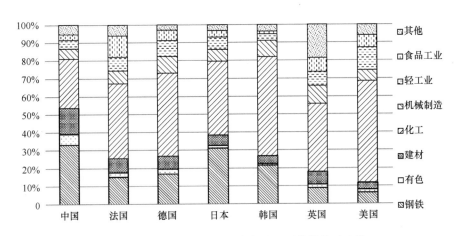

图 1-16 中国及部分发达国家制造业用能结构对比❷

对比我国各制造业子行业单位增加值用能如图 1-17 所示，钢铁、有色、建材等传统重工业的单位增加值能耗远高于机电设备制造（包括通用设备制造、专用设备制造、汽车制造、计算机通信设备制造等行业），同时也显著高于轻工业、食品工业。

---

❶ 各国制造业用能数据来源于 IEA World Energy Balances 数据库，并按照中国能源平衡表口径进行折算，将能源行业自用能、高炉用能、化工行业化石燃料非能源使用等计入工业能源消费，能耗总量采用电热当量法折算；制造业增加值数据来自于世界银行数据库。

❷ 各国制造业能耗结构来自 IEA World Energy Balances 数据库，并按照中国能源平衡表口径进行折算。

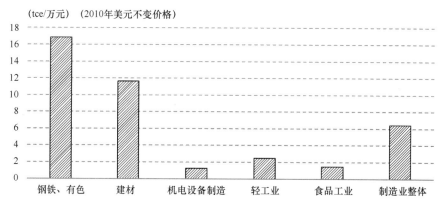

图 1-17 中国制造业子行业单位增加值能耗对比（2017 年）❶

大规模的建设活动是导致上述工业结构状况的重要原因。2021 年我国由于建筑业用材生产所造成的工业用能约为 12.7 亿 tce，从 2013 年到 2021 年，建筑业相关用材生产能耗在工业总能耗中的比重均在 40％左右（图 1-18）。我国快速城镇化造成的大量建筑用材需求，是导致我国钢铁、建材、化工等传统重工业占比高的重要原因。

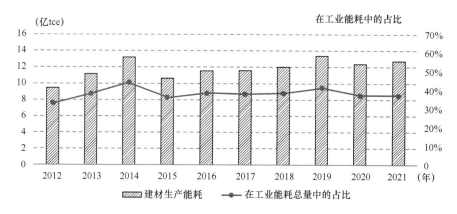

图 1-18 中国建筑业用材生产能耗❷

目前，我国城镇化和基础设施建设已初步完成，今后大规模建设的现状将发生转变。2021 年我国城镇地区的人均住宅面积是 33m²/人，已经接近亚洲发达国家日本和韩国的水平，但仍然远低于美国水平。我国在城镇化过程中已经逐渐形成了以小区公寓式住宅为主的城镇居住模式，因此不会达到美国以独栋别墅为主要模式

---

❶ 数据来源：国家统计局．中国统计年鉴 2018［M］．北京：中国统计出版社，2018.

❷ 建筑业用材这里主要考虑了钢材、水泥、铝材、玻璃、建筑陶瓷五类。

下的人均住宅面积水平。而从城市形态来看，我国高密集度大城市的发展模式使得公共建筑空间利用效率高，从而没有必要按照欧美的人均公共建筑规模发展。在未来，只要不"大拆大建"，维持建筑寿命，由城市建设和基础设施建设拉动的钢铁、建材等高耗能产业也就很难再像以往那样持续增长。因此，在接下来的城镇化过程中，避免大拆大建，发展建筑延寿技术，加强房屋和基础设施的修缮，维持建筑寿命对于我国产业结构转型和用能总量的控制具有重要意义。

1.4   中国建筑领域温室气体排放

1.4.1   建筑运行相关的二氧化碳排放

建筑能源需求总量的增长、建筑用能效率的提升、建筑用能种类的调整以及能源供应结构的调整都会影响建筑运行相关的二氧化碳排放。建筑运行阶段消耗的能源种类主要以电、煤、天然气为主，其中：城镇住宅和公共建筑这两类建筑中70%的能源均为电，以间接二氧化碳排放为主，北方城镇中消耗的热电联产热力也会带来一定的间接二氧化碳排放，而对于北方供暖和农村住宅这两类建筑用能，燃煤和燃气的比例高于电，在北方供暖分项中用煤和天然气的比例约为90%，农村住宅中用化石能源的比例约为50%，这会导致大量的直接二氧化碳排放。另一方面，随着我国电力结构中零碳电力比例的提升，我国电力的平均排放因子❶显著下降，2021年为558gCO$_2$/kWh，而电力在建筑运行能源消耗中比例也不断提升，这两方面都显著地促进了建筑运行用能的低碳化发展。

根据中国建筑能耗和排放模型的分析结果，2021年我国建筑运行过程中的碳排放总量为22亿tCO$_2$，折合人均建筑运行碳排放指标为1.6 tCO$_2$/人，折合单位面积平均建筑运行碳排放指标为32kg CO$_2$/m^2。总碳排放中，直接碳排放5.1亿tCO$_2$，占比23%，电力相关间接碳排放12.4亿tCO$_2$，占比57%，热力相关间接碳排放4.3亿tCO$_2$，占比20%，如图1-19所示。

1. 直接碳排放

2021年建筑直接碳排放为5.1亿tCO$_2$，其中城乡炊事的直接排放约2.3亿tCO$_2$，

---

❶ 全国平均度电碳排放因子参考中国电力企业联合会发布的由中国建材工业出版社2022年出版的《中国电力行业年度发展报告2022》。

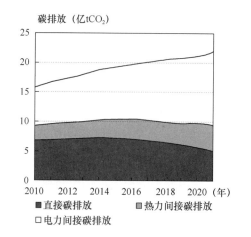
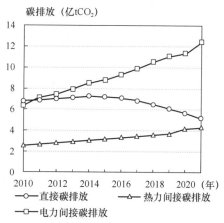

图 1-19　建筑运行相关二氧化碳排放量（2021 年）

分户燃气燃煤供暖❶排放约 1.5 亿 tCO_2，其余还有 1.3 亿 tCO_2 是天然气用于热水锅炉、蒸汽锅炉、吸收式制冷及其他造成的直接排放。在直接排放中，农村导致的排放占一半以上。

近年来随着在农村地区大力推进"煤改电""煤改气"和清洁供暖，我国建筑领域的直接碳排放已经在 2015 年左右达峰，目前处于缓慢下降阶段。只要在新建建筑中，持续推进电气化转型，建筑领域的直接碳排放就会持续下降，不会出现新的峰值。

建筑领域直接碳排放实现零排放的关键在于推进"电气化"的时间点和力度，预计在 2040—2045 年期间可实现建筑直接碳排放的归零。分析表明，电气化转型在 80% 的情况不会增加运行费用，并且可在 5 年左右通过降低运行费用而回收设备初投资。因此，推行建筑电气化主要的障碍不是经济成本，而是用能理念的转变以及炊事文化转变。加大公众对于电气化实现建筑零碳的宣传，在各类新建和既有建筑中推广"气改电"，是实现建筑运行直接碳排放归零的最重要途径。

2. 电力相关间接碳排放

2021 年我国建筑运行用电量为 2.2 万亿 kWh，电力间接碳排放为 12.4 亿 tCO_2。目前我国建筑领域人均用电量是美国、加拿大的 1/6，是法国、日本等的 1/3 左右，单位面积建筑用电量为美国、加拿大的 1/3。生活方式和建筑运行方式的差异，是

---

❶ 指的是城乡住宅建筑中安装的燃气燃煤供暖锅炉，公共建筑中安装的燃煤燃气锅炉，这些燃料直接在建筑中燃烧，导致的碳排放归为建筑的直接碳排放。

造成我国与发达国家用电强度差异的主要原因之一。

近年来建筑用电量增长造成的碳排放增加，超过了电力碳排放因子下降造成的碳排放降低，建筑用电间接碳排放将持续增长，尚未达峰。我国应该维持绿色节约的生活方式和建筑使用方式，避免出现美日等发达国家历史上在经济高速增长期之后出现的建筑用能剧增现象。在 2060 年，我国建筑面积达到 750 亿 m^2 时，建筑用电量 3.8 万亿 kWh，即可满足我国人民美好生活需求的建筑用能。在此基础上，推广"光储直柔"新型电力系统，当每年由于灵活用电导致实际电力消耗中"绿电"比例上升，建筑用电导致的间接碳排放减少量，大于由于建筑总规模和建筑用电强度增长所造成的建筑电力间接碳排放增长量时，我国建筑用电间接碳排放可实现达峰。通过全面推广"光储直柔"配电方式和各种灵活用电方式，可以使建筑用电的零碳目标先于全国电力系统零碳目标的实现。

3. 热力相关间接碳排放

2021 年我国北方供暖建筑面积 162 亿 m^2，建筑运行热力的间接碳排放为 4.3 亿 tCO_2。近年来北方地区集中供暖面积和供暖热需求持续增长，但单位面积的供热能耗和碳排放持续下降，北方供暖热力间接碳排放总量呈缓慢增长趋势。进一步加强既有建筑节能改造，充分挖掘各种低品位余热资源，淘汰散烧燃煤锅炉，可以在 2025 年左右实现建筑运行使用热力的间接碳排放的达峰。之后随着电力部门对剩余火电的零排放改造（CCUS[❶] 和生物质燃料替代）的逐步完成，可与电力系统同步实现建筑热力间接碳排放的归零。

为了实现这一目标，要持续严抓新建建筑的标准提升和既有建筑的节能改造，使北方建筑冬季供暖平均热耗从目前的 $0.37GJ/m^2$ 降低到 $0.25GJ/m^2$ 以下，从而减少需热量。2020—2035 年期间，主要通过集中供热系统末端改造以降低回水温度，从而有效回收热电厂余热和工业低品位余热。通过现有热源供热能力的挖潜，来满足建筑供暖需热量的增加。对北方沿海核电进行热电联产改造，为我国北方沿海法线 200km 以内地区提供热源。2035 年起，配合电力系统火电关停的时间表，同步建设跨季节蓄热工程来解决关停火电厂造成的热源功率减少。到 2045 年，依靠跨季节蓄热工程，收集核电全年余热、调节火电全年余热峰值、集中风电光电基地弃风弃光的余热以及各类工业排放的低品位余热全年排放的热量。这样可在电力系统实现零碳排放的同时实现建筑热力间接碳排放为零。

---

❶ CCUS：Carbon Capture，Utilization and Storage，碳捕集、封存及再利用技术。

考虑建筑用能的四个分项,将四部分建筑碳排放的规模、强度和总量表示在图 1-20 中的方块图中,横向表示建筑面积,纵向表示单位面积碳排放强度,四个方块的面积即是碳排放总量,四个分项的碳排放总量增长如图 1-21 所示。可以发现四个分项的碳排放呈现与能耗不相同的特点:公共建筑由于建筑能耗强度最高,所以单位建筑面积的碳排放强度也最高,2021 年碳排放强度为 $48.9\mathrm{kgCO_2/m^2}$,随着公共建筑用能总量和强度的稳步增长,这部分碳排放的总量仍处于上升阶段;而北方供暖分项由于大量使用燃煤,碳排放强度仅次于公共建筑,2021 年碳排放强度为 $29.7\mathrm{kgCO_2/m^2}$,由于需热量的增长与供热效率提升、能源结构转换的速度基本一致,这部分碳排放已达峰,近年来稳定在 5 亿 $\mathrm{tCO_2}$ 左右;农村住宅和城镇住宅虽然单位面积的一次能耗强度相差不大,但农村住宅由于电气化水平低,燃煤比例高,所以单位面积的碳排放强度高于城镇住宅,农村住宅单位建筑面积的碳排放强度为 $21.7\ \mathrm{kgCO_2/m^2}$,由于农村地区的"煤改电""煤改气",农村住宅的碳排放总量已经达峰并在近年来逐年下降,而城镇住宅单位建筑面积的碳排放强度为 $16.4\mathrm{kgCO_2/m^2}$,随着用电量的增长而缓慢增长。

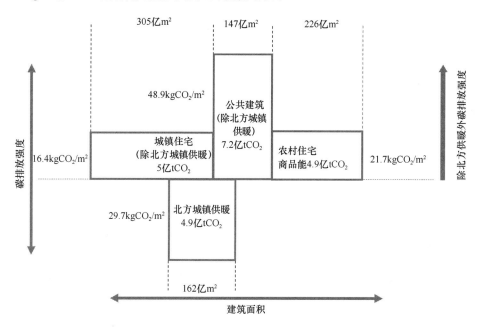

图 1-20 中国建筑运行相关二氧化碳排放量(2021 年)

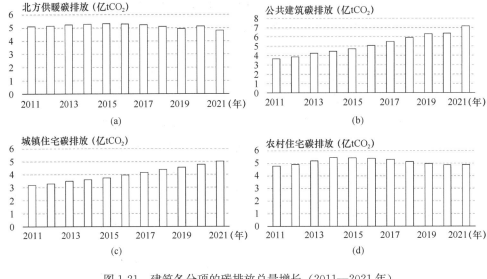

图 1-21　建筑各分项的碳排放总量增长（2011—2021 年）

（a）北方城镇供暖；（b）公共建筑；（c）城镇住宅；（d）农村住宅

1.4.2　建筑建造隐含二氧化碳排放

随着我国城镇化进程不断推进，民用建筑建造能耗也迅速增长。建筑与基础设施的建造不仅消耗大量能源，还会导致大量二氧化碳排放。其中，除能源消耗所导致的二氧化碳排放之外，水泥的生产过程排放❶也是重要组成部分。

2021 年我国民用建筑建造相关的碳排放总量约为 16 亿 tCO_2，主要包括建筑所消耗建材的生产运输用能碳排放（77%）、水泥生产工艺过程碳排放（20%）和建造过程中用能碳排放（3%），如图 1-22 所示。尽管这部分碳排放是被计入工业和交通领域，但其排放是由建筑领域的需求拉动，所以建筑领域也应承担这部分碳排放责任，并通过减少需求为减排做贡献。随着每年新建建筑规模的减少，民用建筑建造碳排放已于 2016 年达峰，并呈逐年缓慢下降的趋势。2020 年受新冠肺炎疫情影响，新建建筑规模下降明显，随着 2021 年国内新冠肺炎疫情形势转好，新建建筑规模也有所回升。由此导致的民用建筑建造碳排放在 2020 年下降明显，2021 年有所回升。

由于我国仍处于城镇化建设阶段，除民用建筑建造外还有各项基础设施的建

---

❶　指水泥生产过程中除燃烧外的化学反应所产生的碳排放。

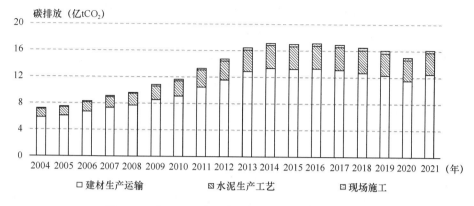

图 1-22　中国民用建筑建造碳排放（2004—2021 年）

数据来源：清华大学建筑节能研究中心估算。仅包含民用建筑建造。

造，2021 年我国建筑业建造相关的碳排放总量约 41 亿 tCO_2，接近我国碳排放总量的二分之一，如图 1-23 所示。其中，民用建筑建造的碳排放约占我国建筑业建造相关碳排放的 40%。

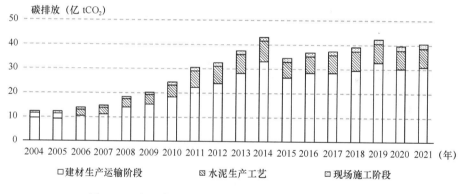

图 1-23　中国建筑业建造二氧化碳排放（2004—2021 年）

数据来源：清华大学建筑节能研究中心估算。建筑业包含民用建筑建造、生产性建筑和基础设施建造。

　　为了尽早实现建筑建造相关碳排放为零，首先应该合理控制建筑规模总量，减少过量建设，避免大拆大建并对建筑的建造速度和总量规模进行合理的规划。从我国建筑面积的总量和人均指标来看，目前已经基本满足城乡居住和生产生活需要。到 2060 年，我国人均住宅面积 40 m^2/人，人均公共建筑面积 15.5 m^2/人，建筑面积总量达到 750 亿 m^2，即可满足未来城乡人口的生产生活需要。

　　与此同时，我国的建设行业将由大规模新建转入既有建筑的维护与功能提升。从图 1-2 近年来我国城乡建筑的竣工量和拆除量可以发现：2000 年初期年竣工远大于年拆除量，由此形成建筑总量的净增长，满足对建筑的刚性需求，而近几年，尽管每年的城镇住宅和公共建筑竣工面积仍然维持在 30 亿～40 亿 m²，但每年拆除的建筑面积已经达到将近 20 亿 m²。这也表明我国房屋建造已经从增加房屋供给以满足刚需转为拆旧盖新以改善建筑性能和功能提升的需要，"大拆大建"已成为建筑业的主要模式。根据统计，拆除的建筑平均寿命仅为三十几年，远没有达到建筑结构寿命。如果持续这样地大拆大建，就会使建造房屋不再是一段历史时期的行为而成为持续的产业，那么由此导致的对钢铁、建材的旺盛需求将持续下去，钢铁和建材的生产也将持续地旺盛下去，但由此形成的碳排放就很难降下来。实际上，与大拆大建相比，建筑的加固、维修和改造也可以满足功能提升的需要，只要不涉及结构主体，就不需要大量钢材水泥，由此导致的碳排放要远小于大拆大建。建筑产业应实行转型，从造新房转为修旧房。这一转型将大大减少房屋建造对钢铁、水泥等建材的大量需求，从而实现这些行业的减排和转型。

基于未来民用建筑总量规划的目标，考虑合理的建设速度，由"大拆大建"逐渐转型至"以修代拆，精细修缮"，民用建筑建造相关碳排放可逐渐降低至 2 亿 tCO_2。再进一步通过新型建材、新型结构体系技术的应用，有望于 2050 年实现建筑建造的零排放。

1.4.3　建筑领域非二氧化碳温室气体排放

除二氧化碳外，建筑中制冷空调热泵产品所使用的含氟制冷剂也是导致全球温升的温室气体，因此，制冷空调热泵产品的制冷剂泄漏带来的非二氧化碳温室气体（简称非二气体）排放也是建筑碳排放的重要组成部分。我国建筑领域非二气体排放主要来自家用空调器、冷/热水机组、多联机和单元式空调中含氟制冷剂的排放。现阶段我国常用含氟制冷剂包括 HCFCs 和 HFCs 两类，主要是 R22、R134a、R32 和 R410A 等，具体种类如表 1-2 所示。HFCs 类物质由于其臭氧损耗潜值为零的特点，曾被认为是理想的臭氧层损耗物质 HCFCs 的替代品，但其全球变暖潜能（GWP，Global Warming Potential）较高，也就是说单位质量 HFCs 产生的温室效应是相同质量二氧化碳量的几百甚至上千倍，如表 1-3 所示，因此也是建筑领域最主要的非二气体排放。

基于清华大学建筑节能研究中心 CBEEM 模型估算结果，2019 年中国建筑空调制冷所造成的制冷剂泄漏相当于排放约 1.1 亿 $t\,CO_{2-eq}$，2020 年排放约 1.3 亿 tCO_{2-eq}，约占我国建筑运行所导致的二氧化碳排放总量的 6%，主要来自于家用空调器的维修、拆解过程和商用空调的拆解过程。

我国现阶段常用 HCFCs 和 HFCs 制冷剂 表 1-2

制冷领域	HCFCs	HFCs	其他
房间空调器	HCFC-22	R410A、R32	
单元/多联式空调机	HCFC-22	R410A、R32、R407C	
冷水机组/热泵	HCFC-22	R410A、R134a、R407C	
热泵热水机	HCFC-22	R134a、R410A、R407C、R417A、R404A	CO_2
工业/商业制冷	HCFC-22	HFC-134a、R404A、R507A	NH_3、CO_2
运输空调	HCFC-22	HFC-134a、R410A、R407C	
运输制冷	HCFC-22	HFC-134a、R404A、R407C	

几种常见制冷剂的 GWP 表 1-3

制冷剂类型	制冷剂名称	蒙特利尔协定标准 GWP 值
HFCs 氢氟碳化物	HFC-134a	1430
	HFC-32	675
HFC 氢氟烃混合物	R-404A	3922
	R-410A	2088
	R-407C	1774
HCFCs 含氢氯氟烃	HCFC-22	1810
	HCFC-123	79

尤其是随着我国二氧化碳排放达峰和中和进程的推进，非二气体占全球温室气体排放总量的比例会逐渐增长。从建筑领域来说，非二气体排放对于建筑领域实现气候中和的重要性也会逐渐加大。2021 年 9 月 15 日，《基加利修正案》对中国正式生效，修正案规定了 HFCs 削减时间表，包括我国在内的第一组发展中国家从 2024 年起将调整 HFCs 生产和使用冻结在基线水平，并逐步降低至 2045 年不超过基线的 20%。随着我国进一步城镇化和人民生活水平的提升，我国未来制冷空调热泵设备的总保有量仍将有一个快速的增长期。这使得建筑领域的非二气体减排面临巨大挑战。

为降低建筑相关非二气体排放，应主要从以下方面开展工作。

1. 积极推动低 GWP 制冷剂的研发和替代工作

制冷剂替代对于我国制冷空调产业影响巨大，选择合理的制冷剂替代既要考量制冷剂替代导致的非二氧化碳温室气体直接减排，也要考虑制冷剂替代可能的能效降低及由此导致的电力间接二氧化碳排放增加。在替代路线选择中应综合考虑各种因素，确定适合我国不同细分行业的制冷剂 GWP 和切换时间点。需要注意的是，大多数新型低 GWP 工质（HFOs）的专利不在我国企业手中，不合理的替代路线可能导致我国制冷空调热泵产业支付大量的专利费用，削弱行业竞争力。因此，发展我国自主知识产权的低 GWP 替代工质和生产工艺迫在眉睫，在制冷剂替代中应重点考虑我国掌握专利权或已权利公开的合成制冷剂及自然制冷剂。

虽然通过制冷剂排放管控能大幅降低实际排放到大气的制冷剂量及其带来的温室效应，但尽可能发展新型制冷工质和技术，彻底解决其温室气体排放问题才是治本的方式。在中小容量制冷空调热泵领域，发展低温室效应 HFCs 及其混合物替代物，或使用天然工质（碳氢化合物、氨、二氧化碳等），将是未来的重要发展方向，也更符合我国国情。二氧化碳是可选择的天然制冷工质，由于它的三相临界点温度为 31.2℃，所以其热泵工况是变温地释放热量而不是像其他类型工质那样以相变状态的温度放热，这就使得工质与载热媒体有可能匹配换热，从而提高热泵效率。近二十年来，采用二氧化碳工质的国外热泵产品获得了巨大成功。然而由于二氧化碳工质工作压力高，对压缩机和系统的承压能力提出很高要求，我国在此方面的制造技术还有所欠缺。这需要将其作为解决非二气体排放的一个重要任务，组织多方面合作攻关，尽早发展出自己的成套技术和产品。

对于在可将制冷装置单独放置并和人员保持适当距离的工商业制冷领域，天然工质（氨等）虽然具有一定安全性风险，但热力学性能好，从而拥有良好的发展前景。氨是人类最初采用气体压缩制冷时就使用的制冷剂。后来由于安全性等问题，逐渐退出制冷应用。在考虑氟系的制冷剂替代时，氨又重新回到历史舞台。通过多项创新技术，可以克服氨系统原来的一些问题，并且未来在冷藏冷冻、空调制冷领域很可能会占有一定的市场。

但在大型冷水机组领域，我国目前尚无能避开他国限制的制冷剂替代物。目前，美国企业已研发出可满足未来长期替代使用的超低 GWP 的 HFOs 制冷剂。中国需要在研发新制冷剂和开发 HFOs 制冷剂的新生产工艺等方面开展工作，争取及早摆脱被动局面，并应优先攻克大型冷水机组用 R134a 替代制冷剂。

2. 对维修和报废过程中的制冷剂进行严格管理

制冷剂只有排放到大气中才会导致温室效应，因此减排的首要任务是避免其向大气的排放。随着我国制冷空调装置工艺水平的提高，目前非移动制冷空调装置运行过程中的泄漏率较低，导致泄漏的主要原因是装置运行、维修和拆解过程的排放。

运行过程泄漏。通过改进密封工艺，可以实现空调制冷运行过程中的无泄漏和拆解过程全回收，从而基本实现运行过程中的零排放。随着我国制冷空调产品生产和安装技术的不断进步，我国运行过程中的制冷剂泄漏已大幅降低。尤其是越来越多的房间空调器采用 R32 和 R290 等可燃或微可燃制冷剂后，几乎所有的制冷空调热泵都由专门技术人员安装和维护，因此，安装和运行过程中的制冷剂泄漏量可大幅降低。对于静态制冷空调热泵设备，由于不存在摇晃、振动等影响，管路能一直维持在较低的泄漏率。据估算，单纯运行过程的制冷剂年泄漏率可低至 0.3%。

维修/维护过程泄漏。对于大型制冷空调热泵装置，由于制冷剂冲注量多，在维修/维护过程中，一般将制冷剂抽出或保存于非维修设备或储罐中，制冷剂泄漏率低。但对于房间空调器类似小型空调设备，一旦制冷系统发生故障需要维修，大部分情况下都会将制冷剂全部排向大气环境。据估算，家用空调器维修/维护导致的等效年泄漏率为 0.8%~1.6%。

设备最终拆解地泄漏。设备拆解过程处理不当将有大量制冷剂排向大气，这是制冷剂泄漏最为重要的环节。目前，虽然我国在大型制冷空调热泵机组上实施明确的回收要求，实际进行回收并再生使用的比例仍然很低。而小型空调设备拆解的完全对空排放仍是普遍现象。

因此，规范维修过程并回收拆解过程的制冷剂是关键，目前，我国制冷剂的年回收量不到年使用量的 1%，而日本等国家的制冷剂回收率在 30% 左右。究其原因，主要在于我国目前尚未建立一套有效地、能激活制冷剂生产、使用、回收和处置全产业链的政策和金融机制。

一套值得尝试的方法是：一方面，发挥行政作用，通过强化制冷剂全生命期管理，严格杜绝维修和拆解过程的制冷剂排放，并对回收制冷剂进行再生或消解。另一方面，对高 GWP 的制冷工质进行总量控制，即建立可交易制冷剂回收凭证制度，实现基于回收凭证的制冷剂生产和使用配额制度。政府环保部门负责核实制冷剂回收公司的回收处置制冷剂量，据此发放等量制冷剂回收凭证。政府执行制冷剂生产和使用配额（国内部分）和制冷剂回收凭证的比例关联（即制冷剂生产和使用配额不仅与往年的国内销售/使用量有关（现有配额制度），还需提供成比例的制冷剂回收凭证）。同时，建立制冷剂回收凭证的交易平台，通过市场机制动态调配制冷剂回收行业规模和利润，使得回收凭证价格总体维持在合理水平。就可以从金融角度实现排放的有效控制。随着建筑业逐渐从新建转移到改造、维护,我国制冷空调装置的安装总量也将逐渐达到饱和。新的市场增量将主要是更换已有装置和对外出口。解决了国内在役设备的泄漏问题,出口产品就需要逐渐建立起新的评估和管理体系,从抓工质的生产和冲灌量,逐渐转移到抓泄漏量,就可以全面解决制冷工质的温室气体排放问题。

3. 积极推动无氟制冷热泵技术

除此以外,发展新的无氟制冷技术,在一些不能避免泄漏、不易管理的场合完全避免使用含氟制冷工质,也是减少制冷剂泄漏造成温室气体效应的一条技术路径。目前全球各国均在研发非蒸气压缩制冷热泵技术。在干燥地区采用间接式蒸发冷却技术,可以获得低于当时大气湿球温度的冷水,满足舒适性空调和数据中心冷却的需要且大幅度降低制冷用电量。利用工业排出的100℃左右的低品位热量,通过吸收式制冷,也可以获得舒适空调和工业生产环境空调所要求的冷源,且由于使用的是余热,可以产生节能效益。此外,固态制冷技术,如热声制冷、磁制冷、半导体制冷等,由于完全不用制冷工质且直接用电驱动制冷,具有巨大的发展潜力。近年来,固态制冷技术在理论、技术上都出现重大突破,制冷容量增加,效率提高,可应用范围也在逐步向建筑部门渗透。

非二气体问题是与二氧化碳同样重要的影响气候变化的问题,需要建筑部门认真对待。非二气体排放问题的解决,会导致建筑中制冷空调热泵技术的革命性变化,实现技术的创新性突破,值得业内关注。

1.5　全球建筑领域能源消耗与温室气体排放

1.5.1　全球建筑运行能耗

根据国际能源署(IEA,International Energy Agency)对于全球建筑领域终端用能及 CO_2 排放的核算结果,如图1-24所示,2021年全球建筑业建造(含房屋建造和基础设施建设)隐含能耗和建筑运行能耗占全球能耗的37%,其中建筑基础设施建造的隐含能耗占全球能耗的比例为7%,建筑运行占全球能耗的比例为30%。2021年全球二氧化碳排放量(包括能源和工业过程排放)为363亿 tCO_2 ,其中建筑业建造(含房屋建造和基础设施建设)隐含二氧化碳排放占全球总 CO_2 排放的12%,建筑运行相关二氧化碳排放占全球总 CO_2 排放的28%。

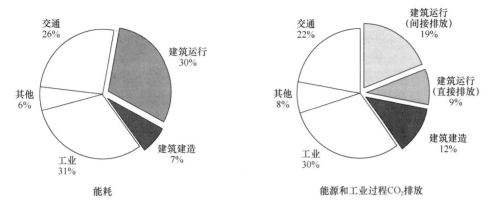

图 1-24　全球建筑领域终端用能及 CO_2 排放（2021 年）

数据来源：International Energy Agency, 2022 Global Status Report for Buildings and Construction. 建筑业包含民用建筑建造、生产性建筑和基础设施建造。本图使用 IEA 直接提供的各领域终端能源消耗数据，指将供暖用热、建筑用电与终端使用的各能源品种直接相加和得到，电力按照电热当量法进行折算。这种折算方法与后文中各国建筑能耗对比中使用的折算方法有所不同，因此在对比数据时需要区别看待。

根据清华大学建筑节能研究中心对于中国建筑领域用能及排放的核算结果：2021年中国建筑建造隐含能耗和运行用能❶占全社会总能耗的 31%，与全球比例接近。但中国建筑建造隐含能耗占全社会能耗的比例为 10%，高于全球 7% 的比例。如果再加上生产性建筑和基础设施建造的隐含能耗，占全社会能耗的比例将达到 26%。建筑运行占中国全社会能耗的比例为 21%，仍低于全球平均水平，未来随着我国经济社会发展和生活水平的提高，建筑用能在全社会用能中的比例还将继续增长。

从 CO_2 排放角度看，2021 年中国全社会碳排放量约为 115 亿 tCO_2，中国建筑建造隐含二氧化碳排放和运行相关二氧化碳排放占中国全社会 CO_2 排放总量（包括能源相关和工业过程排放）的比例约为 33%，其中建筑建造占比为 14%，建筑运行占比为 19%（图 1-25）。如果仅考虑能源相关的二氧化碳，2021 年中国全社会能源活动的二氧化碳排放量约为 103 亿 tCO_2，其中建筑建造占比约为 16%，建筑运行的占比约为 21%。

由于我国处于城镇化建设时期，因此建筑和基础设施建造能耗与排放仍然是全社会能耗与排放的重要组成部分，建造隐含能耗占全社会的比例高于全球整体水平，也高于已经完成城镇化建设期的经济合作与发展组织（OECD，Organization

❶　按照一次能耗方法折算，将供暖用热、建筑用电按照火力供电煤耗系数折算为一次能源消耗之后，再与终端使用的其他各能源品种加和。

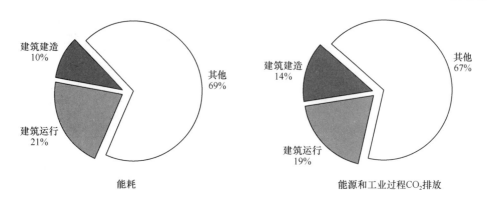

图 1-25 中国建筑领域用能及 CO_2 排放（2021 年）

数据来源：清华大学建筑节能研究中心 CBEEM 模型估算。建筑业包含民用建筑建造、
生产性建筑和基础设施建造。

for Economic Co-operation and Development）国家。但与 OECD 国家相比，我国建筑运行能耗与碳排放占比仍然较低。随着我国逐渐进入城镇化新阶段，建设速度放缓，建筑的运行能耗和排放占全社会的比例还将进一步增大，我国建筑节能和低碳工作的重点，将由新建建筑的低碳逐步转向为既有建筑的低碳运行。

1.5.2 建筑能耗与排放的边界与对比研究方法

开展各国建筑能耗对比是认识我国建筑能耗水平、分析我国建筑能耗未来发展趋势并设计建筑节能路径的重要手段。本节对全球各国的建筑运行能耗、碳排放数据进行了全面收集和对比分析。为保证数据可比性以及更好地反映实际用能情况，本节中的能耗数据仅包括商品能，不包括没有进入流通领域的生物质能。

进行各国建筑能耗对比需要收集两大类数据：一类是人口、户数和建筑面积等数据，一类是建筑能源消耗数据，主要是建筑运行阶段使用的电力、热力、煤炭、天然气和其他燃料总量。本节所收集的全球及各国建筑能源相关数据主要来自以下两类：

（1）国际组织和机构的数据库：主要包括国际能源署（IEA）数据库，Odyssee 数据库，世界银行（World Bank）数据库，欧洲统计（Eurostat）数据库等。

（2）各国的官方统计数据：例如日本数据主要来源于日本统计局发布的《日本统计手册》和《日本统计年鉴》，美国数据主要来源于能源信息署（Energy Information Administration）定期对具有全国代表性建筑开展的调查（如每年发布的统计数据），加拿大数据主要来源于加拿大自然资源部（Natural Resources Canada），韩国数据主要来源于韩国国土交通省的建筑信息统计和 KOSIS❶ 数据，印度数据主要来源于印度国家统计局（NSO❷）与印度政府统计和计划执行部（MoSPI❸）。

（3）还有一些公开的研究报告和文献也对各国的建筑能源排放开展了研究，并提供了定量数据，也作为本书的重要支撑和参考。

1. 建筑能耗计算

在分析和对比建筑能耗时，由于各国建筑运行使用的电力、燃料和热量的比例不同，需要将建筑使用的各类能源进行加和得到总的建筑能耗。目前有以下几种方法用于建筑总能耗的核算：

终端能耗法：将各国建筑中使用的电力统一按热功当量折算，以标准煤为单位的折算系数为 122.9gce/kWh。这种方法忽略了不同能源品位的高低，例如按照我国 2021 年全国供电标准煤耗，供 1kWh 的电力需要 302gce，故以电热当量法计算得到的相同"数量"的电力的做功能力远大于其他能源品种，因而不能科学地评价能源转换过程。

一次能耗法：将建筑使用的各类能源折算为一次能源，其中主要涉及将电力折算为一次能源的方法。一种方法是按各国火力供电的一次能耗系数折算，火力供电系数的一次能耗系数是用于火力发电的煤油气等一次能源消费量与火力供电量的比值。各国火力供电煤耗主要取决于发电能源结构和机组容量，采用各国不同的火力供电煤耗进行国与国之间终端能源消耗的横向对比会受到各国火力供电效率的干扰，由此得到的计算结果是不具可比性的。另一种方法是按各国平均供电的一次能耗系数折算。平均供电的一次能耗系数是用于发电的所有能源品种的一次能源消费量与全社会总发电量的比值。随着发电结构中可再生电力比例的不断增加，水电、核电等可再生电源的比例增加，也会使得平均供电的一次能耗系数大幅下降。对于可再生能源占比大的国家，例如法国核电约占全国发电量的 70%，若仍采用平均发电一次能耗法将电力折算为一次能源，核算电力供给侧的能源消耗将不具意义。对于核电和可再生电力占比大的国家，其平均度电煤耗很小，计算出的一次能耗也很小，只能说明该国化石能源占比低，并不能说明该国终端能源的实际消费量很小，也会造成各国的计算结果不具可比性。

电力当量法：根据各类能源的发电能力将其转换为等效电力。在低碳能源转型

---

❶ Korean Statistical Information Service.

❷ National Statistics Office.

❸ Ministry of Statistics and Programme Implementation.

的背景下，各个国家建筑用能的发展趋势是实现全面电气化，目前一些发达国家建筑用能结构中电力已经成为主导，非电能源在建筑运行用能中逐渐减少。随着电力在能源结构中的占比逐步增大，将各类用能均折算为电力并加和得到建筑总能耗来进行比较将更具意义。因此本节采用将各种能源转换为电力的方法折算建筑总能耗。

针对将各类能源转换为电力时折算系数取值问题，在进行各国建筑用能水平对比时，应分别考察和比较建筑用能水平和能源转换系统水平。若根据各国的能源转换状况分别核算各自的建筑能耗，将无法排除能源转换系统水平对建筑用能水平的影响。各国能源转换水平的差异是由于各国发电能源结构和发电效率的差异，对于供电煤耗较小的国家，说明该国发电的能源结构使得发电效率较高，提供等量电力所需消耗的一次能源少，此时如果把该国的建筑非电力用燃料用这种方式转换，就会得到电力消耗高、能耗高的假象。例如 2021 年我国供电煤耗 302gce/kWh，处于世界先进水平的意大利火力供电煤耗为 275gce/kWh。建筑同样消耗 1tce，在我国折合为 3300kWh 电力，而在意大利就会折合为 3675kWh 电力。为避免各国能源转换系统水平的差异干扰建筑终端能源消耗的横向对比，应统一采用一个相同的基准值折算系数来进行折算。

由此可见，为了解耦建筑用能水平和能源转换系统水平，应均以转换基准值为出发点对以上两方面进行核算和比较，故本节按照统一的转换基准值进行各类燃料和电力之间的转换。在基准值的原则下，全球建筑用能总量可直接分摊全球一次能源，而能源转换系统各自有正有负，反映其效率高低及能源结构的优劣，总和为零。转换基准值理论上是全球平均的转换水平，即各类燃料发电能力的全球平均值，本节采用的转换基准值如表 1-4 所示。

<table>
<tr><td colspan="3">**各国建筑总能耗核算的转换基准值**</td><td>表 1-4</td></tr>
<tr><td>总能耗折算为电力</td><td>单位</td><td colspan="2">基准值</td></tr>
<tr><td>煤</td><td>gce/kWh</td><td colspan="2">300</td></tr>
<tr><td>石油</td><td>goe/kWh</td><td colspan="2">191</td></tr>
<tr><td>天然气</td><td>Nm³/kWh</td><td colspan="2">0.2</td></tr>
<tr><td>锅炉产出热量</td><td>kWh/GJ</td><td colspan="2">133</td></tr>
<tr><td>热电联产产出热量</td><td>kWh/GJ</td><td colspan="2">70</td></tr>
</table>

2. 建筑碳排放计算

本节各国建筑运行碳排放数据来源于 IEA 和清华大学建筑节能研究中心

CBEEM 模型计算的结果。在计算建筑运行碳排放总量时，考虑了直接碳排放、建筑用电的间接碳排放和建筑用热的间接碳排放。在计算建筑电力间接碳排放时，采用各国发电总碳排放量除以总发电量，折算得到各国平均度电的碳排放因子，采用此碳排放因子来折算建筑电力相关间接碳排放。在计算建筑用热碳排放时，采用建筑用热量和单位热量的碳排放因子来计算。在研究各国建筑运行能耗时，将各类能源统一折算为电力，折算系数采用的是统一的基准值。而研究各国建筑运行碳排放时使用的是各国真实的碳排放因子，计算得到的是各国真实的碳排放，这是由于建筑碳排放与能源结构密切相关，必须包括能源结构和能源转换系统讨论，因此采用各国的碳排放因子而非统一的碳排放因子。

对于建筑运行碳排放，各国都提出了降低建筑领域碳排放的目标，各国由于国情不同，实现建筑碳中和的技术路线和重点也有所不同。为了计算和分析各国建筑领域在实现碳中和目标时面对的不同问题，采用各国自己的电力和热力碳排放因子进行折算。因此，各国能源结构的差异、能源效率的差异都会影响建筑运行的碳排放量总量和强度。

1.5.3 各国建筑领域能源消耗与碳排放

1. 各国建筑运行能耗

图 1-26 给出了统一按照转换基准值折算的各国建筑运行能耗总量（气泡图面积）、建筑人均能耗（横轴）和建筑单位面积等效用电量（纵轴）。从建筑运行能耗气泡图中可以发现，我国的建筑运行用能总量已经与美国接近，但用能强度仍处于较低水平，无论是人均能耗还是单位面积能耗都比美国、加拿大、欧洲及日韩低得多。我国建筑运行人均等效用电量是美国、加拿大的 1/5 左右，是日本、韩国等国的 1/2 左右。我国建筑运行单位面积等效用电量是加拿大的 1/3，是美国、欧洲和日韩等国的 1/2。在应对气候变化，降低碳排放的背景下，各国都在开展能源转型，其重要措施就是实现建筑领域的电气化，以低碳可再生电力替代常规化石能源消耗。考虑我国未来建筑节能低碳发展目标，我国需要走一条不同于目前发达国家的发展路径，这对于我国建筑领域的低碳与可持续发展将是极大的挑战。同时，目前还有许多发展中国家正处在建筑能耗迅速变化的时期，中国的建筑用能发展路径将作为许多国家路径选择的重要参考，从而进一步影响到全球建筑用能的发展。

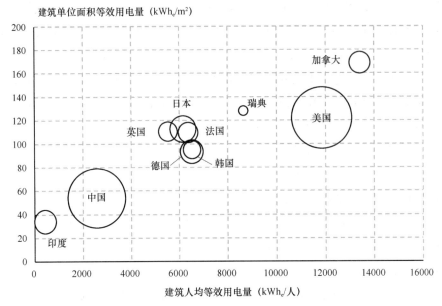

图1-26　各国建筑运行能耗对比（电力当量法）

注：圆圈大小表示建筑运行能耗总量

数据来源：清华大学建筑节能研究中心 CBEEM 模型，IEA 各国能源平衡表，Energy Efficiency In-dicators（能效指标）数据库（2022 版），世界银行 WDI（Development Indicators，世界发展指数）数据库，印度 Satish Kumar（2019）❶。中国为 2021 年数据，加拿大、德国与瑞典为 2019 年数据，其他国家均为 2020 年数据。

2. 各国建筑用能电气化率

国际上通常采用两个指标来衡量电气化程度：一是发电能源消费占一次能源的比重，用来反映电力在一次能源供应中的地位；二是电力在终端能源消费中的比重，用来反映终端领域用能的电气化率。本节对比各国电力在建筑领域终端能源消费中的比重，按照第二种方法，采用电热当量法将终端消耗的电力折算，计算得到建筑用能电气化率，并进行各国对比。

对比 2000 年至 2020 年各国电力在建筑领域终端能源消费中的比重，如图 1-27 所示。瑞典、美国、日本、加拿大建筑领域的电气化率始终处于较高水平，自 21 世纪起就已超过 40%，并仍保持稳定增长的趋势。法国、韩国的电气化率发展速度快，从 2001 年的 30% 左右迅速增长，如今已超过 40%。英国和德国建筑领域的

---

❶　Satish Kumar et al.（2019）. Estimating India's commercial building stock to address the energy data challenge. Building Research & Information，2019，47，24-37.

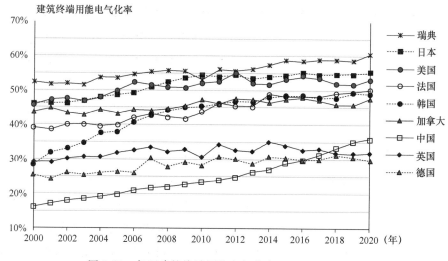

图 1-27 各国建筑终端用能电气化率（2000—2020 年）

电气化率较为平稳，增长速度慢，主要是由于这两个国家目前仍保留了一定比例的化石能源用于为建筑供暖。中国建筑领域电气化率从 2000 年的 16％迅速增长，至 2020 年已达到 36％，已经超过英国与德国，并处于高速增长阶段。

3. 各国建筑运行碳排放

各国人均碳排放对比如图 1-28 所示。从图 1-28 中可得，目前我国人均总碳排

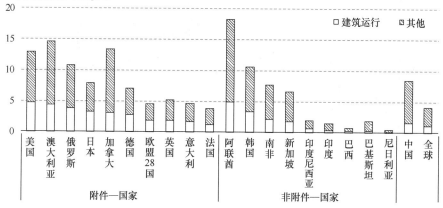

图 1-28 各国人均碳排放对比

数据来源：IEA，CO_2 Emissions from Fuel Combustion Highlights（国际能源署，燃料燃烧碳排放数据库）2021 数据库所提供的为各国 2020 年数据，中国数据为清华大学建筑节能研究中心 CBEEM 模型估算 2021 年结果。
中国为清华大学建筑节能研究中心采用模型估算 2019 年结果。
① 附件国家指《联合国气候变化框架公约》附件中的国家。
② 非附件国家指不在《联合国气候变化框架公约》附件中的国家。

放（包括工业、建筑、交通和电力等部门）略高于全球平均水平，但仍然低于美国、加拿大等国。从人均建筑运行碳排放指标来看，也略高于全球平均水平，但显著低于发达国家，这主要是因为我国仍处于工业化和城镇化进程中，建筑运行碳排放占全社会总碳排放的比例低于发达国家。近年来，我国应对气候变化的压力不断增大，建筑部门也需要实现低碳发展、尽早达峰，如何实现这一目标，是建筑部门发展的又一巨大挑战。

　　各国都提出实现碳中和目标和建筑领域的碳中和路径，降低建筑领域的碳排放量也是实现全社会碳中和的重要领域之一。图1-29给出了按照各国自身能源结构折算的建筑运行碳排放总量（气泡图面积）、人均碳排放（横轴）和单位面积碳排放（纵轴）。从碳排放气泡图中可以发现，建筑领域的碳排放不仅受到能源消耗总量的影响，也明显受到各国能源结构的影响。由于我国建筑运行能耗较低，所以建筑运行的人均碳排放和单位面积碳排放低于大部分发达国家。我国建筑人均碳排放是美国的1/3，是日本、韩国的1/2左右。我国建筑单位面积碳排放是日韩的1/2左右。但法国的能源结构以低碳的核电为主，所以尽管建筑用能强度比中国高，但折算到碳排放强度要比中国低。这也说明，在实现碳中和的路径上，不仅要注意建

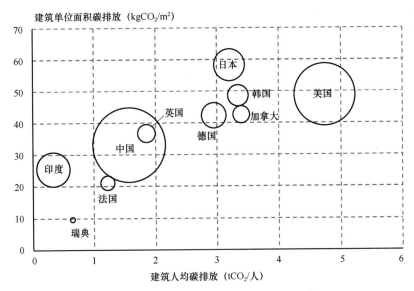

图1-29　中外建筑运行碳排放对比（2020年）

注：圆圈大小表示碳排放量。

数据来源：IEA，CO_2 Emissions from Fuel Combustion Highlights 2021 数据库所提供的为各国2020年数据，中国数据为清华大学建筑节能研究中心 CBEEM 模型估算2021年结果。

筑节能、能效提升，也要实现能源系统和建筑用能结构的低碳化转型。

除了对各国建筑运行碳排放现状进行对比分析，对于碳排放变化趋势的分析也颇为重要，图 1-30 对比了 2000 年和 2020 年中外建筑运行碳排放的变化趋势。图中虚线的圆圈代表 2000 年的碳排放数据，实线圆圈代表 2020 年的数据。此图反映了各国建筑运行人均碳排放和单位面积碳排放在近 20 年的变化趋势，根据变化趋势可以将这些国家分为三类。①第一类包括美国、加拿大、德国、英国、法国等，共同特点是这些国家的建筑运行碳排放总量、人均碳排放、单位面积碳排放均呈下降趋势，这一方面得益于人均和单位面积能耗的降低，另一方面也是因为各国积极推动能源结构转型，大力发展零碳电力。②第二类的代表国家是韩国和日本，近 20 年其碳排放总量增加、人均碳排放增加，而单位面积碳排放减少。分析原因，日韩两国建筑碳排放总量近年来缓慢增长，但由于近 20 年人口增长率极低，日本人口已出现负增长，人口的增长速度小于碳排放的增长速度，而建筑面积的增长速度大于碳排放的增长速度，从而使得这两国均出现人均碳排放、单位面积碳排放变化趋势不一致的现象。③第三类的代表国家是中国和印度，近 20 年碳排放总量、人均碳排放和单位面积碳排放均呈增长趋势。近 20 年中国和印度均处于高速发展

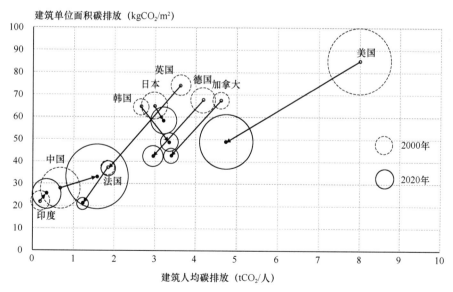

图 1-30　中外建筑运行碳排放变化趋势对比（2000 年和 2020 年）

注：圆圈大小表示碳排放量。

数据来源：IEA，CO_2 Emissions from Fuel Combustion Highlights 2021 数据库提供的为各国 2000 与 2020 年数据，中国数据为清华大学建筑节能研究中心 CBEEM 模型估算 2021 年结果。

阶段，用能强度也在不断增长，为了尽早实现碳达峰，中国、印度等发展中国家应在控制能源消费总量的同时抓紧推动能源系统的低碳转型。

　　建筑运行碳排放同时受建筑运行能耗和建筑用能结构与能源转换水平的影响，按照前文介绍的基准值法核算建筑运行能耗，可将建筑用能水平和能源转换系统水平完全解耦，图1-31展示了人均建筑等效用电量和建筑等效用电量的碳排放强度两个因素共同作用下各国的人均碳排放。图1-31中横坐标为人均建筑等效用电量，将各种能源按照基准值折算为当量电力，由于基准值方法排除了建筑用能结构、能源系统结构和转换系统能效的影响，故横坐标可直接反映各国建筑用能水平的高低。纵坐标为建筑等效用电量的碳排放强度，采用各国建筑运行实际碳排放除以基准值法下的建筑等效用电量计算得到，其大小主要受各国建筑用能结构、能源系统转换水平决定。双曲线簇是人均建筑等效用电量与建筑等效用电的碳排放强度的乘积，因此表示人均建筑运行碳排放，圆心位于同一条双曲线上的国家其人均建筑运行碳排放相等，离原点越远表示人均碳排放越大。

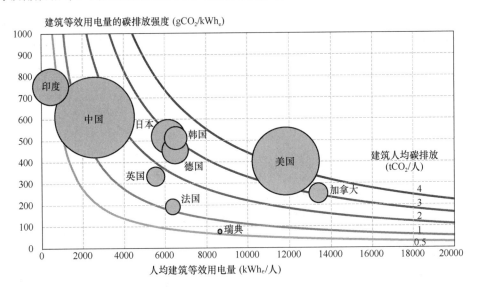

图1-31　中外建筑运行能耗与碳排放对比（2020年）

注：圆圈大小表示建筑运行总碳排放量。

　　从图1-31中可以看到，我国的人均建筑等效用电量较低，是美国加拿大的1/5，是日韩法德等国的1/2，但我国建筑等效用电量的碳排放强度较高，是英美德法日韩等国的一到两倍，综合以上两个因素我国的人均建筑运行碳排放仍然处于较低水平，其主要原因是人均建筑用能水平低。图1-31中印度和瑞典作为人均碳排放最低的两个国家，其主要原因却截然不同。瑞典的人均建筑能耗并不低，但由于瑞典具有极为优异的用能结构和能源转换系统，其建筑电气化率超过 60% 且发电结构中可再生电和核电占到 90% 以上，故瑞典建筑用能的碳排放强度极低，是我国的 1/8，因此综合表现为极低的人均建筑运行碳排放。同样是低人均碳排放的印度，其主导因素是较低的人均能耗，实际上印度单位建筑用能的碳排放强度很高，目前印度供电结构中仍有 70% 以上来自煤炭。

由此可见，人均建筑运行碳排放可以被分解为两个影响因素，实现建筑减碳目标应从建筑用能水平与能源结构两个方面努力，一方面继续推进建筑节能工作，维持绿色低碳的生活方式，将我国的建筑能耗水平控制在合理范围内，避免出现发达国家在经济社会高速发展期生活方式转变造成的建筑用能水平大幅提升；另一方面要全面推进建筑用能电气化，提高电力在总能耗中的占比，同时发挥建筑在低碳能源系统和新型电力系统中的"产、储、调、消"四位一体的角色，助力新型电力系统的建设，通过电力系统的低碳和零碳来实现建筑运行用能的低碳和零碳。

1.6　各国建筑供暖能耗与碳排放对比

建筑供暖的能效提升与低碳转型是实现建筑领域碳中和目标的重要任务。我国的供暖存在显著的南北差异，北方地区主要采用集中供暖系统连续供暖，其节能与低碳的关键在于逐渐提高集中供热系统的热源效率，同时通过零碳余热资源实现热源的低碳；而夏热冬冷地区的供暖主要以灵活分散的电热泵、燃气壁挂炉以及局部电供暖为主，其节能与低碳的关键在于实现分散供暖设备的灵活高效，这两类供暖模式在运行方式和能耗特征上具有显著不同的特点，因此不应放在一起讨论和横向对比。

本节主要针对我国北方城镇供暖，选择气候与供暖情况相类似的欧洲国家进行对比。欧洲中部和北部各国的建筑供暖也大体存在两类模式，一类是瑞典、丹麦、芬兰与波兰的城镇地区主要采用集中供热系统对建筑连续供暖并提供生活热水，系统形式与我国北方城镇地区类似。另一类是分户式或楼宇式的小型集中式供热系统，例如德国、英国、法国住宅主要以分户式和楼宇集中式的燃气、燃油锅炉为主，系统同时供暖和供应生活热水。与前两类不同的是，挪威住宅主要采用电直热设备或空气-空气热泵，满足冬季连续供暖和全年的生活热水需求。而位于欧洲南部的意大利、西班牙的各气候区在冬季供暖需求与供暖方式上存在明显的地区差异，地中海气候区的住宅较多地使用分体式热泵空调和局部供暖设备（如可移动电取热器和电加热壁板）实现"部分时间、部分空间"供暖，类似我国长江流域地区的供暖情况，因此南欧国家也不宜与我国北方城镇横向比较。

综合以上原因，本节选择德国、法国、英国、波兰以及北欧四国（瑞典、丹麦、芬兰、挪威），与我国北方集中供暖进行对比，从建筑供暖耗热量、供暖方式、能源效率及一次能源结构等影响因素分析角度，提出对我国北方城镇供暖低碳发展的建议。根据图 1-32 所示的集中供热率对比，本小节所涉及的欧洲国家主要可分为三类：

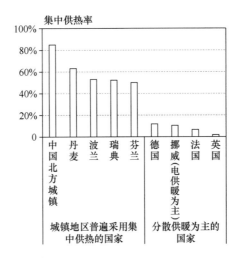

图 1-32　各国集中供热率对比（中国北方城镇按供热面积计，欧洲国家按采用集中供热的居住人口比例计）

（1）城镇地区主要采用集中供热的国家：瑞典、丹麦、芬兰、波兰的供暖集中供热率都在 50％以上，其城镇地区（特别是公寓住宅）普遍采用集中供热，与我国北方城镇地区类似；

（2）以分散供暖为主，电供暖居多：挪威各种电驱动供暖设备的供暖量占建筑总供暖耗热量的 58％；

（3）以分散供暖为主，化石燃料居多：德国、英国、法国以分户式的化石燃料锅炉为主要的供暖方式，电供暖设备供暖量的占比分别为 4％、6％、15％。

对比采用的各国数据类型与来源如表 1-5 所示。需要说明的是，虽然一般欧洲统计机构发布的报告中通常将供暖能耗和生活热水能耗合计为一项，但本节将供暖项单独提取出来，以方便与我国北方供暖项进行同口径的对比。

对比研究采用的数据类型与来源　　表 1-5

数据类型	数据来源	
	中国北方城镇	欧洲国家
建筑供暖面积、建筑供暖耗热量、建筑供暖一次能耗	中国建筑能耗和排放模型（2021 年数据）	欧盟委员会能源总局研究报告❶❷（2018 年数据）
度电碳排放因子	全国平均度电碳排放因子——中国电力联合会《中国电力年度发展报告 2021》	欧盟环境署（EEA）：Greenhouse gas emission intensity of electricity generation in Europe 2021
电力供应结构	《中国电力统计年鉴 2021》	Eurostat（欧盟统计局）数据库（2021）
采暖度日数	北方各省供热面积加权平均 $HDD18$	Eurostat 数据库：各行政区面积加权平均 $HDD18^*$
燃料碳排放因子	煤：$2.64kgCO_2/kgce$；天然气：$1.63kgCO_2/kgce$；油：$2.08kgCO_2/kgce$；市政垃圾（非可再生部分）：$2.69kgCO_2/kgce$	

注：* 仅统计室外日平均温度≤15℃情况下的 $HDD18$。

1.6.1　建筑供暖耗热量与能耗

图1-33对比了各国平均建筑供暖耗热量和采暖度日数（$HDD18$）：我国北方

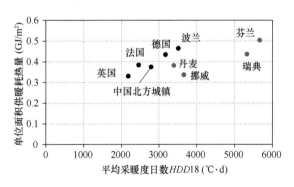

图 1-33　各国供暖耗热量和采暖度日数对比

---

❶ European Commission, Directorate-General for Energy, Kranzl L., et al. Renewable space heating under the revised Renewable Energy Directive：ENER/C1/2018-494：final report ［M］. Luxembourg：Publications Office of the European Union，2022.

❷ European Commission, Directorate-General for Energy, Bacquet A., et al. District heating and cooling in the European Union：overview of markets and regulatory frameworks under the revised Renewable Energy Directive：final version ［M］. Luxembourg：Publications Office of the European Union，2022.

城镇建筑的单位面积供暖耗热量是 0.37GJ/m²，按各省供暖面积加权平均得到的 HDD18 为 2788。芬兰与瑞典的平均 HDD18 显著高于其他涉及的欧洲国家与中国北方地区，挪威、丹麦、波兰的平均 HDD18 在 3400～3700 的范围内，而法国、英国的平均 HDD18 低于我国北方城镇地区。

如图 1-33 所示，与我国北方城镇地区和其他欧洲国家相比，北欧四国的气候更为寒冷（平均采暖度日数 HDD18 更高），但单位 HDD18 的供暖耗热量更低，主要原因是北欧国家的建筑保温水平普遍更高。例如，瑞典建筑规范规定 2011 年后公寓建筑的围护结构综合传热系数需在 0.4W/(m²·K) 以下，低于我国北京"四步节能"建筑的设计标准：0.6W/(m²·K)。需要注意的是，由于数据统计口径的差异，图 1-33 所示的中国北方城镇供暖耗热量为热源侧统计数据，而欧洲各国供暖耗热量是根据各国建筑围护结构保温水平气候条件、室内负荷情况的计算值，是没有考虑供热管网热损失、热量过量供应等情况的理想值，因此欧洲各国供暖耗热量的实际值可能偏离图中所示的计算值。

图 1-34 为各国供暖等效耗电量对比（电力当量法），图中对比了中国北方城镇与欧洲国家的供暖耗热量、单位耗热量等效耗电量及供暖等效耗电总量，供暖等效耗电总量的计算方式见 1.5.2 节的电力当量法，可使用以下公式分解供暖一次能耗总量的影响因素：

$$供暖等效耗电总量(kWh_e) = 供暖总面积(m^2) \times 供暖耗热量\left(\frac{GJ}{m^2}\right) \times$$
$$单位供暖耗热量的等效耗电量\left(\frac{kWh_e}{GJ}\right)$$

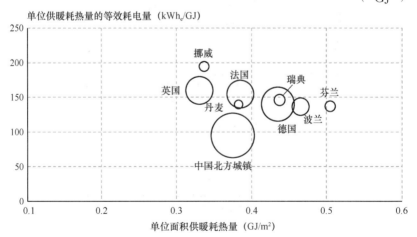

图 1-34　各国供暖等效耗电量对比（电力当量法）

注：圆圈大小表示供暖的等效耗电总量。

我国北方城镇单位供暖耗热量的等效耗电量为 95kWh$_e$/GJ，小于参与对比的所有欧洲国家。因为等效电力的计算方法将由热电联产的供热量折算为热电联产相较纯凝火电减少的发电量，所以热电联产可等效为 COP 等于 4 的电动热泵。该等效 COP 高于大多数欧洲中北部气候条件下热泵运行的全年平均 COP，更高于一般的锅炉和电直热设备，因此在电力当量法的框架下，热电联产可视为比其他供暖方式能源转换效率更高的方式。我国热电联产占集中供热热源的比例与欧洲国家中处于最高水平的丹麦、芬兰与波兰相当，都在 60％以上。因而，在我国北方城镇的集中供热率高于一些欧洲国家城镇与农村地区综合的集中供热率的条件下，我国北方城镇单位供暖耗热量的等效耗电量是对比国家中最低的，而以分散供暖为主的挪威、英国、法国的单位供暖耗热量的等效耗电量则处于较高水平。

1.6.2　建筑供暖碳排放

根据建筑热源的构成方式和使用的各类燃料的碳排放因子可以计算各国供暖碳排放总量：

$$供暖碳排放总量(kgCO_2) = 供暖总面积(m^2) \times 供暖耗热量\left(\frac{GJ}{m^2}\right) \times$$

$$单位供暖耗热量的碳排放量\left(\frac{kgCO_2}{GJ}\right)$$

式中各国的单位供暖耗热量的碳排放量是综合各类热源对应的每 GJ 碳排放量的加权平均值。计算得到中国北方城镇的供暖碳排放总量为 4.9 亿 t，约为参与对比的欧洲八国供暖碳排放总量的 1.25 倍。图 1-35 中中国北方城镇的单位供暖耗热量碳排放为 80kgCO$_2$/GJ，与波兰相当，单位面积供暖碳排放为 30kgCO$_2$/m^2。挪威与瑞典分别为分散和集中供热国家碳排放强度最低的国家，单位耗热量碳排放分别是 12kgCO$_2$/GJ 和 18kgCO$_2$/GJ，芬兰与丹麦的单位供暖耗热量碳排放分别是 35kgCO$_2$/GJ 和 38kgCO$_2$/GJ，处于"第二梯队"。以分散供暖为主的英国、德国、法国的单位耗热量碳排放大约在 48~68kgCO$_2$/GJ。

由图 1-36 可看出，中国北方城镇供暖的主要热源方式是燃煤热电联产（占比为 51％），波兰建筑供暖同样以燃煤为主，但是主要采用散煤锅炉燃烧的方式。燃煤的单位热值二氧化碳排放约为燃气的 1.6 倍，因此中国北方城镇和波兰是参与对比国家中单位供暖耗热量碳排放强度最高的。英国与德国是除波兰外单位供暖耗热量碳排放强度最高的两个欧洲国家；英国供暖约有 3/4 由天然气提供，生物质能和

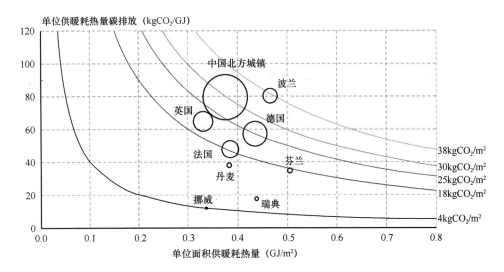

图 1-35   各国供暖碳排放对比

注：圆圈大小表示供暖碳排放总量。

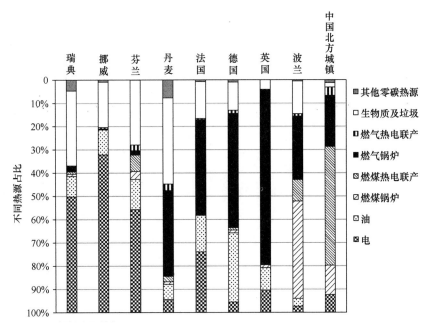

图 1-36   各国建筑热源构成对比（其他零碳热源包括地热、太阳能光热及工业余热）

零碳电力的供能比不足 1/10，虽然德国供暖对天然气的依赖度低于英国，但是煤、油、气的总供能比也达到了 3/4。挪威与瑞典建筑热源的化石燃料占比都在 10％以下，是对比国家中最低的。

由图 1-36 可以看出挪威、瑞典、芬兰与法国的电供暖比例较高。图 1-37 对比了各国的电力供应结构：瑞典、挪威仅有约 2% 的化石燃料火电比例，绝大部分供应的电力为零碳电力，芬兰、法国的电力供应结构中也有 80% 以上是零碳电力，因此这四个国家电供暖的碳排放强度很低。中国北方地区的电力供应结构仍以化石燃料火电为主（大约为 78%），未来需进一步提高零碳电力的供应比例以降低电供暖的间接碳排放。

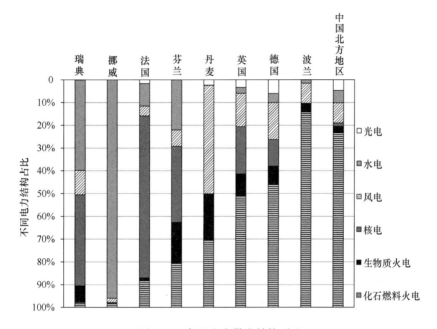

图 1-37　各国电力供应结构对比

1.6.3　供暖碳中和的路径

欧洲国家立足于自身自然资源条件和社会经济发展状况，选取了适合本国国情的供暖方式和能源种类，欧洲主要国家已经形成了适合当地热源条件和气候特点的改善型供暖体系。目前，中国与欧洲国家都在积极实施建筑供暖的低碳转型。在本节对比的国家中，瑞典、挪威不论在集中供热还是分散供暖上都实现了较低的碳排放，是实现供暖低碳转型的"第一梯队"，芬兰、丹麦处于"第二梯队"。除了四个北欧国家以外，参与对比的其他欧洲国家的建筑供暖仍以化石燃料为主要的热量来源。

表 1-6 列举了挪威、瑞典实施的供暖碳中和措施。首先，提升建筑保温性能、降低供暖单位面积耗热量是实现供暖低碳转型的关键基础，北欧四国积极推广建筑围护保温节能改造工作，并使用逐步严格化的建筑能效规范约束新建建筑的建筑保温性能，同时也积极推行建筑能效标识系统和认证系统。

挪威与瑞典主要的供暖碳中和措施　　　　　　　　　　　　　表 1-6

国家	供暖方式	供暖碳中和的措施	
		建筑侧	热源侧
挪威	分散供暖为主，电供暖居多	（1）推广建筑围护保温节能改造工作； （2）实施严格的建筑能效规范； （3）推行建筑能效标识系统和认证系统； （4）提高城市地区集中供热率	（1）补贴用户施行电动热泵替代电直热和燃油锅炉； （2）立法禁止使用燃油供暖等
瑞典	城镇地区普遍采用集中供热		（1）逐步提高碳税促进生物质燃料对化石燃料供暖的替代； （2）对集中供热生物质热电联产、锅炉的投资实施补贴； （3）推广城市热力交易平台； （4）补贴用户安装电动热泵或户式生物质锅炉替代燃油锅炉等

以瑞典为例，如图 1-38 所示，瑞典所有使用集中供热的公寓的平均供暖耗热量（包括供暖耗热量与生活热水耗热量）从 2005 年的 $0.57GJ/m^2$ 降低至 2019 年的 $0.45GJ/m^2$，总体减少了 20%，2011 年后新建公寓的平均供暖耗热量为 $0.35GJ/m^2$，明显低于 1980 年前建造的公寓。瑞典的集中供热系统同时提供室内

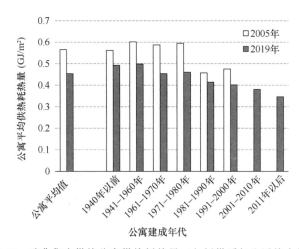

图 1-38 瑞典集中供热公寓供热耗热量（包括供暖与生活热水热耗）

供暖和生活热水，因此从统计口径上无法拆分两项各自的耗热量，但生活热水耗热量基本维持不变，供暖需热量的减少是导致平均供暖耗热量降低的主要原因。由于既有建筑围护结构改造工作的推进，2000年前建造的公寓的平均供暖耗热量自2005至2019年得到明显下降，特别是1961—1980年间建造公寓的平均供暖耗热量下降了23％。

瑞典的新建建筑能耗约束和既有建筑保温改造工作实质性地降低了建筑供暖耗热量，与瑞典等北欧国家相比，我国北方城镇建筑的保温水平还有进一步下降的空间，应继续稳步推行既有建筑节能改造项目，并严格约束新建建筑的供暖需热量。

从热源侧看，挪威依据国家水电充沛的资源禀赋，积极推行供暖电气化的低碳路径，并补贴用户投资使用电动热泵供暖。瑞典的气候比挪威更寒冷，人口更集中。瑞典实施了城镇地区以集中供热系统为主、农村地区以分散电动热泵与生物质锅炉供热为主的技术路径，并且两方面都接近实现脱碳。推行生物质燃料替代化石燃料是瑞典实现供热脱碳的主要因素之一。瑞典均地处北欧，其化石能源匮乏，但是瑞典是欧洲人均林木生物质最多的国家，因此瑞典基于国家的资源禀赋和能源安全的战略需要，从20世纪90年代起就逐步实施碳税政策，并接近实现了生物质燃料在供暖上对化石燃料的替代。此外，瑞典基于其水电、核电的发电量约占全国总发电量的80％的特点，积极推行户式电动热泵供暖的技术路径，加快了瑞典分散供暖脱碳的进程。

北欧国家是福利国家且供热需求大，因此早在20世纪60～70年代就全面铺设了集中供热系统，并且生物质供热产业起步早，正在全面推广生物质燃料替代化石能源的供热低碳转型。与北欧国家不同的是，德国、英国、法国等其他欧洲国家仍依赖天然气、燃油等化石燃料实现分散供暖。由于俄乌冲突导致的能源危机，这些对天然气供暖依赖度高的国家亟需实现向余热、可再生能源供暖的低碳转型。目前，这些国家的集中供热系统主要集中在大城市和发达工业区，相关部门也正在积极推广中、小城市和社区级别的集中供热系统。

我国北方城镇地区与瑞典、芬兰、丹麦的城镇地区都建设了完备的集中供热系统并实现了高比例的热电联产供热。然而，我国的集中供热热源仍以燃煤热电联产为主，这就导致我们的碳排放远高于北欧四国。未来，我国北方城镇地区应继续实施既有建筑节能改造工作，实现降低建筑供暖需热量的目标，并全面收集、储存、利用各类余热资源，结合跨季节蓄热技术以实现利用全年余热为建筑冬季供暖，实现完全依靠核电、调峰火电、弃风弃光电力和流程工业的余热作为热源，实现低碳供热。

第 2 篇　城市能源系统

第2章 中国城镇供热需求和
供热系统现状

2.1 城镇建筑供暖

目前，我国北方城镇供暖以大中型集中供暖系统（热电联产为主）作为主要供暖方式。其以保障冬季室温最低温度达标为供暖目标，以单一种类能源、大管网、大型热力站及供热系统大调度为主要特征。随着城镇化率提升，北方城镇供暖面积还将进一步增长。与此同时，长江中下游流域夏热冬冷地区城镇供暖的需求潜力正在快速释放，该地区城镇供暖目前主要以利用空气源热泵分散供暖为主，部分地区也逐渐开始采用工业余热、热电联产和水源热泵等技术集中供暖。

与北方供暖地区相比，长江中下游流域供暖周期相对较短，一般仅为 $2 \sim 3$ 个月，最冷月平均气温在 $0 \sim 5℃$ 之间，冬季室内外温差较小，住宅建筑围护结构多为轻型结构和中型结构，保温隔热性能与蓄热性能较差。不同用户供暖需求差异性较大，且居民通常有开窗通风的生活习惯，对室内热舒适性心理期望相对较低。因此长江流域并不适合与北方地区一样采用"全时间、全空间"的集中供暖模式，否则将造成巨大的能源与资源浪费。以下将针对两地不同的供热需求与供热现状分别展开论述。

2.1.1 北方城镇供暖整体现状

北方城镇建筑供暖指的是采取集中供暖方式的省、自治区和直辖市的城镇冬季供暖，包括各种形式的集中供暖和分散供暖。地域涵盖北京、天津、河北、山西、内蒙古、辽宁、吉林、黑龙江、山东、河南、陕西（秦岭以北）、甘肃、青海、宁夏、新疆的全部城镇地区，以及四川的一部分。需要特别指出的是，西藏、川西、贵州部分地区等，冬季寒冷，也需要供暖，但由于当地的能源状况与北方地区完全不同，其问题和特点也很不相同，需要单独论述。城镇地区建筑形式和供暖特点与乡村呈现明显区别，又可细分为城市和小城镇两类。其中城市主要包括市辖区和县级市,而小城镇则包括县城(指县、旗政府所在镇,又称城关镇)、建制镇和部分镇乡级特殊区域(指不隶属乡级行政区域,且常住人口在一定规模以上的工矿区、开发区、科研单位等特殊区域)等。城市集中供暖一直是我国供热领域的关注焦点,而随着我国城镇化进程的推进,小城镇供暖问题的重要性也逐渐体现出来(图2-1)。

《北方地区冬季清洁取暖规划(2017—2021年)》指出,清洁取暖是指利用清洁化能源、通过高效用能系统实现低排放、低能耗的取暖方式,包含以降低污染物排放和能源消耗为目标的取暖全过程,涉及清洁热源、高效输配管网(热网)、节能建筑(热用户)等环节。因此,认识建筑供暖系统能耗状况,不仅要了解建筑供暖综合能耗,还应了解建筑耗热量、管网热损失率、管网水泵电耗、热源热量转换效率等,从而对实际的建筑供暖能源消耗状况有全面了解。

1. 北方城镇供暖面积

城镇化的快速推进使得北方城镇建筑面积不断增长,同时城镇居民的生活水平不断提高,也使得北方城镇集中供暖建筑面积随之增长。

根据历年《中国城乡建设统计年鉴》的数据,我国近十年来集中供暖面积增长迅速,2011—2020年,年均增长率达8.7%,2020年北方地区城镇集中供暖面积约122.1亿 m²。其中城市集中供暖面积占比80.9%,小城镇集中供暖面积占比19.1%,可见城市集中供暖在我国北方集中供暖中占主体地位。由于发展程度和城乡结构的不同,各省的集中供暖特点存在差异,部分省份集中供暖几乎全部集中在城市地区,而部分地区小城镇集中供暖也已经得到了一定程度的发展。近年来随着

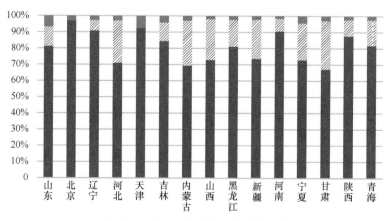

图 2-1　各地集中供热面积结构

新型城镇化的推进，我国小城镇集中供暖迅速发展，对集中供暖的研究也应充分考虑小城镇的情况。

《中国城乡建设统计年鉴2020》中给出的集中供暖面积仅统计了经营性的集中供暖系统所覆盖的供暖面积，但实际上，除了这部分面积，还存在大量的建筑面积由非经营性集中供暖系统来为建筑供暖，例如：高校、部队、机关大院以及一些大型企业有自己独立的供热管理团队来运营集中供暖系统，而这部分集中供暖系统所供应的建筑面积由于各种原因并未被有关部门统计到。表2-1列出了《中国城乡建设统计年鉴2020》给出的一些典型城市集中供暖面积和当地供热专项规划中给出的集中供暖面积现状值的对比。以北京为例，《中国城乡建设统计年鉴2020》给出的集中供暖面积为65935万 m^2，而北京"十四五"供热发展建设规划文件中给出的截至2020年年底集中供暖面积现状值约为89521万 m^2（约为前者的1.36倍）。也就是约2.36亿 m^2 的面积未被统计进去，未统计部分主要是由那些非经营性集中供暖系统构成。

北方部分典型城市供暖面积（单位：万 m^2）   表 2-1

城市名称	年鉴统计数据	供热专项规划数据❶
北京	65935	89521
长春	26563	29797
沈阳	35391	49800
大连	25767	31148
呼和浩特	16504	16216
通辽	3595	6050
郑州	16000	19792
开封	3400	3792
西安	29139	31099
兰州	9253	9979

根据清华大学建筑节能研究中心估算，截至2020年年底，北方供暖面积已经达到156.3亿 m^2。在统计年鉴集中供暖面积的基础上考虑非经营性集中供暖面积后，得到修正后的北方城镇2020年集中供暖面积约为137.8亿 m^2，集中供暖率

---

❶ 数据来源：各地供热专项规划以及政府网站信息。

为88.2%。

2. 不同热源供热比例

2020年中国城镇供热协会统计了全国90家供热企业的各类数据，参与填报（简称为"参填"）的供热企业热源装机容量如表2-2所示。根据热源装机得到参填企业热源结构如图2-2所示。其中供暖面积规模在1000万 m² 以上的企业有73家，占统计面积的97%。从热源结构看，燃煤热电联产、燃煤锅炉房、燃气热电联产、燃气锅炉房分别占比55.6%、17.9%、5.9%、18.5%，工业余热等其他热源占比仅2.1%。从地区来看，燃气供暖装机在北京、新疆、天津参填的企业中占比较大。其他大部分地区参填企业主要热源装机仍为燃煤热电联产和燃煤锅炉房。

2020年参填企业热源装机容量（MW）　　表 2-2

地区	企业数量	燃煤热电联产	燃气热电联产	燃煤锅炉	燃气锅炉	工业余热	热泵	其他	合计
北京	11	2491	10069	436	13960	—	65	64	27086
天津	3	7761	1800	1102	1551	165	21	30	12429
河北	15	31866	—	3286	1068	529	151	1	36901
内蒙古	5	6051	—	1886	1074	369	—		9380
山西	5	24374	—	1400	1961	90			27826
辽宁	9	8697	—	5218	365	167	281	348	15075
吉林	7	15384	—	5390	56	273	4	20	21127
黑龙江	9	10434	—	6642	1136	22	371	3	18607
山东	10	15198	—	6770	1607	105	328	358	24365
河南	4	10494	—	140	2406	200	—	—	13240
陕西	2	7005	—	2051	3500			208	12764
甘肃	3	2920	—	1494	813	1			5229
宁夏	1	1391							1391
新疆	3	9012	—		7290	—		94	16396
长江中下游流域	3	249	—	—	189	—	—		438

根据下文对各类热源现状的统计，"十三五"期间，热泵、生物质、工业余热等热源的供暖面积都有较大幅度增长，其在北方供暖热源结构中的占比已不可忽略。而根据国家能源局2021年可再生能源供暖典型案例汇编中的项目数据看，大

部分此类热源供暖项目供暖面积远小于 1000 万 m^2，未能被中国城镇供热协会统计在内。所以图 2-2 中以大中型供热企业为主统计的热源结构仅能反映北方各省市供暖热源结构中燃煤、燃气占比的相对比例关系。

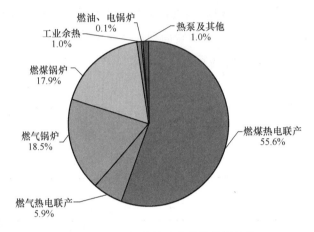

图 2-2 2020 年参填企业供热热源结构

在下文统计的 2020 年非煤非燃气热源供暖面积的基础上，以参填企业燃煤燃气占比的相对关系推算北方燃煤燃气类型热源的总供暖面积。由此得到校核后的 2020 年北方城镇供暖热源结构（图 2-3 右图）。截至 2020 年年底，北方城镇供暖热源结构仍以燃煤热电联产为主，燃煤热电联产和燃煤锅炉房分别占比 51.0% 和 18.6%，燃气热电联产、燃气锅炉房和燃气壁挂炉分别占比 3.6%、12.6% 和

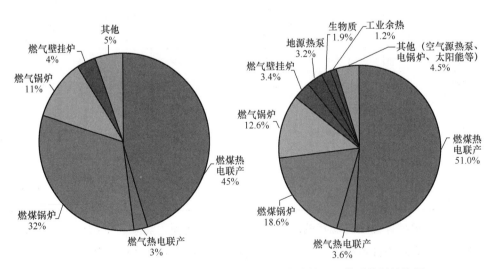

图 2-3 2016 年（左）和 2020 年（右）北方城镇地区供暖热源结构图

3.4%。其他非煤非燃气热源占比 10.8%，包括地源、水源热泵（含地表水、地下水、污水源等）3.2%、生物质（含热电联产、锅炉房等）1.9%、工业余热 1.2% 和其他热源（其他类电热泵、电锅炉、太阳能等）4.5%。

和 2016 年热源结构（图 2-3 左图）对比来看，"十三五"期间清洁燃煤供暖效果显著，燃煤热电联产同比上升 6%，燃煤锅炉房同比下降 13%，燃气供暖所占比例变化不大。但地源热泵、生物质等可再生能源供暖占比同比上升 6% 左右。考虑近两年核电余热供暖的发展以及我国北方工业余热和可再生能源供热潜力，未来传统化石能源供暖占比将进一步降低。

2.1.2 北方城镇供暖耗热量现状

1. 建筑保温现状

我国北方供暖地区中，仍存在着一定比例的老旧住宅，这类住宅室内舒适性差，能耗高，供热矛盾突出。2007 年国务院印发《节能减排综合性工作方案》，正式启动北方供暖地区既有居住建筑供热计量与节能改造工作，经过"十一五""十二五"两个时期的努力，我国进入既有建筑节能改造快速推进阶段。

"十三五"期间，我国严寒、寒冷地区城镇新建居住建筑节能达到 75%，累计建设完成超低、近零能耗建筑面积近 0.1 亿 m²，完成既有居住建筑节能改造面积 5.14 亿 m²、公共建筑节能改造面积 1.85 亿 m²。截至 2020 年年底，全国城镇新建绿色建筑占当年新建建筑面积比例达到 77%，累计建成绿色建筑面积超过 66 亿 m²，累计建成节能建筑面积超过 238 亿 m²，节能建筑占城镇民用建筑面积比例超过 63%，全国新开工装配式建筑占城镇当年新建建筑面积比例为 20.5%❶。

图 2-4 反映了北方供暖地区"十三五"期间的既有建筑节能改造完成情况。

"十三五"前期，由于中央财政的逐步退坡，北方供暖地区既有居住建筑供热计量及节能改造年度任务完成迅速下降。2016—2018 年，北方供暖地区完成既有居住节能改造 1.57 亿 m²。2019—2020 年期间，一方面，各地特别是北方供暖地区继续按照原有政策体系推进，并积极利用地方财政资金实施改造；另一方面，各地也在逐步探索适合本地的既有居住建筑节能改造推进模式[1]。截至 2020 年年底，北方供暖地区"十三五"期间共完成既有居住建筑节能改造面积 3.39 亿 m²，

---

❶ 住房和城乡建设部，"十四五"建筑节能与绿色建筑发展规划。

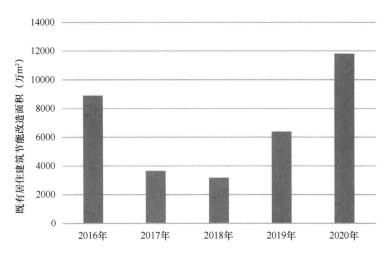

图 2-4 "十三五"期间北方供暖地区既有居住建筑节能改造完成情况

图 2-5 显示了北方各省区市"十三五"期间既有建筑节能改造工作完成情况❶。

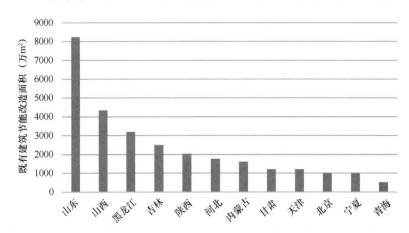

图 2-5 "十三五"期间北方部分省区市既有居住建筑节能改造完成情况

根据中国城镇供热协会和清华大学建筑节能研究中心对各省热力公司供热情况的调研数据，结合住房和城乡建设部发布的公开信息，可以估算出我国北方供暖地区城镇按照节能等级分类的建筑面积比例。

如图 2-6 所示，截至 2020 年底，北方供暖地区城镇居住建筑中，一步节能及以下面积占比 19.3%，二步节能占比 20.5%，三步节能以及四步节能面积占比分别为 55.3% 和 4.9%。

---

❶ 数据来源：各省市区绿色建筑与节能"十四五"规划以及各地住房城乡建设部门公开发布的数据。

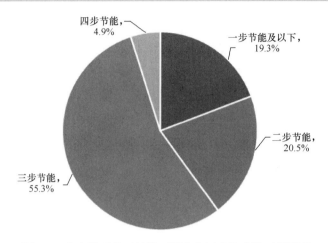

图 2-6　北方供暖地区城镇不同节能标准的建筑面积情况

2. 建筑实际热耗

从 2017 年开始，清华大学与中国城镇供热协会联合开展供热行业运行统计工作，共有 55 个城市 90 家热力企业参与了 2019—2020 年供暖季的运行信息统计，样本中绝大部分企业位于严寒地区和寒冷地区，同时也有部分长江中下游城市如武汉、合肥等夏热冬冷地区的企业。参与统计的总供热面积 33.7 亿 m²，约占《中国城乡建设统计年鉴 2020》中集中供热总面积的 27.6%，其中扣除报停面积后的实际供暖面积 26.8 亿 m²。参加统计的热力企业涵盖了我国北方供热地区的绝大部分省会城市和典型性地级市、县城，大部分参填单位均为当地供热龙头企业，数据具有一定的代表性。

图 2-7 反映了参填企业 2019—2020 年供暖季单位面积耗热量，采用扣除报停

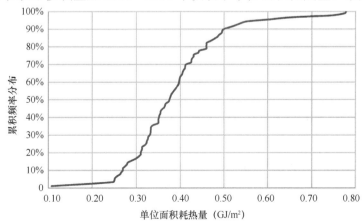

图 2-7　2019—2020 供暖季北方地区参填热力企业单位面积耗热量分布

后供暖面积进行计算，热量为热源出口处计量热表数据，其中纵坐标为统计数据的累积频率分布。从统计结果来看，2019—2020供暖季，参填热力企业热源侧单位面积耗热量分布在0.10～0.80GJ/m²的范围内，中位数为0.376GJ/m²，80%的调研结果在0.27～0.50 GJ/m²之间。将各省调研情况汇总至表2-3，北方各省份调研建筑扣除报停后供暖面积、平均热耗和度日数，其中的平均热耗和平均度日数是根据各省供热面积进行加权得到。可以看出所有调研北方各省的平均单位面积耗热量约为0.377GJ/m²，对应供暖度日数为2879HDD。

北方各省份调研建筑扣除报停后供暖面积、平均热耗和度日数　　　　表2-3

省份	扣除报停后 供暖面积（万 m²）	平均热耗 （GJ/m²）	平均度日数 （HDD）
黑龙江	20133	0.537	4909
新疆	10417	0.514	3842
宁夏	3119	0.470	3689
内蒙古	13930	0.437	3910
甘肃	6652	0.433	2782
吉林	18599	0.408	4082
河北	37718	0.375	2486
辽宁	17283	0.369	3122
山西	31479	0.367	3248
山东	29135	0.347	1893
陕西	9470	0.343	1805
天津	13145	0.340	2194
河南	15538	0.316	1615
北京	35152	0.273	2224
总计	261770	0.377	2879

自从2017年十部委发布北方地区冬季清洁取暖规划以来，各地加快调整能源结构，积极推进集中供热系统节能降耗。图2-8对比分析了2017—2018、2019—2020两个供暖季的供暖实际耗热量，取热源出口处计量数据。2019—2020供暖季受新冠肺炎疫情影响，各省区市普遍延长供暖，因此部分省份整体热耗水平有所上升。但与2017—2018供暖季相比，北京、山西、内蒙古、山东、河南、甘肃等地供热能耗均有所下降，其中河南、内蒙古、北京三地单位面积平均热耗分别降低

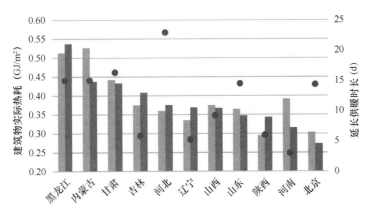

图 2-8 调研地区 2017—2018、2019—2020 两个供暖季热耗对比

19.4％、16.9％和 9.9％，体现出近年来节能降耗措施的巨大成效。

同时建筑节能等级也对系统供暖热耗有显著影响，以天津为例，图 2-9 展示了 2019—2020 供暖季天津市不同节能标准的住宅建筑热力站单位面积耗热量，调研对象热力站末端形式均为散热器，供暖期平均室内温度在 22℃左右。可以看出随着建筑节能等级的提高，单位面积平均热耗在稳步降低，建筑节能等级从非节能逐步提升至三步节能，单位面积平均热耗分别下降 11.0％、18.0％、26.2％。

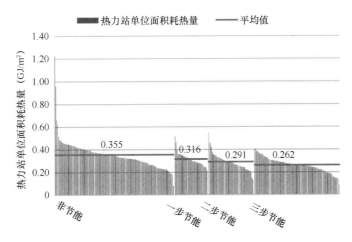

图 2-9 天津市不同节能标准住宅所属热力站单位面积热耗

同时可以看到，在相同的气候条件和建筑节能等级下，不同热力站的实际耗热量也存在着很大差别，单位面积热耗最高值是最低值的两倍以上。主要原因一方面

是由于楼栋间的冷热不均，另一方面是由于部分建筑物保温较好但缺乏供热调控，居民开窗"散热"的现象比较严重。由此可见目前供热系统中仍然存在大量过量供热的现象，通过增强调控还能实现较大的节能潜力。

综上所述，2019—2020 供暖季，我国北方供暖地区整体热耗水平约为 $0.377GJ/m^2$。与此同时，供热系统中仍然存在过量供热与楼栋间的冷热不均问题。一方面，应该继续推进既有老旧建筑的节能改造，在新建建筑中严格执行节能标准；另一方面，需加强供热系统的调控，杜绝过量供热现象，减少热量损失。两方面结合，共同实现节能降耗的目标。

3. 减少供暖损失

需要注意的是，集中供暖系统的热耗不仅仅和建筑保温性能相关，楼栋的入住率水平对实际耗热量也有显著影响。如果房屋空置或者住户主动报停供暖，由于邻室传热的存在，停供会大幅增加相邻用户为满足正常供热室温所需要的供热能耗。现阶段北方地区集中供暖系统出现用户停供的现象非常普遍，清华大学罗奥等人调研了北方集中供暖地区部分供热企业 2019—2020 供暖季的停供情况，如图 2-10 所示。如图 2-10 结果所示，可以看出，报停主要发生在中部寒冷地区，其中中东部地区如山东省、河南省的调研热力企业停供率最高。由于该地区用户的热量需求个性化差异较大，部分用户主动要求停供。

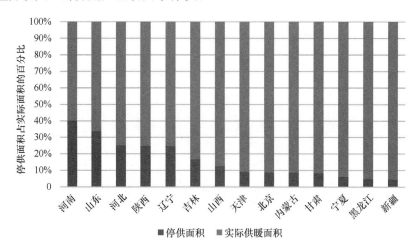

图 2-10　北方各省 2019—2020 供暖季停供情况

集中供热系统用户停供会导致建筑实际耗热量增加，如图 2-11 所示，对河北省某市 17 个非计量小区与 28 个计量小区的热耗与入住率进行分析，发现其存在明显的线性关系❶，以非计量小区为例，入住率每降低 10％，热耗增加约 0.1GJ/m²。

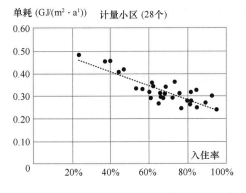
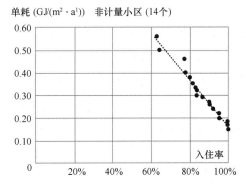

图 2-11 入住率与热单耗的关系

由此可见，入住率较低导致的户间传热将明显增加系统能耗，同时也严重影响了用户之间用暖的公平性。研究测试案例表明，在较低的入住率下，周边全部停供的用户热指标普遍高于周边全部供暖用户，热耗平均超出约 31.4％，而平均室温约低 7℃。楼上或楼下停供用户相比于周边全部供暖用户热耗约高出 18.5％、16.4％，平均室温约低 2.1℃ 与 1.7℃。

目前部分城市对停供用户不进行收费，停供导致其他用户需要承担更多的热费，会引起这部分用户实际热费结算时出现极大的争议，也严重违背计量收费的公平性原则。停供用户会造成整个集中供热系统热耗增加，因此对于停供用户应收取一定"报停费"，不仅体现楼内所有用户公平结算，同时也是促进供热系统节能的激励手段[2]。部分北方地区报停收费方法如表 2-4 所示。

部分北方地区报停收费办法   表 2-4

省份或城市	报停收费办法
北京	供暖用户在暂停用热期间应当向供热单位支付基本费用有相关规定，按规定执行；没有规定的，按"供暖费总计"的 60％ 缴纳
天津	交纳热能损耗补偿费，比例为供热供暖费的 20％
西安	提出报停申请，按总热价的 30％ 收取基本热费
石家庄	对空置房均收取 20％ 的热损费
黑龙江	提前申请并向供热单位缴纳供热设施运行基础费
山东	提前申请并办理暂停供热手续，供热企业不收取任何费用

❶ 数据来源：李春阳，罗奥，夏建军，王力杰. 入住率对供暖计量用户能耗的影响［J］. 区域供热，2020，（6）：1-12＋32.

4. 未来供热需求预测

2020 年，清华大学郑雯、张亦弛等人以地级市和区县为单位，对北方 1047 个区县单元的现状供暖热负荷进行了计算[3]。未来北方城镇热负荷整体规模与地域分布主要取决于城镇建筑面积与城镇建筑热耗水平两方面，综合考虑人口发展、城镇化率水平、建筑面积指标、节能改造进展等多重因素，通过对 2035 年和 2050 年常住人口、人均建筑面积、建筑耗热量指标等数据的合理预测，评估了北方地区各省现状热负荷水平，具体估算过程如图 2-12 所示。

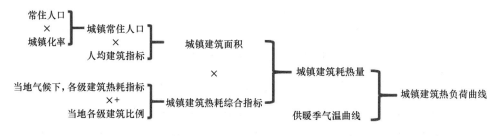

图 2-12   城镇热负荷计算过程示意图

综合考虑我国既有建筑节能改造情况，基于热负荷现状水平对未来"双碳"目标节点下的建筑耗热量和热负荷进行预估。分别设定快、中、慢三种不同的建筑节能改造模式，在慢速改造模式下：2035 年仍有 30% 的城镇建筑为非节能建筑，2050 仍有 25% 的城镇建筑为非节能建筑，中速改造模式下，2035 年仍有 15% 的城镇建筑为非节能建筑，2050 年完成对现状所有非节能建筑的改造，在快速改造模式下，截至 2035 年即可完成对现状非节能建筑的全部改造。三种不同的改造场景下，未来 2035 年与 2050 年的北方建筑耗热量需求如表 2-5、表 2-6 所示，快、中、慢三种改造场景中的北方供暖建筑耗热量需求均在 50 亿 GJ 以内，而尖峰热负荷则在 60 万 MW 左右。

不同改造模式下北方建筑耗热量预测结果（单位：万 GJ）   表 2-5

地区	快速改造模式		中速改造模式		慢速改造模式	
	2035 年	2050 年	2035 年	2050 年	2035 年	2050 年
北京	22139	22172	22768	22172	22948	22564
天津	14731	14205	15165	14205	15289	14466
河北	47907	54718	49454	54718	50130	55612
山西	31674	32769	32564	32769	32993	33271
内蒙古	29448	27519	30266	27519	30639	27950

地区	快速改造模式		中速改造模式		慢速改造模式	
	2035 年	2050 年	2035 年	2050 年	2035 年	2050 年
辽宁	42462	35743	43572	35743	43969	36318
吉林	27197	27630	27857	27630	28103	28055
黑龙江	40953	40145	42044	40145	42490	40787
山东	68114	64187	70361	64187	71375	65212
河南	51363	59587	53154	59587	54018	60468
陕西	22954	23514	23779	23514	24161	23881
甘肃	16252	19014	16752	19014	16980	19314
青海	5052	5972	5200	5972	5355	6097
宁夏	6166	7230	6345	7230	6415	7351
新疆	19699	23112	20278	23112	20536	23479
合计	446114	457516	459562	457516	465401	464826

不同改造模式下北方建筑热负荷需求预测结果（单位：MW）　　表 2-6

地区	快速改造模式		中速改造模式		慢速改造模式	
	2035 年	2050 年	2035 年	2050 年	2035 年	2050 年
北京	33628	33677	34583	33677	34856	34273
天津	22376	21576	23034	21576	23223	21973
河北	70116	80084	72380	80084	73369	81394
山西	45884	47474	47172	47474	47796	48200
内蒙古	28791	26905	29591	26905	29955	27327
辽宁	51255	43145	52595	43145	53074	43838
吉林	29676	30148	30396	30148	30664	30612
黑龙江	39244	38470	40290	38470	40717	39085
山东	119015	112153	122942	112153	124713	113944
河南	71901	83414	74409	83414	75618	84647
陕西	29926	30655	31002	30655	31499	31134
甘肃	20762	24290	21401	24290	21692	24673
青海	5412	6397	5570	6397	5736	6530
宁夏	6880	8067	7080	8067	7157	8202
新疆	22091	25917	22740	25917	23029	26329
合计	596956	612371	615185	612371	623099	622162

表 2-7、表 2-8 分别展示了不同改造模式下，北方城镇供暖系统建筑侧和热源侧的单位面积热需求预测结果。快速改造模式下，2050 年建筑侧单位面积耗热量预计为 $0.21GJ/m^2$，相应的尖峰热负荷为 $28.13W/m^2$，考虑总计 15％的一二次网损失以及过量供热，热源侧单位面积耗热量需求及尖峰负荷分别为 $0.25GJ/m^2$ 和 $33.09W/m^2$。

那么，未来北方供暖单位面积能耗在 $0.25GJ/m^2$ 的基础上是否还有进一步下降的空间？参考国外情况，自 2000 年到 2015 年，欧盟 28 国供暖单位面积平均耗热量从 $155kWh/m^2$（$0.558GJ/m^2$）降为 $113kWh/m^2$（$0.407GJ/m^2$），预计到 2050 年将在现有水平基础上再降低 25％达到 $0.305GJ/m^2$，该值仍显著高于中国北方供暖系统在快速改造模式下的热源侧能耗预期，可见 $0.25GJ/m^2$ 已经接近当前系统节能降耗可达到的极限水平。

不同改造模式下北方城镇供暖建筑侧单位面积热需求预测结果　　　　表 2-7

节能改造模式	2035 年		2050 年	
	耗热量 （GJ/m²）	热负荷 （W/m²）	耗热量 （GJ/m²）	热负荷 （W/m²）
快速改造	0.218	29.16	0.210	28.13
中速改造	0.225	30.05	0.210	28.13
慢速改造	0.227	30.44	0.214	28.58

不同改造模式下北方城镇供暖热源侧单位面积热需求预测结果　　　　表 2-8

节能改造模式	2035 年		2050 年	
	耗热量 （GJ/m²）	热负荷 （W/m²）	耗热量 （GJ/m²）	热负荷 （W/m²）
快速改造	0.256	34.31	0.247	33.09
中速改造	0.264	35.36	0.247	33.09
慢速改造	0.267	35.81	0.251	33.62

2.1.3　北方城镇供暖热网现状

1. 管网长度

根据《中国城乡建设统计年鉴 2020》，截至 2020 年，我国集中供暖管线总长度约为 50.73 万 km❶，且全部为热水管线。其中包含了城市 42.60 万 km，县城 8.14 万 km。数据不包含未知城市、县城连接的建制镇、乡的集中供暖管网。

图 2-13 展示了我国集中供暖管线长度历年变化情况。2016 年及以前集中供暖管线长度保持着平均每年 1.3 万 km 的增长速度，2017 年蒸汽管道全部被热水管道代替，2017—2020 年管道长度先急剧增长后增速放缓到 3 万～4 万 km/年，截至 2020 年，管网长度在 2016 年基础上约翻了一番。

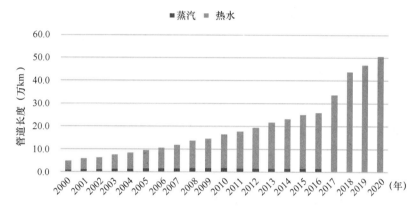

图 2-13　我国集中供暖管线长度历年变化情况

图 2-14 展示了 2020 年我国各地区集中供暖管线长度情况。包含一级管网 14.09 万 km，二级管网 36.64 万 km，分别占比 28% 和 72%。

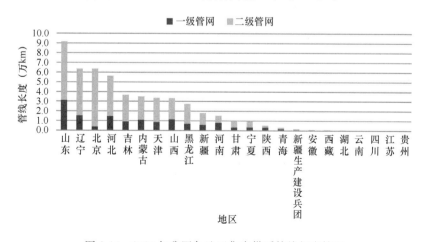

图 2-14　2020 年我国各地区集中供暖管线长度情况

---

❶ 数据来源：中华人民共和国住房和城乡建设部．中国城乡建设统计年鉴 2020 ［M］．北京：中国统计出版社，2021.

各地管网老旧情况如图 2-15 所示。2020 年参加中国城镇供热协会统计填报的供暖企业管网长度共 12.2 万 km，占 2019 年全国城市集中供热管网总长的 31%。其中共统计一次管网 3.1 万 km，管网使用年限超过 15 年的老旧管网占一次网总长的 19.4%，统计二次管网 9.1 万 km，管网使用年限超过 15 年的占比 32.2%。

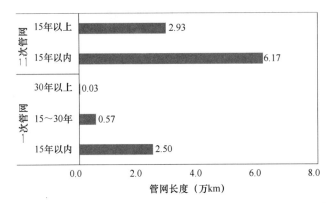

图 2-15 2020 年参加供暖统计企业的管网总长度及老旧情况❶

其中北方各省参填企业统计的一二次管网中老旧管网改造情况如图 2-16 和图 2-17所示。北方各省市一次管网中老旧管网比例都在 35% 以下，其中北京、吉林、河北、宁夏、新疆、天津等比例较高，在 20% 以上。各地年度改造管网长度占一次老旧管网总长度的比例平均在 2% 左右，占一次管网总长度的 0.4% 左右，改造速度较慢。与一次管网相比，各省市二次管网中老旧管网比例较高，分别在

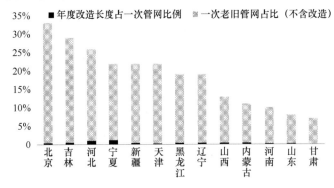

图 2-16 2020 年各省市参加供暖统计企业的一次网老旧管网比例❷

❶ 数据来源：中国城镇供热协会. 中国城镇供热发展报告 2021 [M]. 北京：中国建筑工业出版社，2022.

❷ 数据来源：中国城镇供热协会. 中国城镇供热发展报告 2021 [M]. 北京：中国建筑工业出版社，2022.

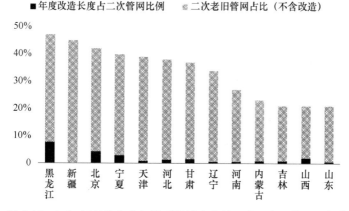

图 2-17　2020 年各省市参加供暖统计企业的二次网老旧管网比例❶

20％～50％之间。其中以黑龙江、新疆、北京占比最高。各地年度改造管网长度占二次老旧管网总长度的比例有较大差异，改造力度最大的黑龙江省在 15％左右，新疆则在 1％左右，平均在 5％。二次老旧管网年度改造长度占二次管网总长度的比例平均为 1.8％。

2. 运行参数

我国集中供暖系统大多数采用间接连接，一次网输送热量至热力站，经过换热器把热量传递到二次侧循环水。一次侧的供水参数由管网输送热量的需求决定。供水温度越高，可以实现更大的供回水温差，从而输送更多的热量。但供水温度受到管网承受温度和热源加热能力的限制。而回水温度则是由二次侧回水温度所决定。只有二次侧回水温度低才能使得一次网回水温度低，从而可以得到较大的供回水温差，保证管网较大的热量输送能力。同时较低的回水温度还有利于充分利用热源处的低品位热量。

随着低温热源供暖技术的推广，越来越多的供暖系统朝着低供暖参数发展。根据统计，2020 年严寒和寒冷地区一次网供暖季平均回水温度分别为 44.3℃和 46.8℃，较 2016 年统计数据相比已有显著降低。

表 2-9 列出了典型城市集中供暖系统一二次网供回水温度，并按照纬度进行排序。大部分城市一次网平均供水温度在 80～90℃，回水温度在 40～50℃。二次网平均供水温度在 45℃上下，回水温度在大部分在 30～40℃。和以往设计中 120℃/

---

❶　数据来源：中国城镇供热协会．中国城镇供热发展报告 2021［M］．北京：中国建筑工业出版社，2022.

70℃、90℃/50℃ 相比，温度水平呈下降趋势。纬度越高的地方回水温度相对较低。

在山西大同和太原、内蒙古赤峰等地部分末端热力站安装吸收式换热设备，可以使这些站的一次网平均回水温度降低至 24℃，整体回水温度达到 35～38℃，有效提升一次侧供回水温差，增强管道输送能力，便于回收电厂乏汽余热。

典型城市集中供暖系统管网供回水温度　　　　　　　　　　　　表 2-9

城市	一次网最冷日平均供水温度（℃）	一次网最冷日平均回水温度（℃）	一次网平均供水温度（℃）	一次网平均回水温度（℃）	二次网平均供水温度（℃）	二次网平均回水温度（℃）
合肥	85	67	79	66	55	50
洛阳	—	—	—	52	—	—
郑州	96	47	83	43	44	37
青岛	94	54	84	51	44	39
太原*	90	28	—	—	45	40
天津	98	53	79	46	47	40
秦皇岛	101	51	86	47	44	37
承德	120	61	93	43	41	35
张家口	98	63	73	51	46	39
阜新	102	53	88	46	42	34
吉林	91	37	78	34	41	30
哈尔滨	114	45	93	41	49	39

数据来源：中国城镇供热协会 2019—2020 年度供暖季专项统计数据，其中太原*数据来自于实际测试。

3. 输配电耗

由于各城市气候条件不同，供暖时长、热负荷等有较大差异。根据供回水温度数据统计，各城市一次网供回水温差一般在 30～50℃ 之间，二次网供回水温差一般在 5～10℃。而循环泵电耗是供暖时长、流量、系统效率等因素的乘积，因此评价输配电耗时要综合考虑以上因素。

由于一次网电耗填报数据少且差异较大，图 2-18 仅展示了城镇供热协会统计企业的二次网电耗数据。考虑到气候条件、供热时长的影响，将寒冷地区和严寒地区企业数据分开对比。从图 2-18 可知，各地二次网供暖季单位面积电耗水平差别较大。寒冷地区企业的平均值为 $1.28kWh/m^2$，40% 的企业在平均水平以上，电耗最高的企业为 $2.77kWh/m^2$，是平均值的 2.2 倍。严寒地区供暖季单位面积电耗平均值为 $1.44kWh/m^2$，略高于寒冷地区，有 50% 左右企业高于平均值，电耗最高的企业为 $3.40kWh/m^2$，是平均值的 2.4 倍。和 2018 年统计的二次网平均电耗 $1～4kWh/m^2$、平均 $2kWh/m^2$ 的水平相比节电显著，下降了约 25%。

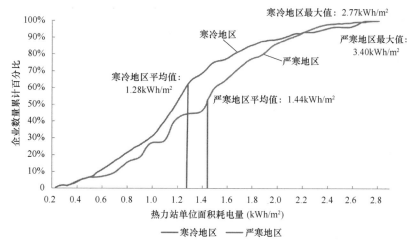

图 2-18　供热协会统计企业二次网供暖季单位面积电耗❶

但各个热力企业之间对比,输配电耗差异十分显著,仅 30% 的企业热力站供暖季单位面积耗电量在 1kWh/m² 以下。造成输配电耗差异的原因一般有以下几个方面:①热力站不合理压力损失;②热力站水泵选型不合理,扬程和流量偏大,使得水泵效率偏低;③二次网运行流量偏大。如果未来通过节能改造,北方地区二次管网输配电耗都能达到 1kWh/m² 左右,则每年可节约用电约 78 亿 kWh,节能效果显著。

4. 管道水损

图2-19和图2-20展示了上述统计企业一二次网单位面积水损量[单位:kg/(m²·月)]。

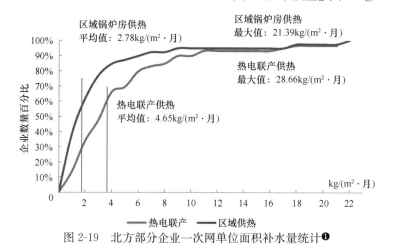

图 2-19　北方部分企业一次网单位面积补水量统计❶

❶　数据来源:中国城镇供热协会.中国城镇供热发展报告 2021 [M].北京:中国建筑工业出版社,2022.

由于管道安装和维护水平差异、运行管理水平不同，导致各企业间耗水量差异巨大。由于供暖和管网规模不同，一次网补水量统计中将区域锅炉房形式热源和热电联产热源分开统计。

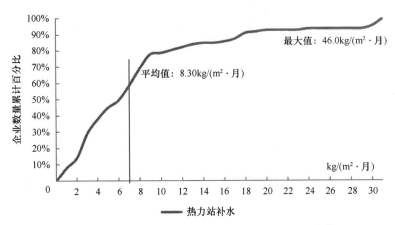

图 2-20　北方部分企业二次网单位面积补水量统计❶

从统计结果看，区域锅炉房和热电联产的一次网单位补水量平均值分别为 2.78kg/（m²·月）和 4.65kg/（m²·月），且大约有 40% 的企业耗水量水平在平均值以上。各企业中，区域锅炉房和热电联产的一次网单位补水量最大值分别为 21.4kg/（m²·月）和 28.7kg/（m²·月），是平均值的 7.7 和 6.2 倍。热力站单位补水量的平均值和最大值分别为 8.3kg/（m²·月）和 46.0kg/（m²·月），最大值是平均值的 5.5 倍，40% 数量的企业热力站单位水耗在平均值以上。

由此可见，二次网单位耗水量几乎是一次网的两倍，热电联产热源比区域锅炉房热源的一次网单位耗水量更多。从企业数量上看，各企业之间耗水量差异巨大。这不仅造成严重的水资源浪费和热量浪费，同时在频繁补水的过程中引入了硬水和溶解氧，加剧了管道与换热设备的结垢和锈蚀，危害供热质量。因此进行老旧管网改造、解决失水问题应该是供热行业现代化管理首先解决的问题。

2.1.4　城镇供暖热源现状

1. 热电联产供暖现状

（1）热电联产装机概况

根据《中国电力统计年鉴 2021》统计数据，"十三五"期间我国供暖装机容量

---

❶ 数据来源：中国城镇供热协会．中国城镇供热发展报告 2021［M］．北京：中国建筑工业出版社，2022.

（即热电联产装机容量）保持 0.4 亿 kW/年的增长速度，非供暖装机容量仅增长了不到 0.2 亿 kW（图 2-21）。截至 2020 年，我国热电联产机组容量为 5.6 亿 kW，占全国总火电装机容量的 45%（统计范围均为 6000kW 以上机组，包括一些主要为工业生产用热服务的热电机组）。

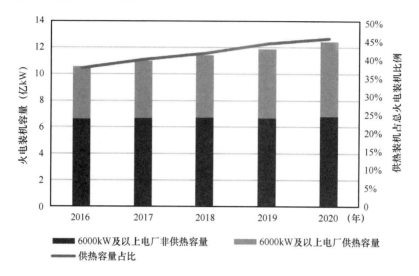

图 2-21　我国近年火电装机容量

2020 年我国各省、市、自治区火电装机容量如图 2-22 所示，南方各省火电装机总量普遍小于 0.4 亿 kW，且供暖装机比例小于 30%。北方地区火电装机容量较大，供暖装机占比普遍在 50% 以上，比例最高的为天津（89%）、河北（82%）、辽宁（76%）、山东（75%），可见不同省份热电联产发展程度存在很大差异，供暖

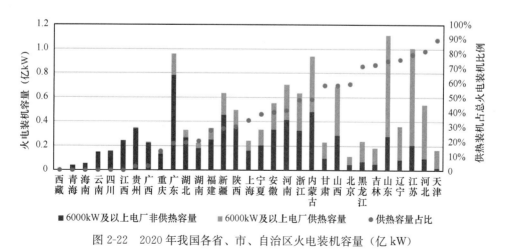

图 2-22　2020 年我国各省、市、自治区火电装机容量（亿 kW）

能力有待进一步发掘。

（2）热电联产灵活性改造和降耗情况

火电灵活性改造是实现高比例可再生能源电力系统的关键[4]。其中对于热电联产机组来说，除了常规的锅炉侧技术之外，汽轮机侧可以采用切除低压缸供热、用大部分中压缸排汽供热、在热源侧设置蓄热式电锅炉、设置储能罐作为电网低负荷时供热抽汽补充、吸收式热泵等热电解耦技术实现深度调峰。

2016 年 6 月和 7 月国家能源局先后下达了两批关于火电灵活性改造试点项目的通知，共确定丹东电厂、长春热电厂等 22 个项目作为第一、二批火电灵活性改造试点项目。其中 15 个项目位于辽宁、吉林、黑龙江东北三省，累计装机 1197 万 kW。截至 2019 年底，东北网内完成灵活性改造的电网接近 50 家，增加调峰能力超 850 万 kW，其中 14 家采用了蓄热式电锅炉。

从全国来看，截至 2021 年底❶，全国煤电累计实施节能降碳改造近 9 亿 kW，灵活性改造超过 1 亿 kW，10.3 亿 kW 煤电机组实现超低排放改造，火电厂平均供电煤耗降至 302.58gce/kWh。

2022 年 11 月 25 日国家能源局发布了《电力现货市场基本规则（征求意见稿）》和《电力现货市场监管办法（征求意见稿）》。随着调峰辅助服务市场的进一步发展和电力现货市场的完善，电厂灵活性改造和深度调峰的积极性将进一步提高，更有利于进一步挖掘火电厂余热，同时促进高比例可再生能源电力系统的发展。

2. 工业余热供暖现状

2015 年 10 月底，国家发展和改革委员会、住房和城乡建设部印发《余热暖民工程实施方案》（简称《方案》）。《方案》要求到 2020 年，通过集中回收利用低品位余热资源，替代燃煤供暖 20 亿 m² 以上，减少供暖用原煤 5000 万 t 以上，实施余热暖民示范工程，选择 150 个示范市（县、区），探索建立余热资源用于供暖的经济范式、典型模式，不断改革和完善城镇供暖的政策机制和制度保障。《方案》的颁布标志着我国低品位余热供暖步入新的历史阶段。

2017 年 12 月十部委联合发布了《北方地区冬季清洁取暖规划（2017—2021）》（以下简称《规划》），《规划》调研得到我国工业余热供暖面积 1 亿 m²，并要求"继续做好工业余热回收供暖……统筹整合钢铁、水泥等高耗能企业的余热余能资源和区域用

❶ 数据来源：中华人民共和国生态环境部.中国应对气候变化的政策与行动 2022 年度报告［R］.北京：中华人民共和国生态环境部，2022.

能需求，实现能源梯级利用"，计划"到 2021 年工业余热供暖面积达到 2 亿 m²"。

根据对国内两家大型余热供暖换热器厂家的调研得知，2013 年以来，仅这两家厂家建成投运的工业余热回收项目就有 86 个，其中"十三五"期间新增约 4400 万 m²，统计项目的地域分布和历年新建情况如图 2-23 和图 2-24 所示。

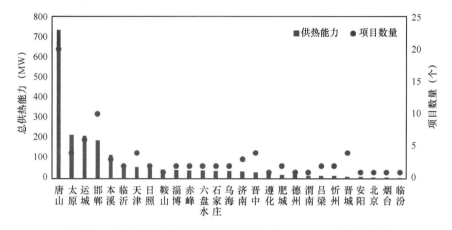

图 2-23　按地区工业余热供暖项目统计（2013—2021 年累计值）

图 2-24　按建成时间的工业余热供暖项目统计（2013—2021 年逐年累计）

注：此图彩色版可扫目录中的二维码查看。

统计项目中已建成工业余热项目涉及 53 家工业企业，97％的项目位于北方地区，60％以上在 2＋26 城市名单中，从总供热功率上看，各地区发展差异巨大，最多的是唐山（755.5MW），最少的临汾市仅有 5MW 左右，单个项目供暖能力为 25MW 左右。其中 90％以上项目的热源是钢铁厂，88％的项目以冲渣水余热为主，大部分以低压蒸汽作为补充热源。仅有不到 10 个项目采用烟气、环冷余热等低品位余热供暖。此外,从时间上看,2017、2018 年两家厂家新建项目数量较多,2019、2020 年数量大幅下降,2021 年又开始回升。除了已在 2019 年中国建筑节能年度发展研究报告中提到的政策影响、市场竞争加强等相关因素之外,最主要的原因应是受新冠肺炎疫情影响导致项目建设周期延长,速度放缓。

两家厂家的工业余热供暖面积约占我国北方工业余热供暖面积的一半,以此推算,到 2021 年全国工业余热供暖面积近 2 亿 m^2。与 2017 年十部委规划新增 1 亿 m^2 面积接近。相比热泵、生物质等热源供暖面积增长情况,工业余热供暖仍有待大力推广,同时需要环保管控和投资建设相关政策措施的大力支持。

3. 燃气供暖现状

根据国家能源局发布的《中国天然气发展报告(2021)》,2020 年全国天然气产量 1925 亿 m^3,天然气消费量 3280 亿 m^3,其中城镇燃气用气占比 37%～38%。而城市集中供热的天然气用量为 155.9 亿 m^3[❶]。

"十三五"期间累计新增"煤改气"用户 1900 万户,天然气供暖面积达 30.6 亿 m^3,比 2016 年增加 11 亿 m^3,占清洁取暖总增加面积的 31%[❷]。其中,燃气锅炉集中供暖、壁挂炉供暖、热电联产和其他类型燃气分散供暖占比分别为 47%、44%、8% 和 1%。

从天然气供暖用量分析,按照政府各部门的相关披露数据及相关研究机构给出的非官方统计数据,2022 年北方地区天然气耗量 1673.3 亿 m^3,接近全国天然气总消费量的 50%。仅统计燃气锅炉房和燃气壁挂炉的供暖用天然气耗量,北方地区集中供热总耗气量约为 302 亿 m^3,占北方地区总耗量的 18% 以上,2022 年北方地区分省供暖用天然气耗量如表 2-10 所示。

2022 年北方地区用于供暖用天然气量统计表(亿 m^3)   表 2-10

序号	省市	天然气总消费量	供暖用天然气耗量	本地区供暖用天然气占天然气总消费量比例	本地区供暖用天然气占全国供暖用天然气比例
1	北京	194.1	70.88	36.52%	23.47%
2	天津	98.3	10.33	10.51%	3.42%
3	河北	206.3	46.93	22.75%	15.54%

❶ 数据来源:中华人民共和国住房和城乡建设部. 中国城乡统计年鉴 2020 [M]. 北京:中国统计出版社,2021.

❷ 数据来源:国家能源局等. 中国天然气发展报告(2021)[R]. 北京:国家能源局,2021.

序号	省市	天然气总消费量	供暖用天然气耗量	本地区供暖用天然气占天然气总消费量比例	本地区供暖用天然气占全国供暖用天然气比例
4	河南	120.2	13.2	10.98%	4.37%
5	山东	235.9	47.62	20.19%	15.77%
6	山西	86.3	17.4	20.15%	5.76%
7	黑龙江	56.6	3.55	6.27%	1.18%
8	吉林	38.4	1.38	3.59%	0.46%
9	辽宁	82.4	7.57	9.18%	2.51%
10	内蒙古	71.4	7.53	10.54%	2.49%
11	宁夏	40.9	3.73	9.11%	1.24%
12	青海	43.5	5.75	13.22%	1.90%
13	甘肃	42.4	8.1	19.11%	2.68%
14	陕西	191.2	27.32	14.29%	9.05%
15	新疆	165.3	30.7	18.57%	10.17%
	总计	1673.3	302.0	18.05%	100.00%

注：表中供暖用耗天然气量是指锅炉房及壁挂炉供热年耗量。

从天然气热源类型分析，常规天然气作为清洁能源在供热领域应用方式主要有：天然气热电联产供热、天然气锅炉房供热、天然气直燃机供热、天然气热泵供热、天然气壁挂炉供热等，其中天然气壁挂炉为分散供暖方式，不属于集中供暖。燃气热电厂在我国应用比例不高，地区供热面积占比最高的是北京市，燃气热电联产集中供热比例超过 25%。应用最为普遍的方式是天然气锅炉房供热。北京市天然气锅炉房供热面积占比超过 57%，天津市超过 40%，西安市接近 35%。除上述天然气应用在集中供热上的形式外，其余方式中占比较高的是分散壁挂炉供热，北京市应用占比接近 10%，银川市 14%，西安市 6.5%，乌鲁木齐市约为 14%。

从天然气供热区域分析，天然气供热主要集中在京津冀地区，北京市 2020 年天然气供热面积（包括热电联产、锅炉房和壁挂炉）8.5 亿 m²，占总供热面积 8.95 亿 m² 的 95%，其中燃气锅炉房和壁挂炉供热面积 6.15 亿 m²，占总供热面积的 68.67%；天津市集中供热面积 5.53 亿 m²，其中燃气供热 2.47 亿 m²，占比 44.63%。河北省也在积极推进清洁能源供热进程，其中 50% 以上的清洁供暖面积是依靠天然气供热保障的，达到 1.3 亿 m²。东北地区天然气作为能源的集中供热系统很少，典型城市如大庆，目前大庆市天然气集中供热设施能力已达 1360MW。

西北地区新疆、甘肃、陕西地区应用较多。乌鲁木齐市总供热面积 2.42 亿 m²，其中燃气锅炉房供热面积 1.18 亿 m²，壁挂炉 0.34 亿 m²，天然气供热面积比例约为 63%。近年来，西安市也在大面积进行煤改气工程建设，2022 年天然气供热面积已达 1.1 亿万 m²，占主城区供热面积 3.3 亿 m² 的 34%。银川市供热面积接近 1.7 亿 m²，其中天然气供热面积约 4800 万 m²，占比超过 28%。鉴于我国"多煤少气"的资源禀赋，天然气更适用于集中供暖调峰使用。北京已出台政策禁止新建天然气供暖项目。

4. 浅层和中深层地热供暖现状

图 2-25 为我国地热能直接利用结构示意图，从中可以发现，浅层地热供暖制冷和中深层地热供暖占据绝对优势，目前超深层地热能的应用相对较少。

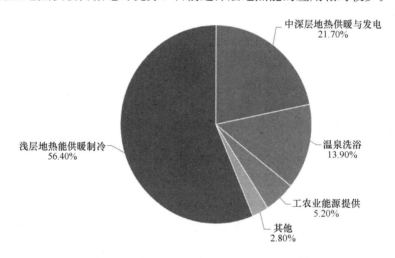

图 2-25 我国地热能直接利用结构示意图[5]

截至 2017 年底，我国利用浅层地热能实现供暖（制冷）面积超过 5 亿 m²，主要分布在北京、天津、河北、辽宁、山东、湖北、江苏、上海等省市城区，利用水热型地热能供暖的建筑面积超过 1.5 亿 m²，其中山东、河北、河南增长较快。

截至 2019 年底❶，浅层和中深层地热能供暖建筑面积超过 11 亿 m²。截至 2020 年年底❷，我国地热能供暖制冷面积约 13.9 亿 m²，其中浅层地热能供暖制冷面积 8.1 亿 m²，中深层地热能供暖面积 5.8 亿 m²。截至 2021 年底，北京累计地热能供暖面积 0.35 亿 m²，陕西 0.3445 亿 m²，河北 0.3692 亿 m²，全国新增地热

❶ 数据来源：国务院新闻办公室.《新时代的中国能源发展》白皮书。
❷ 数据来源：国家地热能中心公布数据和行业公开数据资料整理。

供暖制冷面积超 1 亿 m^2。可见地热能供暖在全国的应用已形成较大规模，发展迅速。从成本和效率上来看，中深层地热供暖项目单位供暖面积建设成本在 90～160 元/m^2，运行成本在 5～10 元/m^2。

5. 城镇污水供暖现状

随着城市化的进展和人口的增加，我国污水处理量与污水处理率均呈明显上升趋势（图 2-26）。2020 年，我国县级以上城市总污水处理量达到 655.9 亿 m^3，总污水处理率 97.2%。其中城市年污水处理量 557.3 亿 m^3，污水处理率 97.5%；县城区域年污水处理量 98.6 亿 m^3，污水处理率 95.0%。

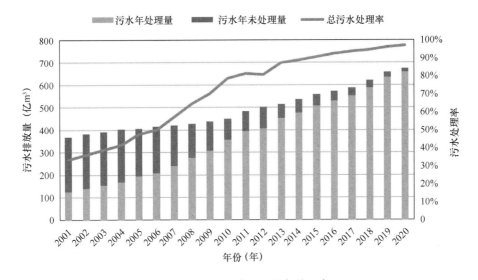

图 2-26　我国污水处理量与处理率

我国对污水源热泵的研究始于 20 世纪 80 年代，但发展较慢。2000 年，北京高碑店污水处理厂建立了国内第一个污水源热泵系统，标志着我国污水源热泵系统研究进入了一个新的时代。与传统燃煤锅炉和空气源热泵等技术相比，污水源热泵在烟尘、CO_2、NO_X、SO_X 减排方面具有明显优势。

根据住房和城乡建设部《中国城乡建设统计年鉴 2020》，截至 2020 年，全国城市和县城污水处理厂共计 4326 座，处理能力为 23037 万 m^3/日，为污水源热泵应用提供良好的基础。

另外根据相关统计，已有部分城市将污水热能应用于城市集中供暖。截至 2021 年底，北京再生水源（污水源）热泵供暖面积已达 129 万 m^2、西安市污水源热泵供暖面积达 272 万 m^2。2018 年哈尔滨用 14℃左右的污水做热源，采用污水源热泵代替燃煤锅炉给 66 万 m²、6600 余户小区居民供暖，运行效果良好。

总的来看，目前国内污水源热泵供暖面积仍然较小。依据《中国城乡建设统计年鉴 2020》中的污水处理数据，按照取热前后 5K 温差估算北方县级以上城市全年污水余热量在 5 亿 GJ 左右。污水源热能作为辅助和补充热源仍具备一定的开发潜力。

6. 城镇垃圾供暖现状

城镇生活垃圾和处理是城镇发展中不可忽视的环节。当前，我国通用的垃圾无害化处理方式主要有三类——卫生填埋、堆肥和垃圾焚烧。随着城镇化的推进和人口的增加，我国城镇垃圾无害化处理量与无害化处理率均呈明显上升趋势。根据历年《中国城乡建设统计年鉴》数据推算，我国城镇居民每人每日垃圾量约 1kg，每人每年生活污水量约 75m³。

2020 年，我国城镇总垃圾无害化处理量达到 3.01 亿 t，比 2016 年增长 19%，无害化处理能力达到 132 万 t/天。其中卫生填埋处理量占比由 2016 年的 66% 降到 42%，焚烧处理量占比由 2016 年的 31% 提高至 54%（图 2-27），达到《"十三五"全国城镇生活垃圾无害化处理设施建设规划》要求。据统计❶，截至 2019 年年底，全国已投产垃圾焚烧发电项目 504 个，较 2018 年增加 103 个，垃圾发电累计装机容量 1202 万 kW，较 2018 年增加 31%。从图 2-28 展示的我国历年来生活垃圾焚烧发电装机容量变化情况来看，垃圾焚烧发电装机每年仍保持一定的增长速度。

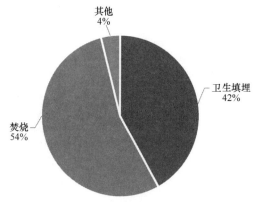

图 2-27   我国城镇垃圾无害化处理情况（2020 年）

---

❶　数据来源：中国产业发展促进会生物质能产业分会。

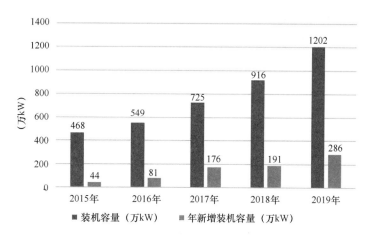

图 2-28　生活垃圾焚烧发电装机容量

但需要注意的是，发展城镇垃圾焚烧发电的主要目的是城镇垃圾的无害化消纳，供热仅为其冬季的附属功能。按照 2020 年《中国城乡建设统计年鉴 2020》中的垃圾焚烧处理量，可燃垃圾热值❶取 5MJ/kg，锅炉效率取 90%，发电效率取 25%，且全部用于热电联产，则全年垃圾热电联产可提供约 5.5 亿 GJ 热量，是城镇供热重要的辅助和补充热源。

7. 农林生物质供暖现状

根据行业统计数据，我国主要生物质资源年产量约 34.94 亿 t，作为能源利用的可开发潜力为 4.6 亿 tce。截至 2020 年，我国秸秆的理论资源量约 8.29 亿 t，可收集资源量约 6.94 亿 t，秸秆燃料化利用量 8821.5 万 t；我国畜禽粪便总量达 18.68 亿 t（不含清洗废水），沼气利用粪便总量达 2.11 亿 t；我国可利用林业剩余物总量 3.5 亿 t，能源化利用量 960.4 万 t；生活垃圾清运量 3.1 亿 t，其中垃圾焚烧量 1.43 亿 t；废弃油脂年产量约 1055.1 万 t，能源化利用量约 52.76 万 t；污水污泥年产量干重 1447 万 t，能源化利用量约 114.69 万 t。

其中我国秸秆资源主要分布在东北、河南、四川等产粮大省，资源总量前五名黑龙江、河南、吉林、四川、湖南占全国总量 59.9%；畜禽粪便集中在重点养殖区域，前五名山东、河南、四川、河北、江苏占全国总量 37.7%；林业剩余物集中在南方山区，前五名广西、云南、福建、广东、湖南占全国总量 39.9%；生活垃圾集中在中东部人口稠密地区，前五名广东、山东、江苏、浙江、河南占全国总

❶　数据来源：汪玉林. 垃圾发电技术及工程实例［M］. 北京：化学工业出版社，2003.

量的 36.5%；污水污泥集中在城市化程度较高区域，前五名北京、广东、浙江、江苏、山东占全国总量 44.3%。

截至 2021 年❶，我国生物质能（包含农林生物质、生活垃圾焚烧、沼气）发电装机容量达到 3798 万 kW，发电量达到 1637 亿 kWh，成型燃料年产量 2200 万 t，燃料乙醇年产量 290 万 t，生物质清洁供暖面积约 3.1 亿 m²，比 2020 年增加 1000 万 m² 左右。

8. 电供暖现状

电供暖技术分为电直热供暖和热泵供暖两大类。2020 年，中国非化石能源发电装机总规模达到 9.8 亿 kW，占总装机比重的 44.7%；非化石能源发电量达到 2.6 万亿 kWh，占全社会总用电量的 1/3 以上❷。随着清洁电力比例的提高，电蓄热锅炉、空气源热泵、水源热泵、地源热泵等电供暖方式供暖面积迅速增长。

其中蓄热式电锅炉主要应用于两个方面：一是火电厂的灵活性改造，配合电力辅助调峰市场，在保证供热的情况下，实现电厂深度调峰。二是利用风电、光电等可再生电力进行区域供暖。以辽宁省为例，有相关研究报告显示，截至 2020 年，辽宁省有 8 家电厂配置了电蓄热装置，共计 220.5 万 kW。2020 年电蓄热耗电 8.57 亿 kWh，占火电厂全年有偿调峰电量的 23.1%，合计收益 5.71 亿元。配置电蓄热电厂的特点是供热面积较大，受供热制约，机组本身调峰能力不强，电蓄热装置在深调阶段甚至可以将上网电力降至 0，但电蓄热装置也存在设备故障、安全隐患、经济纠纷、能源转换浪费等问题，电厂需要合理规划、建设、使用。

从地区来看，空气源、地源等形式热泵供暖面积也有较大增长。截至 2019 年年底，张家口市可再生能源发电总装机容量达到 1500 万 kW，占区域内总发电装机 70% 以上。风电供暖面积超过 800 万 m²❸。根据北京市发展和改革委员会数据，截至 2021 年年底，北京可再生能源供暖面积超 1 亿 m²，其中空气源热泵、地源热泵、污水源热泵供暖面积分别为 0.65 亿 m²、0.35 亿 m²、0.0129 亿 m²，每年减少碳排放 175 万 t。

从总量上看，随着北方"煤改电"政策推广和南北方非集中供暖地区供暖需求增长，"十三五"期间，居住建筑中空气源热泵供暖面积快速增加。仅 2015—2019 年，北京市农村地区就完成空气源热泵安装近 80 万台套；天津在 2016—2018 年间

---

❶ 数据来源：水电水利规划设计总院，《中国可再生能源发展报告 2021》。
❷ 数据来源：国务院新闻办公室，《中国应对气候变化的政策与行动》。
❸ 数据来源：国务院新闻办公室，《新时代的中国能源发展》。

完成 20.9 万台套空气源热泵装机；2019 年，天津、山西、河北等地合计装机约 7 万台套❶。在公建领域，政府办公建筑、酒店、学校、医院、大型场馆的空气源热泵供暖占比也在提高。根据中国建筑科学院测算，到 2021 年北方地区空气源热泵的供暖面积约 7.25 亿 m²，已形成较大规模。

2.1.5　长江流域城镇供暖现状

1. 长江流域供暖需求与供暖方式

我国长江流域横贯东中西、连接南北方，沿线包括云南、贵州、四川、重庆、湖南、湖北、江西、江苏、浙江、上海、安徽 9 省 2 市，集聚的人口占全国的 42%、地区生产总值占全国的 45%、民用建筑面积占全国的 48%[6]。从气候区看，长江流域绝大部分地区处于夏热冬冷地区，冬季室外气象条件多呈阴冷潮湿的特征，大部分地区最冷月平均气温在 0～5℃之间，最高的也只有 8℃左右，而非供暖房间的室内温度也仅比室外温度高 2～5℃。冬季绝大部分时间室内温度低于卫生学要求的 12℃的下限，远远偏离环境热舒适的要求。因此，为满足人们工作、居住环境的热舒适要求，该地区的建筑有必要设置相应的供暖设施。

根据秦岭淮河供暖线，长江流域冬季没有市政规模的集中供暖，并且该地区围护结构隔热保温性能早期并不受重视，因此冬季室内状况相比于集中供暖的北方地区普遍较差。然而，随着社会经济的快速发展，该地区居民对于提高冬季室内舒适水平的需求逐渐增长，长江流域地区供暖问题成为一个重要的民生问题。

"十二五"以来，国家持续加大对夏热冬冷地区供暖研究的支撑。清华大学江亿院士指出，应从我国未来可以获得的能源总量与环境容量条件，以及社会经济发展各方面对能源的需求出发，分配各类建筑运行能耗，作为节能工作的定量目标和约束上限。从能耗实测数据来看，长江流域如果采用集中供暖的形式，大型热泵一年耗电约 40kWh/m²，热电冷联产能耗约 15kgce/m²，也相当于 45kWh 电力，而采用热电联产供热加分散空调，全年用能强度也合计为 40kWh/m²。相比之下采用可以实现"部分时间、部分空间"使用方式的分散式空气源热泵，则有可能把用电量控制在 30kWh/m² 以内。

2016 年，"长江流域建筑供暖空调解决方案和相应系统"被列入国家重点研发

❶　数据来源：中国热泵产业联盟，中国节能协会热泵专业委员会．中国空气能（空气源热泵供热）产业发展报告（2020）[R]．北京：中国节能协会热泵专业委员会，2020.

计划项目，设定以"夏热冬冷地区住宅全年供暖通风空调用电量应控制在 20 kWh/m² 以内"作为定量目标，进一步明确了该区域居住建筑供暖通风空调的能耗强度限额。长江中下游地区应结合自身自然资源禀赋，兼顾节能与经济性，因地制宜确定供暖方式。

从能耗的角度看，大规模集中供暖系统的输送能耗高、热量损失大、不利于行为节能等弊端在北方供暖系统运行中已充分显现出来。长江流域冬季室内外温差较小，寒冷时间较短，需要供暖的时间大约 2～3 个月，若采用北方地区"全时间、全空间"集中供暖方式，不仅会造成巨大的能源压力，还会导致大量的能源浪费和环境污染。由于除供暖期外的近 10 个月内设备、运营人员都要闲置，供热管网设备利用率很低，运行维护成本相对变高，经济性很差，造成巨大浪费。从资源禀赋来看，长江流域煤炭资源并不丰富，天然气和电力是主要能源品种，为了治理雾霾，许多城市还禁止大量使用燃煤，居民普遍有每天开窗通风的习惯，若不改变开窗习惯，使用集中供暖方式将造成供热热量的大量损失，也将大幅增加居民供暖费用支出。

因此对于长江流域城镇供暖，不适宜采用北方大规模市政集中供暖方式，宜采取"部分空间、部分时间"的供暖策略，利用清洁能源驱动、分散式为主的方式进行供暖，包括空气源热泵、燃气壁挂炉、电热供暖等。采用分散式热源和末端对住户或房间进行供热，具有建设规模小、周期短、投资较低的特点，其运行方式可由用户自己管理，根据实际需求进行启停控制，灵活方便，较为适宜在以天然气、电等为主要热源，供热需求量较少且时间较短，同时需要灵活调控的地区。

然而，考虑到天然气资源保障困难、季节性需求峰谷差大、成本高等因素，在长江流域推广分散式供暖系统，还需要对选用哪种能源用于供暖作出合理选择。为了尽早实现碳达峰目标，应倡导用户开展电能替代，减少对天然气等化石能源的消耗，空气源热泵应作为主导的分散供暖方式。对于周边余热或可再生能源资源丰富、居民支付意愿较强的居住小区，可以优先发展城镇分布式小区供暖。对于南方农村家庭，空气源热泵仍应是主导的分散供暖方式。随着未来屋顶光伏大规模的推广，在具有成本优势的前提下，也可利用光伏电力直接电蓄热供暖。对于生物质资源丰富的南方农村地区，因地制宜推广生物质炉，兼顾满足供暖、炊事和生活热水需要。

2013 年清华大学调研了长江流域 761 户居民家庭设备使用情况，其中拥有分体空调的家庭占 85%，拥有局部供暖设备的占 80%，小区集中供暖的不到 1%。

过去 20 年间，长江流域城镇供暖市场规模发展由少到多、由慢及快，截至 2019 年年底，夏热冬冷地区仅城镇住宅建筑面积就有约 70 亿 m²，其中燃气壁挂炉取暖有约 800 万户，各类散热器取暖达 490 万户，小太阳、电暖风等设备约有 820 万户，集中供暖面积约 8000 万 m² 至 1 亿 m²，主要利用工业余热、热电联产、水源热泵等技术[7]。

2. 实际供暖案例

（1）案例基础信息介绍

自 2005 年开始，武汉就启动了"冬暖夏凉"工程，目标是到"十二五"末，集中供热供冷覆盖区域达到 500km²。武昌区供热信息指南显示，供暖周期为每年 11 月 16 日至次年 3 月 15 日。

以武汉市某热力公司 D 为例，其集中供热系统采用热电厂抽汽作为热源，蒸汽通过汽水换热器，将热量送入一次网，凝水通过水泵送回电厂。首站、一次网、换热站均为热力公司筹款建造，产权属于热力公司，庭院管网及用户末端由业主建造，产权属于业主，但由热力公司负责运行维护，热源与热用户集中区域距离较远，用户数量较少且较分散。目前使用的首站换热器为管壳式汽水换热器，通过蒸汽管上的电动调节阀调节蒸汽量，进而对供水温度进行调节，通过热网循环泵的频率，对一次循环流量进行调节，热力站都预留生活热水的设备。

首站与二次网供水温度根据室外温度进行调节，2013—2014 供暖季具体参数如图 2-29 和图 2-30 所示。通过首站供水温度调节可以看到，随着室外最低气温降低，首站供水温度从 80℃ 逐步提高到 90℃。二次网侧，不论是采用地暖、散热器或者是风机盘管的供暖方式，供水温度同样随着室外气温的降低而升高。同样的室

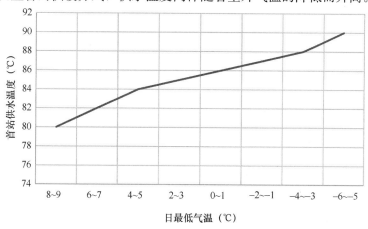

图 2-29　首站供水温度调节策略

外温度条件下，三种不同供暖方式中，散热器平均供水温度最高，其次为地暖和风机盘管。

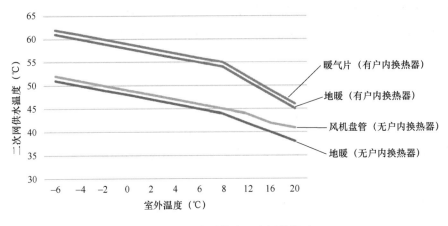

图 2-30 二次网供水温度调节策略

根据实际的住户测试，发现小区内住户的室温一般在 21℃ 左右，高于 18℃ 的室温标准，武汉市某集中供暖住户典型房间供暖季室内温度测试结果如图 2-31 所示，可以看到，供暖季绝大多数时间房间室温均在 20℃ 以上，最高可以达到近 25℃。

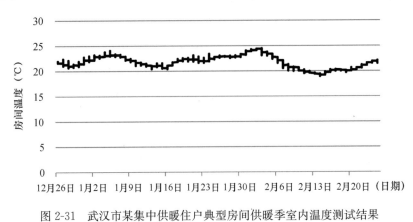

图 2-31 武汉市某集中供暖住户典型房间供暖季室内温度测试结果

（2）案例供暖能耗与经济性分析

2013—2014 年供暖季 D 公司已供热的户数为 5646 户，供热小区总户数 12957，供热率为 43.6%。2013—2014 年供暖季 D 公司在 12 月 1 日—次年 3 月 1 日的时间内为全部供热，在 12 月 1 日之前与 3 月 1 日之后部分用户供热，折合单位面积耗热量 0.345GJ/m²，平均热指标 33.84W/m²，首站单位面积耗电量

$0.93kWh/m^2$。

根据实际调研了解到的信息，尽管用户室内安装有调节装置，绝大部分住户倾向于在整个供暖季将调节阀调至最大并且不进行调节，认为这样较为方便。结合调研结果，对不同的供暖方式耗热量进行模拟分析，得到不同供热运行模式下的能耗模拟结果如图 2-32 所示，具体的供热运行模式信息在表 2-11 中详细描述。

模式信息　　　　　　　　　　　　　　　　表 2-11

模式 1	全部房间在 21℃以上，经常开窗，供暖四个月
模式 2	全部房间在 21℃以上，很少开窗，供暖四个月
模式 3	全部房间在 21℃以上，很少开窗，供暖三个月
模式 4	全部房间在 18℃以上，很少开窗，供暖三个月
模式 5	有人的房间才供暖，室温 18℃以上，供暖三个月
模式 6	有人的房间才供暖，室温 15℃以上，供暖三个月

从能耗模拟结果来看，当前的绝大部分用户的实际供暖方式较接近于全时间、全空间的模式 1 和模式 2，而模式 5、6 则较接近于部分时间、部分空间的非集中供暖用户的使用模式。不同的使用模式之间存在巨大的能耗差异，全时间、全空间供暖模式下，经常开窗的模式 1 能耗是较少开窗的模式 2 的 1.7 倍，如果通过用户侧调节将室内平均温度从模式 3 的 21℃降低到模式 4 的 18℃，有望实现 30％左右的节能量。如果能够引导住户在保证室内空气质量的同时适度控制开窗频率，将能够取得较为可观的节能效果。

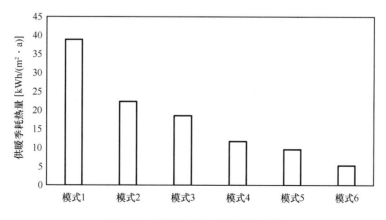

图 2-32　不同供暖方式的能耗比较

将热力公司 D 所供暖的两个小区耗热量数据与武汉一采用水源热泵进行供暖的住宅小区 A 进行对比，A 小区内所有居民均采用风机盘管进行供暖，用户根据需求启停风机盘管，并按照消耗的热量收取相应的供暖费用。测试时间为 2013 年 1 月 27 日至 2013 年 2 月 26 日。

三个小区的耗热量情况对比如表 2-12 所示。

测试小区耗热量对比 表 2-12

2013 年 1 月 27 日至 2013 年 2 月 26 日			
小区名称	某华府小区	某湾小区	A 小区
耗热量（kWh/m²）	26.3	36.1	8

从对比数据中可以看到，两个小区的供热量远远大于采用 A 小区。其原因可能有以下几个方面：

（1）测试小区采用面积收费，用户一般不对供暖末端进行调控，供暖设备处在一天 24h 运行状况下。而 A 小区的供暖费用与耗热量直接挂钩，用户具有主动调节供暖末端的意识。

（2）测试小区采用的是地板供暖或散热器供暖的方式。这两种供暖方式均属于辐射供暖，需要将墙体表面的温度升温后才能达到比较理想的室内热环境。地板供暖的这种特性迫使供暖设备处在长时间运行中。而 A 小区采用风机盘管作为供暖末端，其直接对空气进行加热，室温提升迅速，满足短时间供暖的需求。

（3）测试小区的供暖率普遍较低，某华府小区的供暖率不足 50%，某湾小区的供暖率甚至只有 28%。这意味着大部分住户内存在邻室传热的问题，而且在夏热冬冷地区对内保温并不重视，邻室传热可能占耗热量的较大一部分。而在 A 小区中，大部分居民（80%）均采用供暖方式，邻室传热问题影响相对较小。

以 2013—2014 年供暖季为例，对热力公司 D 进行供热经济性分析（表 2-13）。

2013—2014 供暖季热力公司 D 供热成本和收费价格 表 2-13

供热能源成本（元/m²）				用户热价（元/m²）
热费	电费	水费	总费用	
15.96	1.40	0.05	17.14	31.88

由于 D 公司热量来源于热电厂抽汽，按照蒸汽焓值进行热量计价，可以看到，仅考虑 D 公司热、电、水的能源成本，已经占到了用户热价的 53.8%，其中仅热量成本一项就已经占比高达 50.1%，如果采用燃煤/燃气锅炉作为供暖热源，热量

成本将进一步增加。综合考虑设备检修、材料、人力、租金等因素，盈利较为困难，根据公司反映，目前运行实际处于亏损状态。

整体来看，2013—2014 年供暖季 D 公司单位面积平均耗热量为 0.345GJ/m²，考虑到武汉地区供暖季的气候条件，该耗热量是偏高的，可能有以下几个原因：一是建筑保温不如北方，且用户用热习惯偏好开窗，造成需热量高；二是热负荷密度较低，造成管损、户间传热、不均匀损失较大，同时为了满足最不利用户的用热需求，导致过量供热；三是目前住户缺乏调节，造成的耗热量相对较大。

通过对比不同供暖方式的三个小区单位面积耗热量可以发现，采用全空间、全时间供暖模式小区的热耗是部分空间、部分时间供暖小区的 3～4 倍以上，高热耗不仅造成大量的能源浪费，同时也使得热力公司运营困难，长此以往难以为继。因此，对长江流域地区住户的供暖行为进行引导，鼓励在房间内无人时关闭供暖措施、在保证室内环境的基础上减少开窗量是减少能耗的有效途径，如图 2-32 所示，分散供暖的供暖能耗最低（模式 6）可以达到集中供暖（模式 1）的 1/5～1/6 左右，以 D 公司 2013—2014 供暖季平均耗热量为参考，理想情况下的分散供暖单位面积能耗仅为 0.06GJ/m²。

根据住房和城乡建设部统计数据，2015 年长江经济带 9 省 2 市的民用建筑总面积约 298 亿 m²，存在潜在供暖需求的建筑面积约 277 亿 m²。考虑到未来民用建筑面积的进一步增长，至 2050 年，预计长江流域潜在供暖需求面积可达 350 亿 m²，如果能够通过政策有效引导该地区建筑采用部分时间、部分空间的分散供暖模式，适当降低目标室温，缩短供暖时长，以 0.06GJ/m² 的单位面积能耗计算，2050 年长江流域供暖能耗总量将不超过 21 亿 GJ。

2.2　工业用热和余热排放

2.2.1　工业非电用能的特点和分类

目前的工业行业分类中，根据不同需求有不同的分类方式，如依据产品用途划分为轻工业和重工业，依据生产方式划分为离散工业和连续工业等。为了更准确地反应工业用热和余热的现状，依据不同行业工艺非电用能特点的不同，我们将工业分为两类，一类是流程工业：化石能源作为燃料甚至是原料参与工业过程的生产，这类行业用热往往温度需求极高，并且有着丰富的余热资源；一类是非流程工业：

化石燃料主要用于生产蒸汽、高温热水等，作为工艺所需热源，这类行业往往有着大量的中低温用热需求。这两类行业的具体定义如下：

流程工业：是指以化石能源作为燃料或者原料的工业行业，包括钢铁、水泥熟料等。流程工业需要冷却来自高温反应或转化过程的产品流，因此会在不同温度下排出多余的热量，具有丰富的工业余热资源。

非流程工业：是指以热水、蒸汽作为主要工艺热源的工业行业，包括食品制造、饮料制造、纺织等行业。非流程工业通常具有大量的中低温用热需求，需要热水或者蒸汽进行加热。

按照上述定义，对国民经济行业分类里的 31 个制造业行业大类进行分类，如表 2-14 所示。

制造业行业分类　　　　　　　　　　　　表 2-14

行业及主要产品	流程工业	非流程工业
行业	黑色金属冶炼和压延加工业、有色金属冶炼和压延加工业、非金属矿物制品业、石油、煤炭及其他燃料加工业、部分化学原料和化学制品制造业❶	纺织业、造纸和纸制品业、农副食品加工业、食品制造业、酒、饮料和精制茶制造业、医药制造业、化学纤维制造业、橡胶和塑料制品业、其他化学原料和化学制品制造业❷、装备制造业❸、其他制造业❹
主要产品	钢铁、铜、铝、水泥、原油加工、焦炭、合成氨、电石、乙烯、甲醇等	乳制品、纸、布、饮料、药品、化学纤维、橡胶、塑料、烧碱、纯碱、化肥等

2020 年流程工业和非流程工业非电用能总和约 16.8 亿 tce，产生了约 45.5 亿 t 碳排放，其中流程工业占比约 84%，非流程工业占比约 16%（图 2-33）。

1. 流程工业非电用能与余热现状

流程工业消耗了大量的化石能源，这些化石能源不仅作为燃料给生产过程提供热量，有些还作为原料参与生产，不能只单独考虑用热需求。以炼焦为例，单位焦炭的煤耗约为 1.24tce/tJ，但是实际用热需求为焦炉加热，每吨焦消耗焦炉煤气 180～210Nm³，折合标准煤 108～126kgce/tJ。因此在本节中，为了全面反映流程工业对

---

❶ 主要包括合成氨、电石、甲醇的制造以及石脑油的加工。

❷ 指除合成氨、电石、甲醇、石脑油加工以外的化学原料和化学制品制造业。

❸ 装备制造业指金属制品业，通用设备制造业，专用设备制造业，汽车制造业，铁路、船舶、航空航天和其他运输设备制造业，电气机械和器材制造业，计算机、通信和其他电子设备制造业，仪器仪表制造业等 8 个行业大类中的重工业，装备制造业的常见的工艺包括锻造、铸造、热处理、焊接、表面处理（蒸汽、热水）、机械加工（蒸汽清洗）等。

❹ 其他制造业指国民经济行业分类中的废弃资源综合利用业、文教、工美、体育和娱乐用品制造业、纺织服装业、木材加工和木、竹、藤、棕、草制品业、印刷和记录媒介复制业、皮革、毛皮、羽毛及其制品和制鞋业、家具制造业、烟草制品业、金属制品、机械和设备修理业等行业。

化石能源的消耗，将把原料消耗和燃料消耗全部考虑在内。

流程工业在生产过程中还产生了大量的余热，关于余热的理论潜力和技术潜力将在第 5 章进行详细介绍，在本节将使用第 5 章中的单位产品余热潜力进行具体分析。

2020 年，石化、部分化工、有色金属、黑色金属、非金属矿物制造这五类流程工业消耗的终端化石燃料总量为 14.1 亿 tce。这五类流程工业的化石能源消耗占比如图 2-34 所示。

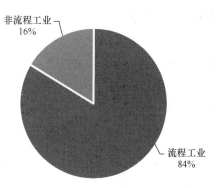

图 2-33　制造业非电用能分类占比

黑色金属冶炼业 2020 年消耗了约 6.5 亿 tce 非电能源，约占我国工业领域总非电用能的 37%。钢铁是黑色金属冶炼行业的代表产品，主要原料是石灰石、铁矿石、煤。转炉炼钢生产中的主要用能工序包括烧结、炼铁、轧钢环节，主要投入的化石能源是焦炭和煤。

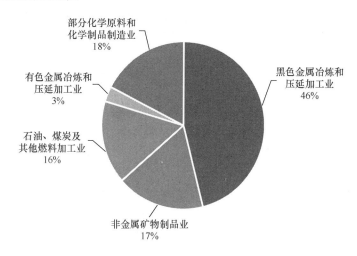

图 2-34　流程工业非电用能结构

非金属矿物制造业 2020 年消耗了约 2.5 亿 tce 非电能源。约占我国工业领域总非电用能的 14%。水泥是非金属冶炼行业的代表产品，主要原料是水泥生料和煤。

有色金属冶炼行业 2020 年消耗了约 0.4 亿 tce 非电能源。约占我国工业领域总非电用能的 2%。铝和铜是其中具有代表性的产品。铜冶炼是以铜矿石、煤为主要原料，生产粗铜（或精铜）以及副产品工业浓硫酸，主要消耗的化石能源是煤。

石油、煤炭及其他燃料加工业 2020 年消耗了约 2.26 亿 tce❶ 非电能源。约占我国工业领域总非电用能的 13%。炼油和炼焦是其中具有代表性的产品。炼油主要消耗的是炼油过程中的副产品，如炼厂干气等。炼焦消耗的主要是原料煤和焦炉煤气。

化学原料及化学制品业产品应用范围广，产业关联度高，在国民经济中占有十分重要的地位，同时也是六大高耗能行业之一，2020 年其消耗了 3.75 亿 tce 的能源。其中，合成氨、电石、乙烯、甲醇等产品的生产过程中消耗了大量的化石能源作为原料和燃料，合成氨和甲醇主要以煤为原料，乙烯主要以石脑油为原料，电石主要消耗兰炭和焦炭，这部分产品的生产属于流程工业，总能耗约 2.46 亿 tce。约占我国工业领域总非电用能的 14%。

对 2021 年五类流程工业的重点单位产品非电用能和余热潜力汇总如表 2-15 所示，总的流程工业的理论余热资源约 112 亿 GJ，其中钢铁和水泥行业余热潜力巨大。

流程工业主要产品非电用能结构及余热潜力（2021）　　　　　　　表 2-15

产品	煤 (kgce/t)	焦炭 (kgce/t)	油 (kgce/t)	气 (kgce/t)	蒸汽 (kgce/t)	理论余热潜力 (MJ/t)	技术余热潜力 (MJ/t)	2021 产量 (亿 t)	非电用能总量 (亿 tce)	理论余热潜力 (亿 GJ)
钢铁	103	423	—	—	—	6256	4824	9.24	4.86	57.77
水泥熟料	116	—	—	—	—	1478	856	15.79	1.83	23.3
焦炭	1240	—	—	—	—	2307	2307	4.64	5.75	10.70
炼油	—	—	94	—	—	580	574	7.04	0.66	4.08
铜	97.7	—	24.3	21.2	—	30800	30240	0.08	0.01	2.36
电石	—	681	—	—	—	8848	6208	0.28	0.19	2.48
电解铝	—	420	—	—	—	6000	—	0.39	0.00	2.31
合成氨	1163	—	—	—	—	2262	1720	0.50	0.58	1.13
甲醇	1180	—	—	—	282	—	—	0.67	0.98	—
乙烯	—	589	—	—	97	—	—	0.22	0.15	—

2. 非流程工业用热现状

通过《中国能源统计年鉴 2021》，对非流程工业用热现状进行分析：2020 年非

---

❶ 因为该行业是一个能源加工转换的行业，生产出来的二次能源又投入到了其他行业的生产中，因此只考虑生产的能源消耗，不考虑原料的投入产出。

流程工业总共消耗了约 80 亿 GJ 热量，折合标准煤约 2.78 亿 tce，产生了约 7.1 亿 t 碳排放。这些用热需求主要集中在部分化学原料和化学制品制造业、纺织业、造纸和纸制品业、农副食品加工业、食品制造业、化学纤维制造业、医药制造业、酒、饮料和精制茶制造业、橡胶和塑料制品业，这九个行业用热需求占比约 79%，产生碳排放约 5.9 亿 t（图 2-35）。

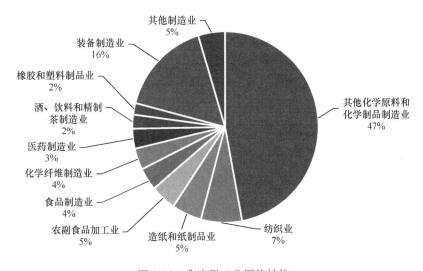

图 2-35　非流程工业用热结构

为了更好地了解非流程工业的用热需求，对纺织、造纸、医药、橡胶、食品制造等行业的工艺流程、用热工序、温度分布进行了调研（表 2-16）。

属于非流程工业的化工制造业的主要产品包括氯碱、合成橡胶、聚苯乙烯、聚氯乙烯等，主要的用热工序包括干燥、蒸发、熔融、反应等，主要的用热温度需求集中在 150～200℃ 之间。

食品饮料制造业是跨部门、多种类的制造业，和人民的生活消费息息相关，包括农副食品加工业、食品制造业、饮料制造业三类大类行业，有乳制品、制糖、肉类产品加工、果蔬汁制造等子行业。主要的用热工序为蒸发、干燥、消毒、清洗等，温度需求一般在 150℃ 以下。

纺织行业是国民经济与社会发展的支柱产业，解决民生与美好生活的基础产业，和国际合作与融合发展的优势产业。2021 年中国纱产量 2873.7 万 t，其中棉纱占比 59%，混纺纱占比 16%，纯化纤纱占比 25%，2021 年中国布产量 502.0 亿 m。纺织印染工业的工艺流程主要包括纺纱、织造及印染。其中主要用热工序为浆纱、蒸煮、干燥、印染，温度需求一般在 150℃ 以下。

化学纤维制造业的主要产品是涤纶。2021年涤纶总产量为5363万t，占比79.74%，其中涤纶长丝纤维产量高达4286万t，是涤纶中最为重要的纤维品种。涤纶的主要生产工艺环节包括：制浆系统、酯化反应系统、预缩聚系统、终缩聚系统、切粒包装系统、拉丝纺丝系统。其中直接用热部分包括酯化反应系统、预缩聚系统和终缩聚系统，用热温度需求较高，一般在200℃以上。

非流程工业主要产品用热温度需求结构   表 2-16

行业	主要产品	50~100℃ (亿 GJ)	100~150℃ (亿 GJ)	150~200℃ (亿 GJ)	>200℃ (亿 GJ)	小计 (亿 GJ)
部分化学原料及化学制品制造业	氯碱、合成橡胶、聚苯乙烯、聚氯乙烯	—	10.0	27.0	0.8	37.8
纺织业	纱、布	3.3	2.5	—		5.7
造纸和纸制品业	纸浆、纸板	0.2	4.0	—		4.2
农副食品加工业	糖	0.2	3.4	—		3.6
食品制造业	乳制品	0.8	2.3			3.1
化学纤维制造业	涤纶	—	—	—	2.9	2.9
医药制造业	中成药	1.8	0.5		0.4	2.7
酒、饮料和精制茶制造业	果蔬汁	1.4	0.5			1.9
橡胶和塑料制品业	轮胎、塑料	0.1	1.1	0.4		1.6
小计		7.7	24.2	27.4	4.1	63.5

医药制造业主要产品为化学原料药、中成药等。2020年我国的中成药产量为244.88万t。制药主要流程包括：前处理、反应提取、浓缩、制剂和污水处理，主要用蒸汽环节包括反映提取、浓缩和制剂，温度需求大部分在150℃以下。

橡胶及塑料制造业的主要产品为轮胎和塑料制品。轮胎制造的工艺流程为炼胶、压延、压出、裁剪、成型、硫化和检测。主要用蒸汽环节包括压延、压出和硫化，温度需求集中在150℃以下。

造纸和纸制品业的生产流程为漂白、提炼和筛选、网部、压榨、干燥和成形。主要用热环节包括漂白和干燥，温度需求集中在150℃以下。

综合这九类行业的用热需求，发现现状非流程工业的93%的用热需求都集中在200℃以下，50%的用热需求都集中在150℃以下，这部分用热需求完全可以考虑使用热泵和其他低碳热源等来解决。其中化工原料及化学制品制造业的 26% 的用热需求集中在 150℃ 以下，除化工外，其他非流程工业的用热需求的 86% 集中在 150℃ 以下。

图 2-36 依据主要产品的生产过程的温度需求，对九大类非流程工业的温度需求进行拆分。

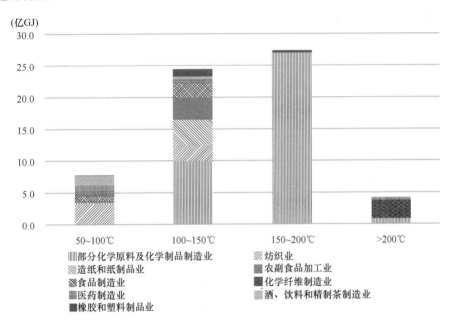

图 2-36　2020 年非流程工业用热温度需求结构

注：此图可扫目录中的二维码查看彩图版。

对于化工、食品工业、轻工业，其特征为：①产品种类繁多，用能相对分散，下游需求复杂，难以用具体产品产量量化行业用能需求；②高增加值行业，是未来第二产业增加值的主要组成部分，可基于行业增加值进行未来能耗需求预测。因此本研究主要参考现有不同发达国家的状况，并结合我国未来对于制造业强国的定位，确定 2050 年行业增加值结构及单位增加值能耗。同时梳理行业关键的化石能源替代措施，基于可行性分析规划未来的推广率，并最终得到不同情景下的行业用能。最终估算结果为 2050 年这四大类行业的用热需求为约 125 亿 GJ，其中低于 150℃ 以下的用热需求约 76 亿 GJ。

2.3   生活热水供热及功能建筑用蒸汽

2.3.1   生活热水供热

1. 生活热水需求分析

（1）住宅建筑生活热水需求

根据《中国人口和就业统计年鉴—2021》，2020年中国城镇人口数约为9亿人（图2-37）。实际工程案例调研中居民热水用量约为20～40L/（人·天）❶，取每人每天20L的生活热水用量，考虑混水后温度约40℃[8]，取自来水温15℃，估算得到城镇住宅生活热水总需热量约6.9亿GJ。

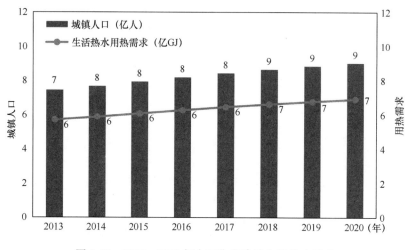

图2-37   2013—2020年全国住宅建筑生活热水需求

（2）学校生活热水需求

根据《中国教育统计年鉴2020》，2020年全国共有各级各类学校53.71万所，在校生2.89亿人，专任教师1792.18万人。由于近年来教育部不再公布寄宿生人数，因此按照宿舍面积对教师、学生的寄宿人数进行估计。小学、初中、高中的教师周转宿舍面积合计约5900万 m²，小学、初中、普通高中、中等职业学校、高等教育学生宿舍面积总计约6366万 m²。按照教师周转宿舍人均面积35m²，学生宿

---

❶   清华大学建筑节能中心. 中国建筑节能年度发展研究报告2021（城镇住宅专题）[M]. 北京：中国建筑工业出版社，2021.

舍人均面积 8m²，估算得教师住宿人数约为 169 万人，约占教师总人数的 9.4%，学生住宿人数 7957 万人，约占学生总人数的 27.5%。取每人每天 35L 的生活热水用量，估算得到学校宿舍生活热水总需热量约 0.89 亿 GJ。

（3）医院生活热水需求

根据《2021 年我国卫生健康事业发展统计公报》，2020 年，中国医院床位数 741.3 万张，病床使用率 72.3%，卫生人员数 847.8 万人。取病人每床位每天 70L 的生活热水用量，医务人员每人每天 65L 的生活热水用量，估算得到医院生活热水总需热量约 0.34 亿 GJ。

（4）酒店生活热水需求

根据国家统计局统计数据，2020 年，中国酒店客房数约 450 万间，床位数约 715 万位。根据《2013 年度全国星级饭店统计报告》～《2020 年度全国星级饭店统计报告》，2013—2019 年期间，酒店平均出租率约 55%，2020 年受新冠肺炎疫情因素影响，平均出租率下滑到 39%。取每人每天 110L 的生活热水用量，估算得到酒店生活热水总需热量约 0.12 亿 GJ。

对以上所有类型建筑的 2020 年的生活热水需求量进行汇总，如表 2-17 所示。各类型建筑总生活热水需求量约为 8.3 亿 GJ。

生活热水需热量估算

表 2-17

建筑类型	人均生活热水用量		基础参数			生活热水用量	
	数值	单位	指标	数值	单位	数值	单位
城镇住宅	20	L/（人・d）	全国城镇人口	9	亿人	6.9	亿 GJ
学校建筑	35	L/（人・d）	学生、教师住宿人数	8126	万人	0.89	亿 GJ
医院建筑	70	L/（床・d）	实际使用床位数	536	万张	0.14	亿 GJ
	65	L/（人・d）	医务人员数	848	万人	0.2	亿 GJ
酒店建筑	110	L/（床・d）	实际使用床位数	279	万张	0.12	亿 GJ

2. 生活热水供热现状

城镇用生活热水按建筑类型分为住宅用生活热水和公建用生活热水，按供热方式分为集中供热和分散供热两种类型。

（1）住宅建筑生活热水供热现状

住宅生活热水供热方式分为集中生活热水和分散生活热水两种类型。目前我国住宅大部分采用分散生活热水系统，采用集中生活热水系统的占比较小。

集中生活热水系统热源形式主要为燃煤锅炉、燃气锅炉和热泵。采用集中生活

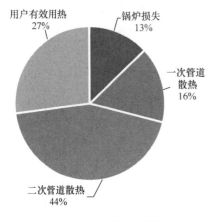

图 2-38　典型日热量拆分

热水供应系统时，居民平均日热水用量[9]为 45～60 L/（人·d）。以北京某集中供生活热水小区为例[9]，建筑面积 9.86 万 m²，采用燃气锅炉提供小区内五栋高层建筑的热水。该小区生活热水典型日热量拆分如图 2-38 所示，总用热量为 6.5GJ/d，用户有效用热仅占 27%，而一二次管道散热占比高达 60%，有效热利用率偏低。将北京的七个集中供生活热水小区与分散供生活热水小区对比，集中生活热水系统有效热利用率均低于分散生活热水系统，主要原因是输送管网散热量巨大，尤其是二次管网的散热量，占总能耗的 35%～56%。

将该小区与北京其他集中供生活热水小区对比，有效热利用率与户日均用水量的关系如图 2-39 所示，户日均用水量越大，有效热利用率越高。当户日均用水量较高时，集中供生活热水系统才具有一定的优势，而当户日均用水量较低时，分散供生活热水系统具有很明显的经济性和节能性。

分散生活热水系统热源形式主要为电热水器、燃气热水器、太阳能热水器，采用分散生活热水系统时，居民平均日热水用量[10]为 30～40 L/（人·d）。根据国家统计局的数据，2020 年居民每百户热水器拥有量达到 90.4 台，其中城镇居民每百户热水器拥有量为 100.7 台，城镇居民热水器拥有量仍呈增长趋势，

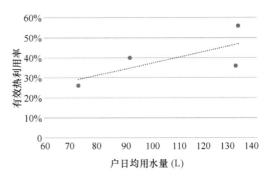

图 2-39　有效热利用率与户日均用水量的关系图

如图 2-40 所示。全国各类热水器占比如图 2-41 所示，目前分散生活热水多数采用电热水器，占热水器总量的 59%，相比于 2005 年占比（31%）增长较大，其次为燃气热水器，占总量的 36%，相对 2005 年（57%）占比相对减少。

（2）学校建筑生活热水供热现状

学校生活热水主要供应学生洗浴用水和饮用水，部分学校还需供应食堂等建筑。供应方式主要有三种：集中供热水方式，即集中热源为所有建筑供热水；局部

集中供热水方式，每栋楼或几栋楼有各自热源；分散供热水方式，每个房间使用户式热水器供应热水。

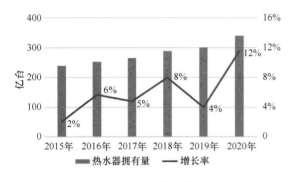

图 2-40　城镇居民户式热水器拥有量

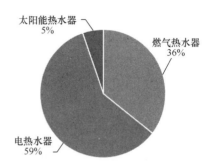

图 2-41　全国居民各类户式热水器占比

据统计，大学生人均能耗和水耗是全国居民人均水平的 4 倍和 2 倍[11]，学校生活热水系统有很大的节能潜力。目前，学校生活热水系统热源主要有燃气锅炉、太阳能热水系统、空气源热泵、分体式电热水器等。目前，南方地区多采用分体式电热水器或空气源热泵供热水，北方多数学校采用燃气锅炉进行供热，燃煤锅炉由于污染严重已经逐渐被淘汰，部分学校将发电机组冷却余热等余热资源作为热水热源。此外，污染小、节能效果好的空气源热泵、太阳能热水器得到快速发展，并在许多学校应用于生活热水供应。

南方某大学[11]采用统一制备热水、校内大循环的方式，管网散热量占到供热量的 43.3%，采用单体内独立制备热水、幢内循环的方式，管网散热量占到供热量的 17.4%。

（3）医院建筑生活热水供热现状

医院生活热水大多数由燃气或燃油锅炉提供，以天然气为主要能源形式，并且由于医院有消毒、洗衣等特殊功能用蒸汽，以蒸汽锅炉为主要供热形式。小部分医院也使用市政热水或市政蒸汽间接换热产生热水。部分大中型医院为了减少燃料消耗及降低运行成本，也采用太阳能热水器等可再生能源供给生活热水。

以上海市某三甲医院为例，该医院总建筑面积 85144m²，设有 3 台蒸汽锅炉、2 台热水锅炉。在测试期间，热水锅炉产出热水供给新大楼空调及生活热水使用，蒸汽锅炉产出蒸汽为其他部门供汽供热。其中，血液中心生活热水系统还设有太阳能热水器对生活热水回水进行预热，但实测时并未工作。各部门每天单位面积蒸汽用热如图 2-42 所示。以血液中心为例，如图 2-43 所示，血液中心的蒸汽用热中，蒸汽输配热损失占到 24％，生活热水输配热损失占到 27％，生活热水实际用热占比仅为 49％。

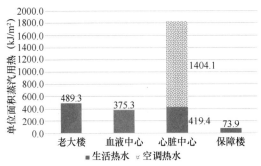

图 2-42 单位面积蒸汽用热情况   图 2-43 血液中心生活热水供热现状

对全国四个地域共 21 家三甲医院进行生活热水供热方式调研，其中，严寒地区 6 家，寒冷地区 5 家，夏热冬冷地区 6 家，夏热冬暖地区 4 家。经调研，9 家医院使用燃气蒸汽锅炉，3 家医院使用燃气热水锅炉，1 家医院使用燃油蒸汽锅炉，2 家医院使用溴化锂直燃机，3 家医院使用电热水器，9 家医院使用可再生能源（5 家使用太阳能热水器、3 家使用空气源热泵、1 家使用水源热泵）。分地域医院生活热水供应方式如图 2-44 所示。

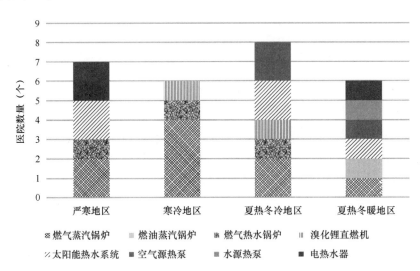

图 2-44 分地域医院生活热水供应方式对比

注：此图可扫目录中的二维码查看彩图版。

由图 2-44 可以得出，在我国严寒和寒冷地区，由于气候寒冷，医院生活热水的主要供热方式为锅炉、溴化锂直燃机和电热水器，还有小部分太阳能热水系统，可再生能源利用较少。在我国夏热冬冷地区，除了锅炉、溴化锂直燃机之外，医院可再生能源供热所占比例明显增大。在我国夏热冬暖地区，由于气候较为温暖且太阳能资源较为丰富，可再生能源（如：太阳能、水源、空气源等）利用比例相比夏热冬冷地区进一步增大，各种供热方式几乎均匀分布。

（4）酒店建筑生活热水供热现状

酒店生活热水多为 24 小时供应，热源形式主要包括空气源热泵、燃气锅炉、太阳能热水器和电热水器等。目前，大型、高星级酒店多数采用燃气锅炉作为主要热源，同时设有空气源热泵或太阳能热水器作为辅助热源对生活热水进行预热。部分酒店采用常压式热水锅炉＋换热器，是目前比较常见的供热方式；由于酒店的洗衣房有蒸汽需求，部分酒店采用燃气蒸汽锅炉，通过汽-水换热器换出生活热水，少数酒店供暖季用市政热网换出生活热水，非供暖季用自备锅炉。真空热水锅炉内置换热器，能直接出所要求温度的热水，是目前酒店宾馆供热领域的新趋势。

以上海某酒店为例[12]，该酒店使用燃气热水锅炉为客房等提供中温热水，而厨房需要的高温热水由分散热水设备提供，洗衣房等需要的蒸汽由分散燃气蒸汽锅炉提供。该酒店每天提供客房等中温生活热水所消耗的燃气为 18.8GJ，而用户侧每天消耗的能耗仅为 5.8GJ，该酒店每天供客房生活热水燃气能耗分配如图 2-45 所示。

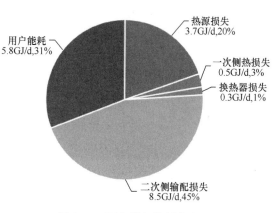

图 2-45　酒店燃气能耗分配

该酒店客房生活热水系统的热源能耗绝大部分在输配过程中损失掉了，其中二次侧输配损失最多，占总耗热量的 45％。

2.3.2　医院用蒸汽供需分析

1. 医院用蒸汽需求

截至 2020 年底，全国医院建筑面积 7.60 亿 m²，约占全国公共建筑竣工面积的 5.4％。医院因其特殊的医疗服务属性，用热需求比较复杂，用热分项主要包括供暖系统、生活热水系统、消毒供应室蒸汽系统、洗衣房以及食堂蒸汽或热水系统。典型特点是各分项热品位不同，且热负荷特点也差异较大。供暖系统、生活热水系统的供热需求已经在以上小节分析，本小节主要对特殊功能（消毒、洗衣、炊事）的消耗蒸汽热量进行分析，并以此估算全国范围内医院特殊功能的消耗蒸汽热量。

消毒供应室、洗衣房、营养部消耗蒸汽热量主要分别与手术人次、使用床位（床位数×病床使用率）、用能人数（用能人数＝日就诊人数＋床位数×病床使用率＋卫生人员数）相关。实地调研位于全国严寒、寒冷、夏热冬冷、夏热冬暖四个地区的使用燃气蒸汽锅炉提供特殊功能用蒸汽的6家三甲医院的各分项年消耗蒸汽热量数据，分别如图 2-46～图 2-48 所示。

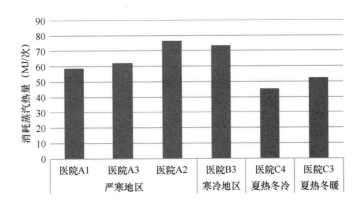

图 2-46　消毒供应室每手术人次消耗蒸汽热量

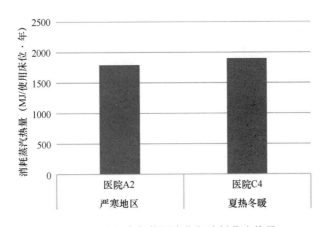

图 2-47　洗衣房每使用床位年消耗蒸汽热量

由于消毒供应室、洗衣房、营养部消耗蒸汽量与地域相关性不大，对各个医院

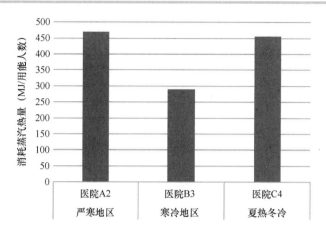

图 2-48 营养部每用能人数年消耗蒸汽热量

的蒸汽消耗热量取平均值，得到各分项年消耗蒸汽热量分别为：62MJ/手术人次、1854MJ/（使用床位·年）、405MJ/（用能人数·年）。根据《2021 中国卫生健康统计年鉴》，2020 年我国使用床位数、日均就诊人数、卫生人员数、住院病人手术人次分别为 516 万张、907 万人、811 万人、6325 万人次，计算得出，消毒供应室、洗衣房、营养部用气设备实际年消耗蒸汽热量分别为 388.96 万 GJ、955.87万 GJ、905.39 万 GJ，合计 2250.22 万 GJ。按照蒸汽全部由燃气锅炉提供且燃烧效率最优为 95%，燃气热值 36MJ/Nm^3，2020 年全国医院特殊功能用气消耗的燃气量为 6.58 亿 Nm^3。

2. 医院供蒸汽现状

目前，医院特殊功能用蒸汽大多使用蒸汽锅炉，少部分使用市政蒸汽。由于市政蒸汽输送至医院时凝结水过多且存在污染风险，故一般通过间接换热制取清洁蒸汽用于消毒、洗衣等特殊功能。总体来看，很多医院用热系统的解决方案是就高不就低，设置一套蒸汽锅炉以满足所有品位的用热，由此带来整体用热效率低下。医院最初一般采用的是燃煤蒸汽锅炉，随着能源结构的改变和环境的要求，医院基本都已将燃煤蒸汽锅炉改造成燃气蒸汽锅炉。

有研究表明，北京市 21 家市属医院中只有 1 家完全使用市政热水，其余 20 家医院均使用锅炉满足医院日常供热需求，按照锅炉类型分类之后，这些锅炉中蒸汽锅炉占比高达 74%；按照燃料类型进行分类，燃气锅炉占比高达 85%[13]。据调研，在全国夏热冬冷、夏热冬暖、严寒、寒冷四个气候区的 26 家三甲医院中，有22 家使用蒸汽锅炉，其中属于夏热冬冷地区的有 7 家，夏热冬暖地区的有 4 家，严寒地区的有 6 家，寒冷地区的有 5 家。在这 22 家医院中，除了 1 家使用燃煤蒸汽锅炉，1 家使用柴油蒸汽锅炉外，其余 20 家医院均使用燃气蒸汽锅炉，部分医院单位建筑面积的燃气蒸汽锅炉的耗气情况如图 2-49 所示。

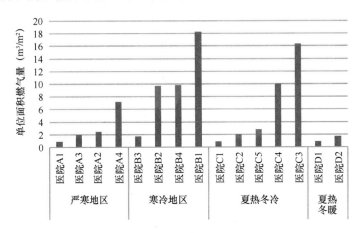

图 2-49　医院单位建筑面积集中式燃气蒸汽锅炉耗气量

不同医院的蒸汽锅炉用热效率差别较大，除了受到蒸汽管道保温等日常维护程度不同的影响外，主要和蒸汽用途有关。这里根据蒸汽锅炉的使用用途将医院分为四类。第一类：用途仅限于消毒供应室的医院；第二类：用途不止于消毒供应室但不用于生活热水和供暖的医院；第三类：用途包含生活热水但不包含供暖的医院；第四类：用途包含生活热水和供暖的医院。各类医院的各分项的用热情况如下表。由表 2-18 可知，第一类医院蒸汽用热损失最小，第三类和第四类医院直接用蒸汽换出热水用于生活热水和供暖，根源上是对热源品位的浪费，应尽量避免。

分地域医院各分项用热比例 表 2-18

医院分类	区域	序号	各分项用热比例（%）					
			消毒	洗衣房	营养部	生活热水	供暖	热损失
第一类	夏热冬冷	C1	70	—	—	—		30
	夏热冬暖	D1	80	—	—	—		20
第二类	严寒地区	A2	11	19	33	—		37
	寒冷地区	B3	29	—	18	—		53
第三类	严寒地区	A1	23	—	—	11		66
	寒冷地区	B2	1	—	—	27		72
第四类	夏热冬冷	C3	3	—	—	33	19	45
	夏热冬冷	C4	2	8	8	20	20	42

2.3.3 酒店用蒸汽供需分析

1. 酒店用蒸汽需求

截至 2020 年底,全国酒店建筑竣工面积 6.23 亿 m^2,约占全国公共建筑竣工面积的 4.4%,酒店用蒸汽主要集中在洗衣房。洗衣房主要用蒸汽设备包括平烫机、烘干机和脱水机。

酒店洗衣房蒸汽用途主要为客房用品洗涤、客人衣服洗涤、员工制服洗涤。以深圳市某五星级酒店为例,该酒店现有建筑面积 4.9 万 m^2,采用 5 台额定蒸发量为 430kg/h 的燃气蒸汽发生器提供洗衣房日常用蒸汽。各部分洗涤量如表 2-19 所示。可以看出,洗衣房主要消耗蒸汽的环节为客房用品洗涤。

深圳某五星级酒店各部分洗涤量统计 表 2-19

客房用品洗涤			
标准客房数量（间）	客房入住率（%）	每房间洗涤量（kg/d）	洗涤量（kg/d）
288	60	4.9	843.3
客人衣服洗涤			
住房客人数（人）	住房客人洗衣率（%）	每套衣服重量（kg）	洗涤量（kg/d）
346	10	0.5	17.3
员工制服洗涤			
员工人数（人）	湿洗次数（天/次）	每套制服湿洗重量（kg）	洗涤量（kg/d）
600	2.5	0.4	96.0
合计			956.6

据统计,该酒店每天洗衣消耗蒸汽总量为 6641.25kg/d。按照全年 365 天开放,则单位建筑面积的年蒸汽消耗量为 48.92kg/ （m^2·a）。该酒店共有 288 间标准间,入住率为 60%,按照全年 365 天开放,故单位使用床位数的年蒸汽消耗量为 7033kg/ （使用床位·a）。

截至 2020 年底,全国酒店建筑面积 6.23 亿 m^2,按照面积估算得到全国酒店每年洗衣的蒸汽消耗量为 3040.62 万 t。根据国家统计局的数据,2020 年全国星级酒店总床位数为 719 万张,若按照案例酒店的入住率 60% 计算,则全国酒店每年洗衣的蒸汽消耗量为 3034.15 万 t,与按照建筑面积估算结果基本相同。受新冠肺炎疫情因素影响,根据《2020 年度全国星级饭店统计报告》,2020 年全国星级酒店平均出租率下滑到 39%。按照现状入住率 39% 计算,2020 年全国酒店洗衣的蒸汽消耗量为1972.20万t。

按照蒸汽为0.7MPa的饱和蒸汽，自来水供水温度20℃计算，2020年全国酒店洗衣用气设备实际消耗蒸汽热量分别为5281.79万GJ。按照特殊功能用蒸汽全部由燃气锅炉提供，燃气燃烧效率为95%，燃气热值36MJ/Nm³，2020年全国酒店特殊功能用气消耗燃气量为15.44亿Nm³。

2. 酒店供蒸汽现状

目前，酒店用蒸汽大多使用蒸汽锅炉，北方少部分酒店使用市政蒸汽，热泵供蒸汽在酒店应用很少。

以上海浦东新区某五星级酒店为例[14]，3台7t/h的燃气蒸汽锅炉为供暖、生活热水和洗衣房设备提供热源。锅炉的运行参数为：蒸汽压力0.7MPa，蒸汽温度180℃，排烟温度200℃。酒店主要能耗包括电和天然气。电力消耗占69%，天然气消耗占31%，其中天然气主要用于蒸汽锅炉和厨房灶具等设备，各个用能环节用气占比如图2-50所示。

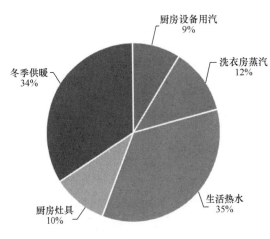

图2-50　各个环节用天然气占比

由于该酒店生活热水系统的热源为蒸汽锅炉，蒸汽输送至冷冻机房的换热器制取50~55℃生活热水，存在比较严重的品位浪费。根据相关推算，蒸汽锅炉制热效率仅为70%左右，考虑到天然气价格、换热器及输送管路热损耗，制热成本大约为175元/GJ。如果以热泵代替蒸汽锅炉，其制热成本约为78元/GJ，远低于锅炉制热成本，可以大大降低生活热水费用。

该酒店洗衣房、厨房用气设备均由蒸汽锅炉通过管道输送供应蒸汽，蒸汽输送距离较长，损耗严重。同时，生活热水和供暖系统被热泵等其他供热形式替代后，锅炉负荷降低，蒸汽锅炉长期处于低负荷运行状态，产蒸汽效率低。因此考虑用燃气型蒸汽发生器取代蒸汽锅炉为洗衣房、厨房提供蒸汽。目前蒸汽锅炉制热效率仅为70%左右，其消耗1t蒸汽需要消耗约110m³天然气，改用蒸汽发生器后锅炉热效率可高达95%以上，供应1t蒸汽需要消耗天然气约75m³，大大降低供应蒸汽的费用。

针对医院、酒店建筑目前集中式蒸汽锅炉存在蒸汽质量差、凝水多，不利于消毒灭菌，并且供热效率低下的问题，未来建议对各分项采用分散式加热系统，具体建议如下：

（1）通过汽-水换热器换出热水用于生活热水和供暖的方式存在高能低用情况严重的问题，后续考虑通过热水锅炉替代蒸汽来为生活热水和供暖提供热源，也可因地制宜利用当地丰富的可再生能源供热，如：空气源热泵、水源热泵、太阳能等。

（2）针对目前集中式蒸汽锅炉存在蒸汽质量差、凝水多，不利于消毒灭菌，并且供热效率低下的问题，未来建议对各分项实施分散式加热系统。对于消毒供应室，建议就近安装小容量燃气蒸汽锅炉（蒸汽发生器）、热泵型蒸汽发生器等，可随时开启锅炉制备蒸汽。对于洗衣房，建议就近安装蒸汽发生器或采用电烘干专业洗衣设备。对于厨房，建议单独配置专用蒸汽炉。

蒸汽冷凝水温度一般较高，建议通过加热回收装置予以回收，例如：酒店的洗衣房设备产生的冷凝水热量直接排放到大气中会产生 13% 甚至更多的蒸汽热量浪费[15]。

2.4　中国城镇供热需求

进一步通过统计数据对各类用热需求的现状热源进行具体分析，结果如图2-51所示。截至 2020 年年底，城镇供热热源结构仍以燃煤热电联产为主，燃煤热电联产和燃煤锅炉房分别占比 37% 和 20%，燃气热电联产、燃气锅炉房和分散燃气供热分别占比 2%、23% 和 4%，燃油锅炉占比约 4%。其他非化石能源热源占比 10%，包括地源热泵（含地表水、地下水、污水源等）2%、生物质（含热电联产、锅炉房等）1%、工业余热 1% 和其他热源（其他类电热泵、电锅炉、太阳能等）6%。

目前我国北方城镇建筑供暖面积 156 亿 m^2，主要由集中供热系统提供热量，约需要热量 59.5 亿 GJ，而长江流域有供暖需求的建筑面积约 277 亿 m^2，主要采用分散性热泵、各类分散性锅炉或电热进行供暖。未来北方城镇集中供热建筑将增加到约 218 亿 m^2，而农村和南方非集中供热建筑将增加到 350 亿 m^2。考虑到长江流域的建筑由于热量需求密度低，未来主要以分散电动热泵为主，而北方城镇建筑

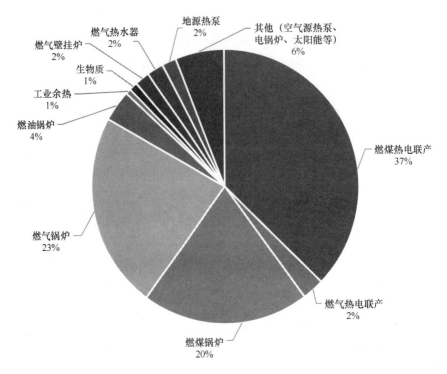

图 2-51   中国城镇地区供热热源现状

则维持由集中供热系统提供热量。2020 年北方集中供热平均单耗为 0.377GJ/m²，通过进一步的建筑节能改造，预计 2050 年热源侧单耗可以降低到 0.25GJ/m²。这样，北方集中供热需要的热量为 54 亿 GJ。长江流域建筑平均需热量为 0.06GJ/m²（考虑地域广阔，平均之后的值），350 亿 m² 需要的热量为 21 亿 GJ。

除供暖外，生活热水是所有建筑都需要的热量。考虑生活热水主要是服务于人，所以按照未来人口总量和人均用热水量即可获得。实际调查结果我国居民人均用生活热水量不到20L/（人·d），以 20L 为基础对未来需求进行预测。对于医院、洗衣房、食堂等需要的蒸汽量，统计后发现其远小于生活热水用热量，故可以忽略不计。由此得到生活热水类用热量为 8.5 亿 GJ/年。由于这些生活热水需求位置分散、时间分散，所以应采用分散的电动热泵或直接电热方式制备，不宜由集中供热系统提供。

2020 年非流程工业用热需求约 80 亿 GJ，其中约 50% 的用热需求都集中在 150℃以下，总量约 40.4 亿 GJ，主要采用锅炉或热电联产进行供热。参考现有不同发达国家的状况，并结合我国 2050 年行业增加值结构，估算 2050 年非流程制造

业的用热需求为约 125 亿 GJ，其中低于 150℃以下的用热需求约 76 亿 GJ
（表 2-20）。

　　总的来看，中国未来仍然有着巨量的城镇用热需求，其中 179 亿 GJ 的热量宜
通过集中方式提供，29.5 亿 GJ 的热量需要可分散方式提供。

2050 年城镇用热需求估计　　　　　　　　　　　表 2-20

用热类别	集中方式提供		分散方式提供
	150℃以下的热量（亿 GJ）	150℃以上的热量（亿 GJ）	（亿 GJ）
非流程制造业	76	49	—
北方城镇建筑供暖	54	—	—
长江流域建筑供暖	—	—	21
生活热水	—	—	8.5
总计	130	49	29.5

本章参考文献

[1] 许利峰."十三五"以来北方供暖地区居住建筑节能改造进展与启示[J].住宅产业，2020
　　（8）：36-40.

[2] 罗奥.集中供热节能政策机制与关键问题研究[D].北京：清华大学，2021.

[3] Wen Zheng，Yichi Zhang，Jianjun Xia，Yi Jiang. Cleaner heating in Northern China：poten-
　　tials and regional balances[J]. Resources，Conservation & Recycling，2020，160(C).

[4] 潘尔生，田雪沁，徐彤，等.火电灵活性改造的现状，关键问题与发展前景[J].电力建设，
　　2020(9).

[5] 王成福.我国地热能产业高质量发展模式研究[D].北京：中国地质大学（北京），
　　2020. DOI：10.27493/d. cnki. gzdzy. 2020.001510.

[6] 张建国，苏铭.推动长江经济带冬季清洁取暖 满足人民美好生活需要[J].中国能源，
　　2020，42(2)：21-24＋34.

[7] 张建国.碳达峰碳中和背景下推进供热低碳转型的路径思考[J].中国能源，2021，43(9)：
　　32-37.

[8] Lipeng Zhang，Jianjun Xia，Technical，economic and environmental investigation of using dis-
　　trict heating to prepare domestic hot water in Chinese multi-storey buildings[J]. Energy，
　　2016，116.

[9] 邓光蔚，燕达，安晶晶，等.住宅集中生活热水系统现状调研及能耗模型研究[J].给水排
　　水，2014，50(7)：149-157.

［10］　王珊珊，郝斌，彭琛，郭嘉羽，陈希琳，陆元元．居民生活热水使用情况调研与分析［J］．
　　　　建设科技，2016(16)：20-24.

［11］　杨丹丹．高校既有建筑节能改造技术决策分析——以江南大学教学楼改造项目为例［J］．
　　　　建筑经济，2019，40(6)：105-108.

［12］　刘畅．公共建筑用热系统节能设计与运行能耗评价研究［D］．北京：清华大学，2018.

［13］　王珊，肖贺，王鑫，齐明空．北京市 21 家市属医院基础用能设备能耗现状及节能建议
　　　　［J］．暖通空调，2017，47(2)：48-53.

［14］　杨青，吴辉．某五星酒店综合节能改造分析［J］．现代建筑电气，2016，7(12)：42-46＋52.

［15］　林志年．宾馆供热节能新途径［J］．上海节能，2005(2)：8-10，14.

第3章 双碳背景下我国城市供热发展思辨

3.1 双碳背景下我国城市能源的思考

2020年我国提出碳达峰、碳中和目标，主要任务是由化石能源为主的能源结构向零碳能源转型。围绕这一任务，全社会正在多领域开展以减碳为目标的能源变革工作，包括化石能源生产转型，基于零碳发电的新型电力系统构建，化石能源为燃料的工业生产流程变革与转型，交通的低碳转型，以及建筑运行用能的低碳转型等。鉴于风、光等可再生能源资源利用的特点，以上工作需要更加强调能源生产与消费之间的整体性、能源供需的相互支撑和互动。众所周知，城市是能源消费的主体，无论建筑、交通，甚至一些能耗大的工业，作为主要的能源消费对象，大多集中于城市及周边，城市是"双碳"的主战场，城市能源供给系统该如何发展对于"双碳"目标实现至关重要。

随着煤炭燃料和燃油汽车未来逐步减少，城市能源供给系统主要面对如下能源需求：

（1）电力需求，包括城市建筑、工业、交通和其他市政设施用电需求。

（2）热力需求，包括建筑供暖、生活热水用热以及某些特殊功能建筑（如医院）对蒸汽的需求，工业用热需求，主要是非流程制造业（机械制造、电子、纺织、印染、皮革、造纸、食品、制药、橡胶、塑料成型等）生产过程中对热量的需求（循环热水方式和蒸汽方式）。

（3）天然气需求，主要用于：①民用炊事和生活热水的燃料；②满足建筑供暖和工业供热的锅炉或热电联产电厂的燃料；③驱动部分车辆的动力燃料；④某些工业过程的燃料；⑤某些化工生产过程的原料；⑥部分火电的燃料。

为满足以上能源需求，城市能源供给系统主要有城市电力输配、燃气供给和热力供给（包括城市供暖和工业供热）三大系统。长期以来，这三大系统都是各自独立：独立的系统，独立的管理，独立的运行调节。而围绕能源转型的目标开展研究，就会发现这三大供给系统在碳中和愿景下其结构将出现彻底的变化，且需要相互协同、相互支持。不能再把电力、燃气、热力的供给割裂分开，而必须放在一个统一的平台下进行彻底的研究、反思，必须把城市能源供给系统作为完成低碳供能这样一个总的任务的一个整体系统进行研究、规划，才能科学地确定系统的发展方向。

城市能源系统包括从一次能源向终端用能形式的转换，从供给源向需求侧的输配，以及终端的接收和转换，而可能的碳排放将主要产生于城市能源供给系统的能源转换过程中，这应该是研究如何全面实现碳中和目标的关键。从城市能源消费终端角度，电力和热力并不存在碳的直接排放，天然气则成为城市能源终端消费直接碳排放的主要来源。由于天然气是化石能源同时也是重要的温室气体，不仅燃烧会排放二氧化碳，作为温室气体直接泄漏也会导致十余倍的温室效应，尽可能避免使用天然气是实现碳中和的重要任务之一。

在与建筑相关的天然气应用领域，完全存在电力和热力取代燃气的可能性。炊事用电取代燃气已在很多家庭中从煮饭开始延伸至炒菜，有逐步全面发展电烹饪的趋势，虽然炊事在日内几个时段的集中用电会导致用电高峰，但通过用户端电动汽车电池充放电（Vehicle to Building，V2B）和建筑储能等技术可解决这一问题。生活热水由电替代燃气成为未来方向已毋庸置疑，而城市供暖甚至工业蒸汽供热也可通过电力和热力取代燃气实现，避免用能终端的直接碳排放。天然气作为汽车等交通工具的燃料也将会逐步通过电气化来替代。因此，上述天然气需求①、②、③领域的燃气都将被替代，而在④、⑤、⑥的工厂、电厂等特定场合，除了一些用于工业过程作为燃料的天然气可以用电替外，需要保留少量天然气用于作为化工原料，以及为给电网季节调峰和安全备用的火电厂提供燃料。这些工业和电厂用气集中，可设置专用燃气输送设置，而城市内主要面向建筑需求的遍及全域的燃气管网很可能将被逐步取消，城市燃气网就不再成为城市能源供给系统的主要构成了，城市能源供给系统的核心就变成电力供给和热力供给，碳中和场景的未来城市终端主要能源消费将来自于电力和集中提供的热力。这样一来，城市可能的碳排放将主要产生于电力供给系统的发电过程中和热力供应的热量制备过程中，如何实现发电和热源的转型成为全面实现城市能源供给系统碳中和目标的关键，这也是本报告研究讨论的重点。

3.2 城市电力供给系统如何保障零碳电源 ——新型电力系统的电源转型

随着城市中燃油和天然气等化石能源逐步被替代，电能在城市的利用将更加广泛。然而，电能虽然没有直接碳排放，但我国发电来源目前仍然以高碳排放的火力发电为主。因此，电源的零碳转型是构建新型电力系统的基础，是城市电力供应系统实现碳中和的关键所在，是零碳能源系统的核心。

未来风电、光电、水电等可再生能源以及核电将逐步替代燃煤电厂，成为电网的主要电源，而可再生能源发电区别于火电的显著特征是风、光、水等发电量取决于自然界气候条件，太阳能光照强度高、风力大的时间发电量多，反之，晚上、阴天下雨、无风的时间发电量少或根本不发电。传统电网的构架和运行调度模式就会使得电力供需不平衡的矛盾突出，需要发电与需求之间建立"荷随源动"的关系，即电力负荷需要随着发电量而改变，包括动态调整用电量和储能，形成电力系统的源网荷储一体化。因此，城市作为主要的电力消费者，通过动态改变电力需求，保障对可再生能源发电的有效消纳，是实现电力碳中和的核心内容。

电力动态供需平衡可分解为短周期和长周期两部分，对于短周期平衡，主要指日内电力的供需问题，是目前社会关注的焦点。通过抽水蓄能、空气压缩储能，以及化学储能、重力和惯性储能等可以有效解决部分短周期的电力供需平衡问题，而通过终端用能的灵活性和柔性改造，尤其是建筑和通过智能有序的充电桩系统与电动车连接，共同组成的柔性建筑用能终端，将在很大程度上实现城市电力供给系统短周期供需平衡，从而保障城市电力消费的零碳化。然而，对于电力长周期问题，尤其是季节性可再生能源发电与需求之间的不平衡矛盾，以上这些蓄能和调节的措施很难发挥作用，需要另外的有效解决途径。

从季节性资源分布看，全国整体上风电资源春冬季最为丰富，发电量大，夏季相对较小。对于太阳能发电而言，我国地处北半球，由于日照强度和日照时间的差别，光伏发电夏季能力相对较强，冬季相对较弱，季节性发电的差异还受光伏板安装倾角的影响，总体上发电量夏季大于冬季。水力资源我国夏秋季丰富，径流式水力发电量也是夏秋明显大于冬春季，对于具有较大库容的水力发电，可以根据季节性电力平衡调度发电量，应该是未来电力长周期储能的有效措施，但目前这种电站在水电站中占小，可以起到的长周期储能作用有限。同时，我国黄河流域上游尽管有丰富的蓄水能力，但由于冬季防止冰凌灾害的原因，要严格限制冬季的黄河水量，从而也使得黄河流域水电冬季发电功率远低于装机容量。核电的特点是投资较大而运行成本较低，适合于承担基本负荷，全年发电量基本上平稳。将这些发电方式按照我国资源量组合在一起得到全国零碳电源总体发电量全年的变化情况，可以得到：春季因风光电出力较大而较高，冬季由于水电和光电较小而较低，而夏、秋二季居中。

再从全年电力负荷分布看，呈现出明显季节差别，即冬夏是电力负荷的高峰，而春秋是低谷，这与当前我国电力负荷特点基本一致。冬夏两季的电力高峰主要是建筑空调和供暖用电所导致的。通过加大风电光电的装机容量，可以使上述零碳电源发电总量和电力负荷全年总量相等，但这时就会出现春秋季大量弃电，而冬夏电量不足。解决这一电力供需季节不平衡问题大致可以通过四个途径，一是储能，二是进一步增加零碳发电装机，三是保留一部分火力发电并通过 CCS❶ 回收其排放的二氧化碳，四是改变电力需求。

对于第一个途径即储能，由于属于跨季节的长周期储能，每年电能的蓄放次数仅一到两次，采用抽水蓄能、化学电池储能等适合于短周期储能的方式初投资就会非常高，在经济性上不适用。采用库容发电可解决季节期储电问题，通过发展具备库容的调节水电，将丰水季的水力资源通过水库存储起来用于枯水季发电，起到季节性储电作用。由于可利用天然地形，水库成本较低，使长周期储电经济可行。北欧等国家就是用这种方法有效地解决了电力季节性调峰问题难。然而我国水电资源占比较小，尤其是大容量水库型水力资源很少，只能解决不到四分之一的季节调节问题。储氢作为一种长周期储能方式，是当前储能领域研究的一个热点，通过将春秋季过剩的电能转化为氢能储存起来，或者转化为氨、甲烷或甲醇等更容易储存和运输的燃料用于冬夏季发电。但该转化过程效率太低、投资过大，经济性仍难以承受。

关于第二个途径，即增加风电、光电等零碳电力装机容量，以此来弥补冬夏季电力负荷高峰期发电不足，但其他季节也会因发电过剩而导致更多的风光弃电，这就大大减少了风光发电以及对应的短周期储能设备的利用率，使发电的综合成本大幅增加，因而增加可再生能源发电容量要适度，过多地依靠增加风光发电容量来填补冬夏电力不足、同时导致大量的弃风弃光也是不经济的。

---

❶　CCS：Carbon Capture and storage，碳捕获与封存。

第三个途径即保留一部分火电厂用于冬夏季电力调峰，发电所用的燃料可以是煤、天然气和生物质等，燃烧后烟气所排放的 CO_2 可采用 CCS 集中捕集。由于生物质燃料发电后再用 CCS 回收 CO_2 可视为负碳排放，因此只要火电中的生物质燃料达到一定比例，整体上火电发电上网就可实现零碳排放甚至负排放。分析表明，增加的 CCS 投资和运行成本低于制氢储氢成本，是相比于上述两个解决季节差途径在经济上更为可行的调峰方式。目前我国火力发电厂装机容量超过 11 亿 kW，在"碳达峰、碳中和"目标下，随着时间的推移将逐步关停单机 300MW 及以下小火电厂，600MW 及以上的大型燃煤电厂大多是近年来新上项目，会在未来较长时期作为长周期调峰电源存在。未来新建火力发电厂中，生物质和天然气电厂比例应逐步增加，承担电力深度调峰作用。由于对大规模集中燃烧烟气实施 CCS 的成本最低，煤炭、天然气等化石能源及生物质等将主要用于作为发电的燃料。

第四个途径是改变用电负荷需求，即在冬夏季减少用电量而在春秋季增加用电量，从而实现在季节上的"荷随源动"。为了消减冬季电力负荷高峰，尽可能采取能源效率更高的供暖方式，或者减少电供暖的规模。利用火电厂、核电厂以及其他工业排放的余热供暖，可以提高电动热泵的 COP，减少供暖电力消耗。由于季节储热成本相对较低，对于春秋季的弃风光发电，可以直接转化为热并可储存起来，用于冬季供暖。可以对于高耗电工业，比如电解铝、数据中心以及短流程电炉炼钢等，未来在一定程度上选择在春秋季增加其生产量，消纳季节性的弃电等。

未来电力系统的季节性供需不平衡问题，需要上述二、三、四途径联合解决，这将在第 4 章作详细的分析，在以下关于供热模式的思考中也将进一步讨论。

3.3　我国低碳供热面临的挑战

如何实现零碳供热是城市能源供给系统碳中和的另一关键议题。供热领域主要包括北方地区城镇建筑供暖和全国非流程工业生产用热的供应，目前热源三分之二来自于燃煤热电厂和燃煤锅炉，其余主要来自于天然气锅炉以及少量的燃气热电联产。北方供暖热源中还有约 10% 为各类电供暖、工业余热供热等其他热源方式。煤炭、天然气等化石能源仍然是我国供热的主要能源，如何实现供热领域的"双碳"目标，怎样获得零碳热源，通向碳中和的道路该如何走，都是需要认真思考的问题。

行业内首先关注的焦点是作为当前供热支柱的燃煤热源未来是否保存？虽然燃

煤锅炉房在近年来正逐渐关停或改为城市热网的调峰热源，但仍然还大量存在，在城市供暖和工业生产热量供应中仍然是主力热源。燃煤锅炉能源转换效率低、碳排放强度大，是未来"双碳"目标下首先要关停和替代的对象。燃煤热电厂如果能有效回收其排放的全部余热，则其能耗和碳排放相比燃煤锅炉有大幅度下降，未来的发展不仅要看是否有更加低碳、经济的供热方式替代，更应该从电力角度考虑燃煤火电厂对新型电力系统构建的作用。多数权威机构研究表明，以燃煤为主的火力发电厂将仍然在电力系统发挥不可替代的作用，这也就使得作为供热重要热源的热电厂仍然会在相当长的时期内存在。

虽然近年来国家和各地政府大力度推动天然气供热，但目前在多数城市应用较少，主要有以下两个原因：一是用气成本十分昂贵，使热用户和政府不堪重负，二是供气安全保障不足，特别是冬季供暖气源短缺问题频发。由于这种供热方式仍然要排放 CO_2，并且天然气本身也是一种温室气体，因此从缓解气候变化的要求看，天然气不是未来发展方向。北京"十四五"期间已明确新建建筑不再建设独立天然气热源就释放出这样一个信号。

碳中和对于未来化石能源使用的约束，使得包括电直热和电热泵等电气化供热得到高度重视。电直热是将电能直接转化为热能，例如普遍使用的电锅炉、电热膜、加热电缆等，这种供热方式投资小，对于消纳弃风弃光电力有益，但由于是高品位能源低品位应用，不符合能量品位对口梯级利用的基本原则，因此只要同一电网中有正在发电的火电，就不应该运行电直热方式。而电动热泵是从土壤、空气、江河湖海中提取低品位热量，通过热泵提升温度后加以利用，因而其能源利用效率高，单位电力可产生的热量是直接电热方式的数倍（用性能系数 COP 表达）。但是这种空气源、土壤源等自然环境低温热源可提供的热量密度低，对于高容积率的城市建筑，高密度地从空气或地下环境中取热，会严重影响周边自然环境，同时也难以保证足够的低温热量供给。而对工业供热而言，热负荷密度相比供暖更高，直接通过空气或土壤作为低品位热源很难满足要求。因此，这种空气源、地源电动热泵供暖方式更加适合于在建筑密度小的农村地区以及供暖负荷密度相对较低的南方城市应用。

2019 年，清华大学建筑节能研究中心针对北方地区城镇供热提出清洁供热 2025 模式，其主要特征一是热源以我国丰富的热电厂及其他工业余热为主；二是热网输送采取低回水温度，并可通过大温差传输技术扩大热源选择范围；三是热电协同，对于热电厂由传统"以热定电"改为"以电定热"运行方式，并尽可能利用弃风光电力或电网低谷电来驱动电动热泵回收余热;四是调峰热源采取天然气锅炉,可以将热网附近的现有独立燃气锅炉与热网互联互通,使燃气锅炉成为热网的调峰热源,对于新建调峰燃气热源,则尽量在用户末端分散调峰。这样的清洁低碳供热模式与燃煤、燃气锅炉供热相比可以在供热成本没有显著增加的情况下降低供热碳排放 80%,并且实施难度小,具备大规模推广应用的条件,已经在我国一些城市进行了示范,节能减排运行效果突出,对于近期供热领域实现二氧化碳大幅度减排无疑具有重要的推动作用。特别是从能源安全和经济角度,该模式依托于现有余热回收利用,供热综合成本也没有明显增加,却使二氧化碳排放降低显著,特别适合我国当前能源安全和经济发展的国情,值得现阶段作为北方城镇优先考虑的供热模式全面推广应用。然而,如果着眼于社会全面碳中和的未来,因该模式采用天然气调峰,仍要排放二氧化碳,所以还不能作为我国全面实现碳中和后的最终模式。未来实现零碳供热模式该是什么,值得进一步地思考。

国外在零碳供热方面存在着两条路线,一是以北欧国家为代表的集中供热路线,二是美国等主要使用电动热泵供暖的路线。两种路线的共同点都是充分利用低品位热能,并且尽可能利用相对集中的低品位热能。例如北欧大规模利用生物质、垃圾电厂排放的余热、工业余热,以及海水等比周边环境温度更高的热能等,这些热能直接利用或者通过热泵升温再利用,都需要通过热网输送至各建筑物。由于北欧国家具有一定规模的城市都建有作为基础设施的供热管网,所以就可以充分利用这些热网将上述集中的低品位热能输送至用户,通过大幅度降低热网循环水温度,利用热网输送低品位热量,在用热终端再根据所需要的温度通过热泵调整,实现低成本的零碳供热。这就是目前北欧等地区倡导的第五代供热方式。而对于没有热网设施的美国等国家,一般利用空气源、地源热泵,甚至电直热等,但综合考虑投资和运行成本,其供热经济性不如集中热网输送低品位热量的方式,这也是北欧国家优先选择大规模集中供热实现零碳供热的原因。

在工业供热领域,目前热源也仍然以燃煤和天然气等化石能源为主,以电气化实现工业供热的减碳相比于北方供暖更加困难。电锅炉生产蒸汽同样存在能源利用效率低、电耗量大、成本高等问题。相比于供暖,工业用热要求的热密度更大、温度参数更高,采用空气、地源电热泵方式制备蒸汽,需要热泵提升温度的幅度更大,COP 更低,从而导致蒸汽生产的成本更高。因此通常的空气源、土壤源电动热泵方式很难适应工业供热需要。

总之,仅从供热角度而言,未来热源不应该来自化石能源的直接燃烧,零碳热源究竟从哪里来，作为供热主力热源的火力发电厂在未来碳中和下还需要存在吗，热泵可避免热源直接使用化石能源，但又受制于空气、地热等低温热源温度低、可提供的热量密度小的问题。从何处获得可提供高密度的低温热源，成为发展低碳热源的关键。

3.4　城市供热应立足于余热利用为主

要弄清楚如何实现供热的碳中和，必须将供热和电力两个系统放在一起分析。对于电气化供热技术路线，从电力系统角度看，会显著增加冬季电力负荷，加剧冬季零碳电力短缺局面，从而需要进一步增加火电厂装机及发电量，这相当于电供暖所消耗的电力实际上大部分来自于火电厂。在经济方面，空气源、地源等电动热泵导致冬季从发电、输电到用电各环节的投资增加，再加上热泵等供热系统投资，将大大抬升电动热泵的整体成本。因此，应该寻找品位更高、能量密度更大的热源替代空气和地热作为热泵的低温热源，解决热泵方式低品位热源供给不足的问题，并显著降低热泵供热系统的电耗，从而消减电力系统承担的季节峰值，减少参与季节调峰的火电厂负荷以及电网容量，降低供热导致的整体投资和运行成本。

实际上，我国未来的调峰火电厂、核电厂以及其他余热资源丰富，回收利用的潜力巨大，完全可以作为北方供暖和工业供热的主力热源。一方面，这些余热温度要比空气、地热等环境提取的热量温度普遍高，而且热量密度大得多，热量采集效率和经济性具有突出优势，另一方面，我国很多城市，尤其是北方城市都拥有完善的热网，为这些热量高效经济地输送至用户创造了条件。

火电和核电的余热回收利用效率和经济性具有突出优势，通过汽轮机抽汽、抬高排汽背压、局部增设热泵等方式，可以有效地回收汽轮机冷端余热。随着热网回水温度的下调，电厂余热利用的等效 COP 可以高达 $7 \sim 10$。根据电力系统的供需平衡分析，未来碳中和下的电源结构中，火电厂作为季节性调峰电源，需要装机容量约为 5 亿 kW，年发电小时数约 1700h，相应的余热排放量接近 50 亿 GJ。这些火电厂余热可以作为未来的重要零碳热源，充分加以回收利用。另一个主要余热排放源是核电，虽然未来核电装机容量将只能达到 2 亿 kW，但年发电小时数高达 7500h 以上，全年余热排放量超过 70 亿 GJ。这些余热如果直接排放，则会对周边环境会产生热污染。而回收这些余热供热，可以满足大量工业用热和北方城镇供暖的需求，并避免破坏周边环境的生态平衡。目前我国规划核电站基本上都分布于沿海，而沿海地区又是我国人口分布最为密集、建筑密度最高的区域，因此利用这些核电余热供热可以弥补该地区零碳热源短缺问题，同时缓解对近海生态的热污染。核电供热近两年在我国的山东海阳、辽宁红沿河等核电厂已经开始小规模实施，并正在有计划地大规模推广之中。以上火电厂和核电厂余热全部利用，每年可以提供接近 120 亿 GJ 的热量，完全可以作为主力热源为我国北方供暖和工业用热提供零碳的低品位热量。

工业领域也有大量余热可以利用，尽管未来钢铁、有色、建材产业规模将下调，但仍将保留足够比例，而化工业作为未来各种材料的主要提供者，未来还将大发展。这些产业的生产过程都将排放大量余热，除了部分余热可直接回收利用外，还将有大量不便于就地利用的低品位余热可对外提供。此外，一些新兴产业也会排放大量余热，例如数据中心近年来发展迅速，未来随着规模逐步增大，全年有 20 亿 GJ 余热排放。此外，每个城市的垃圾焚烧排放大量热量也可以回收利用。上述工业和其他余热回收后每年可以提供至少约 70 亿 GJ 热量，只是这些余热相比电厂余热更加分散、回收利用的成本更高，即便如此，这些余热的温度大多在 30～50℃之间，相比于地热和环境空气源更加容易回收利用，经济性更好，可以作为电厂余热利用的有效补充。

未来我国工业用热需求可按品位划分，高于 150℃的高温供热需求，多集中于石油化工等流程工业，每年约 50 亿 GJ，未来可采取电锅炉、核能、生物质等热源提供。低于 150℃的低温供热需求主要来自食品、印染、医药等非流程工业，每年大约 76 亿 GJ，可主要通过热泵回收余热满足。未来我国北方城镇供热面积接近 220 亿 m²，随着建筑节能逐步推进，建筑供暖热耗将会由目前的 0.36GJ/m² 降低至 0.25GJ/m²，这样北方城镇供暖需求总共约 54 亿 GJ，同样可主要通过余热满足。综上所述，工业供热（150℃以下）和北方供暖所需热量为 130 亿 GJ，而火电、核电以及其他工业和垃圾等排放的余热再加上未来春季弃风弃光电力的热量，可利用余热的潜力合计超过 200 亿 GJ，从供需平衡看，余热资源量大于供热需求量，因此完全可以作为主力热源解决我国 150℃以下工业用热以及北方城镇供暖的热源需求。

此外，当我国的风电光电发展规模增大，按照零碳电力的规划成为主要的电源后，由于发电量的季节性变化与用电负荷的季节性变化的不一致性，在春秋两季尤其是春季，应该有一定的弃风弃光电量。按照目前的用电季节变化规律推算，弃风弃光量在 5%～8%之间是初投资与运行费综合最优的弃风弃光范围。片面追求减少弃风弃光量，会加大火电调峰电量，增加综合运行成本。我国未来风电光电总量将达到 9 万亿 kWh，即使 5% 的弃风弃光也是 4500 亿 kWh。如何低成本处理这样大的弃风弃光电力，也是必须认真对待的问题。由于这部分弃风弃光电力主要发生在春季，且累计时间大多不到 300h，利用制氢的方式将其转换为氢或燃料利用，转换设备运转率低，即使按照零电价分析，经济性也并不好。而如果把这部分电力直接转换为热量，通过跨季节储热进行调蓄，为建筑供暖和工业生产提供热量，可能是综合经济性最佳的方案。弃风弃光电力可提供的热量达 20 亿 GJ，在未来零碳热源系统中也可以起到重要作用。

3.5　基于余热利用为主的低碳供热模式的构建

构建余热利用为主的城市低碳供热模式的关键是解决以下四个问题：①余热资源和热负荷之间存在时间不匹配问题。电厂排放的余热随着发电出力的变化而改变，工厂排放的余热也随着产品产量而变化，回收弃风弃光电力得到的热量更是集中在春季，而供暖的热量需求则主要随着气温而改变。在非供暖季，供暖热负荷为零，此时电厂和其他工厂仍会排放大量余热而不能利用，反之在冬季的严寒期，热负荷最大，但余热排放量并未因此增加，从而又导致热量不足。对于工业生产用热，也存在余热排放量和工业生产用热量在时间上的供需不匹配矛盾。②热源与热汇在地理位置上的不匹配问题。大型火电厂、核电站以及大型工厂等为了减少污染排放的影响，一般都远离城市负荷中心，而传统概念下热水输送经济半径一般不超过 20km，蒸汽输送距离则更小，如何将远处的经济有效地输送至热负荷中心是需要解决的又一不匹配问题。③排放的余热与供热需求之间存在温度不匹配问题。余热排放温度大多在 20～50℃ 之间，且每个余热热源排放热量的温度范围不大，而传统的热网为了保障输送能力，要求的供回水温差尽可能大，希望在 110/20℃，而末端建筑供暖用户温度要求通常为 40～60℃，且不应该有太大的供回水温差，而对于工业用户其热量需求的温度就高得多，非流程工业需求的热量温度多是 80～150℃，很大比例还是蒸汽。而对于跨季节储热来说，为了提高容积利用率，就希望尽可能大的储热温差，但为了避免沸腾和超压，又要限制其最高温度。这样，各类热源、热汇，以及热量输送和跨季节储热系统都需要不同的供回水温差来传递热量，其产出/需求热量的温度水平也有很大不同。全面回收利用余热，多热源、多热汇，就必须解决余热采集、输送、储存和末端利用四个环节之间的各种温度不匹配问题，否则各种不同温度的热量的直接掺混将导致极大的㶲耗散，丧失系统涉及热量的温度品位，最后就导致到处都依靠大量的热泵提升来提升温度，系统耗电量巨大。

构建余热为主的供热模式的核心就是如何解决上述这些难题，以下逐一进行分析。

3.5.1 依靠储热解决余热与供热之间的时间不匹配问题

虽然从总量上看，火电、核电和其他工业余热资源量再加上回收春季弃风弃光产生的热量完全可以满足供热需求，但余热产生量随着全年不同时间发电量和生产量的改变而变化，这与供热需求的变化不一致，导致有些时间余热量不足而另外一些时间过剩。火电厂未来的任务是为电力系统调峰，其排放的余热主要集中于冬季和夏季，核电厂更是因全年发电而余热全年都向外界排放，冶金有色建材等工业也是全年都有余热排放。而供暖负荷只有冬季有需求，且随着气温而变化，这就会出现冬季严寒期余热资源不足，非供暖季又热量过剩的情况，需要依靠季节性储热才能最大程度地回收利用余热满足全年供热需求。除发电和工业余热外，上述我国未来电力系统发生在春秋两季的弃风弃光电力如果用于北方建筑供暖和工业生产150℃以下用热量，需要采用电热方式把这部分电转换为热量储存起来，这也需要大规模跨季节储热。

北欧国家在太阳能供热系统中已开始采用季节性储热，通过挖掘大型储热水池，顶盖加保温，冷热水分层，实现跨季节储热。储热过程是将水池底部的冷水抽出来再加热成为热水送入水池顶部，慢慢储满热量后水池全变为热水。放热过程是水池顶部热水抽出来输出热量而降温变为冷水送入水池底部。

季节性储热是否经济可行，长时间储热的热损失会不会很大，每年只储放一次，巨大投资带来的储热成本会不会很高等，是大家比较关心的问题。如果储热水体投资 200 元/m³，当储热水温在 90℃/20℃ 之间时，折合储热量投资不到 3 元/kWh，而当前应用最为普遍的化学蓄电池投资超过 1000 元/kWh，储热相比于储电成本相差 300 倍，即使认为通过储存电力再通过热泵获得 6 倍的热量，二者的成本也相差 50 倍以上。因此电池季节性储能成本昂贵难应用，而储热则经济可行。储热成本随着储热规模的增加而降低，储热体积越大，储热体表比越小，单位储热容积投资越小。对于长时间储热的热损失问题，反映蓄热体非稳态传热的傅里叶数与时间成正比，与尺度的平方成反比。尺度加大 10 倍，时间就放大了 100 倍，半年的储热周期就不是很长了。因此体积足够大的蓄热体即便跨季节储热，其热损失也会相对较小。对于供热规模巨大的城市热网，跨季节储热体积多为百万立方米级以上，大规模蓄热为实现经济可行的跨季节储热创造了条件。同时，通过拉大冷热水温差提高储热密度，也会有效降低储热成本。储热体一般为开式，储热水上限选择 90℃ 左右，而放热后的冷水温度应该尽可能低，从而最大程度地发挥储热水库容积效果，这一点也正好和长距离输热降低回水温度的需求一致。因此，降低热网回水温度到 20℃ 以下，对储热、输热，以及回收低品位工业余热都至关重要，是建设新型零碳热源系统的基础条件。

一般而言，储热体投资折旧成本约为 30～60 元/GJ，考虑到热损失及储放热等的运行成本 20～30 元/GJ，则综合蓄热成本为 50～90 元/GJ。而如果没有跨季节储热，则非供暖期的余热就只能排放。这个期间热源处排放的热量可以认为是零成本，是通过跨季节储热使其产生价值。因此只要蓄热的综合成本低于常规热源成本，其经济性就可以接受。50～90 元/GJ 的热量成本与天然气锅炉热源处于同一水平，因此在经济上是可行的。大型集中供热系统为了充分发挥热网能力，目前通常选择天然气锅炉作为调峰热源。未来用季节性储热取代燃气锅炉为热网调峰，从经济上完全具有可行性，而且这可以完全避免了调峰锅炉的碳排放。从安全性看，冬季严寒期天然气往往短缺，缺乏供热安全保障，蓄热设施则可以随时在需要的时候将所储存的热量放出，因而是一种更加安全的供热调峰方式。

余热波动导致的供需短时间不平衡也可以通过储热解决，相对于短周期储热，长周期储热要求的储热容量更大，因此如果供热系统拥有了上述季节储热设施，在解决余热采集与供热需求之间的季节性不平衡问题以外，也就从根本上解决日内短时间余热波动带来的供需矛盾。

3.5.2 发展大温差长输技术，解决余热利用的地理位置不匹配问题

当前北方城市作为主力热源的燃煤热电厂大多位于城区及附近，属于容量相对较小（多为单机 300MW 及以下）、服役时间较长的中小老旧供热机组，未来将会随着寿命期的到来逐步关停，而燃煤和天然气锅炉也将逐步消失。由此导致的城市热源真空将逐步被余热为主的零碳能源填补，但无论是火电、核电的余热还是工业余热大多远离城市，需要通过热网长距离输送，这就要对其经济性和可靠性做出充分论证。

传统观念中热网的供热半径一般不超过 20km，人们担心远距离输送会存在投

资大、输送能耗高、散热损失大等问题。实际上，基于以下原因，长距离输热在经济上是可行的：①余热回收利用工程一般规模比较大，所需要的热网输送管径也会很大，长输供热管道多为1.4m及以上的大管径，而热网输送的单位热量综合成本是随着总的输送热量的增大、也就是管径的增大而减小的。②采用大温差输热技术，即通过降低热网回水温度拉大热网供回水温差，增加热网输送能力，从而降低单位热量的输送成本。热网输送能力与供回水温差成正比，提高供水温度受到热网保温材料碳化及热网运行安全限制，不能过高，一般控制在130℃以下，而热网回水温度可以通过在热力站采取吸收式换热工艺，经过温度变换实现整体热网回水温度30℃以下，未来可以进一步随着二次网整体温度水平的降低和相应的回水温度降低激励机制的建立和完善，一次网回水温度可以由目前的50~60℃降低至20℃以下。这样会使供回水温差从目前的60K（120/60）提高到100K（120/20），从而使热网输送能力提高近70%，从而大幅度降低长输热网的输送成本。低回水温度也为高效低成本回收余热创造了有利条件。③在热源方面，余热回收利用的成本要明显低于天然气锅炉、燃煤锅炉甚至热电厂抽汽。由于热网回水温度低，无论回收电厂余热还是其他工业余热，有相当一部分余热可以通过直接换热回收。如图3-1所示，与燃气锅炉相比，长输供热的经济距离甚至可以超过200km，与燃煤锅炉相比80km输送也是经济的。图3-1是按照每年4个月供热期，输热管道每年仅运行4个月计算的。如果在用热侧有跨季节储热设施，则输热管道就只根据热源的工况、而不是根据用热的需求来运行。一般情况下（例如核电余热），余热产生的时间段要大于需要热量的时间段，这样，通过跨季节储热可以提高热量输送管道的年

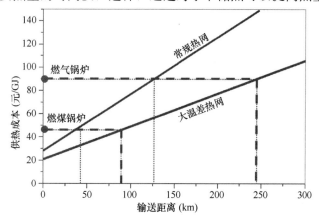

图 3-1　长输供热成本与输送距离的关系

运行时间，从而进一步提高其经济性。

　　近年来大温差长输供热工程已经在很多城市大规模推广应用，典型的是古交至太原大温差长输供热工程。供热规模 7600 万 m²，建设两路直径 1.4m 长输管网将 40km 外高山上的古交电厂余热引入太原，该长输热网工程大部分在山区，穿越隧道 15km，该工程投资大，难度高，2013 年开工建设，历经 3 年于 2016 年建成投产，已成功运行近 7 年。虽然整个工程投资高达 67 亿元，但折合到每平方米建筑的热源投资却只有 90 元左右，沿程管网散热损失低于 1‰，输送单位吉焦的能耗低于 5kWh，考虑投资的综合供热成本（输送至城区）只有不到 40 元/GJ，低于燃煤锅炉。在该项目带动下，银川、石家庄等很多城市都实施长输供热工程，通过远距离输热回收利用电厂余热已经成为很多北方城市实现清洁低碳供热的主流模式。

　　针对核电站沿海分布特点，提出水热同产同送技术，可以大幅度降低长距离输送热量的成本。该技术主要由水热同产、水热同送和水热分离三个环节构成，如图 3-2 所示。在水热同产环节，将海水淡化和产热耦合在一起，在供热的同时，利用汽轮机抽汽加热热网过程中的换热温差进行海水淡化，实现零热耗热法制水效果，大幅减少海水淡化成本，将热量和淡水同时输送，即输送热淡水，相比于传统的两根管输送热量的热网和单管输水的水网，可以采取单管代替以上三根管同时输送热量和淡水。这样大幅度降低输送成本。在水热分离环节，还是通过吸收式换热原理，将热量从热淡水中提取出来释放至热网，而淡水降至常温后进入城市供水系统。水热同产同送克服了海水淡化及输水成本高难题，为缓解北方地区东部城市严重缺水局面提供一条经济可行道路，而且还大幅度提升沿海核电厂余热供热的输送距离，相比于天然气供暖，经济输送距离可达 400km。分析表明，北方沿海充分利用核电厂余热可在经济辐射半径内提供每年 40 亿 t 淡水，并为规模 50 亿 m² 建筑的城市实现零碳供热。该技术的首个验证工程于 2021 年 3 月在海阳核电站成功

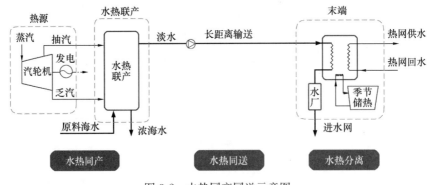

图 3-2　水热同产同送示意图

运行，效果良好，标志着该项技术已具备投入工程应用的条件。

3.5.3 采取温度变换工艺解决余热利用各环节温度不匹配问题

采用余热综合利用系统为建筑供暖和工业用热提供热量，必然是多热源、多热汇的系统形式。建设统一的热量输配管网，通过管网中的热水循环传递热量，热源侧从循环管网低温管道中获得低温水（也称"回水"），对其加热提高温度后，成为高温水（也称"供水"）返回到高温管道。而热汇则要从高温水中提取热量，使其冷却到规定的回水温度，再返回低温管道。由此，就必须规定统一的高温水和低温水温度，也就是供、回水温度。任何热源，都必须把其输出的循环水加热到统一的供水温度，任何热汇必须充分利用其得到的循环水热量，把循环水冷却到统一的回水温度，才能返回到低温管道。根据各种热源、热汇的状况以及跨季节储热设施的要求，可以把这个综合管网的供回水温度统一设定在供水也就是高温水 90～95℃，回水也就是低温水 20～25℃。这样可协调各方面对水温的需求。然而，对于热源侧来说，不同的余热热源可提供的热量温度水平和范围都不一样，这就需要热量变换和热泵方式使输出的高温水温度达到要求的 90～95℃。而对于用热侧，需要的温度不同，对高温水的冷却能力也不同，为此也需要通过热量变换和热泵方式，把循环水冷却到要求的回水温度（如 20～25℃），才能使其返回到低温管道中。对于工业生产需要的高温热量和蒸汽，更不能通过直接换热获得，也只能通过各种热泵去提升热量的温度或制备所要求的压力的蒸汽，同时，也需要把返回到低温管网的回水冷却到要求的回水温度（如 20～25℃）。以上这些热量变换和热量品位提升的任务，都需要基于热量变换器和热泵的方式来进行热交换，从而解决热量传递中的温度匹配问题。

典型的热量变换和品位提升可分为如下四种情景：

（1）余热热源平均温度高于热网供回水平均温度，并具备足够的换热温差

火电、核电的余热主要来源于汽轮机乏汽冷凝释放出的热量，其温度一般为 30～50℃，可以通过抽汽加热使余热变为高于热网供水温度的热量。为此，通过对热网循环水梯级加热方式高效回收利用乏汽余热。当热网循环水被加热的温度高过这一范围，首先的办法是抬高汽轮机背压，对于湿冷机组，背压抬高幅度较小，空冷机组背压可抬高至 35kPa，相应可以加热热网水至接近 70℃。当热网被加热的温度进一步提高，可通过将汽轮机乏汽变为抽汽的方式回收余热，即在汽轮机做功的蒸汽变为乏汽之前直接从低压缸进汽口抽出加热热网，这就是常规热电联产的供热

方式。该抽汽压力比较高，一般在 $0.3\sim1.0$MPa，具有一定发电能力，可以直接将热网水加热至 120℃ 以上，该蒸汽牺牲了一定的发电量换取了高温热量加热热网，相当于 COP 为 $4\sim6$ 的电动热泵。除了以上抬高汽轮机背压和抽汽方式利用乏汽余热外，也可以利用抽汽驱动吸收式热泵，回收乏汽余热，先将循环水加热到比较高的温度（比如90℃），然后再由抽汽加热至120℃，这样可减少抽汽直接加热，使电厂余热利用的效率进一步提高。也有利用蒸汽引射器来回收乏汽余热，其作用与吸收式热泵类似，蒸汽引射器投资相对较低，但引射比和变工况局限性较大。回收电厂乏汽余热的热网过程可以通过以上温度变换组合，实现梯级加热，如图 3-3 所示，即汽轮机通过抬高背压使乏汽余热直接通过换热加热热网的低温回水，之后再通过抽汽驱动吸收式热泵回收乏汽余热进一步加热，最后再抽汽直接将循环水进一步加热至要求的供水温度后送出。对于多台汽轮机余热利用，可以将各汽轮机背压依次抬高串联加热热网回水，然后再选择性采用吸收式热泵，并最终抽气加热。这种梯级加热方式相比于传统汽轮机抽气供热的能耗可降低 50%，单位吉焦供热量影响电厂的发电量只有 $30\sim40$kWh，相当于 COP 为 $7\sim10$ 的热泵供热。

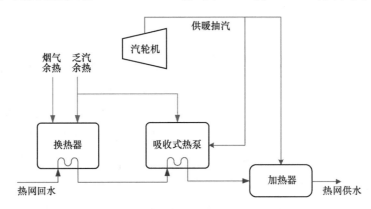

图 3-3　电厂余热梯级加热示意图

　　钢厂冲渣水等工业余热利用也存在余热温度高于热网供回水平均温度情况，可以通过基于第二类吸收式热泵的温度变换器回收余热并将热网循环水加热到超过余热的温度，必要时结合调峰热源或电驱动热泵将循环水进一步加热到热网供水要求的温度。

　　（2）余热热源平均温度低于热网供回水平均温度，或与热网换热温差不足

　　大多数排放的工业余热温度低于热网供回水平均温度，这种工业余热无法像电厂那样可以通过汽轮机抬背压和抽汽供热等方式提高热量温度以达到回收乏汽余热

目的，需要依赖热泵提升余热温度。诸如化工等行业的工业企业，很多情况下生产工艺多个温度的余热，需要多台热泵串并联，或与吸收式换热结合来实现余热采集。对于以低温工业余热为主的供热系统，可整体降低热网供回水温度水平。通过在供暖末端设置分布式电动热泵降低热网回水温度至约 20℃，将热网供水降至60℃ 左右，通过电动热泵与换热相结合的温度变换，实现余热采集与输送。当一个供热系统同时存在工业和电厂余热资源可以利用的情况，由于电厂余热采集过程温度变换相比于工业余热利用更加容易实现高温采集，热网回水可以先回收工业余热，然后再回收电厂余热，工业余热承担热网的低温加热，电厂承担高温加热，从而实现整体余热利用在能效和经济性上的合理组合。

（3）需求侧要求的平均温度低于热网供回水平均温度，且有足够的换热温差

北方地区建筑供暖热量需求温度较低，进入建筑物的二次热网供水温度一般低于 60℃，而城市一次热网的供水温度大多超过 90℃，热力站一二次网换热过程中存在巨大的不可逆换热温差，利用该温差作为驱动力，采取吸收式换热工艺可以大幅降低一次网回水温度。吸收式换热由吸收式热泵和换热器两个模块组成，其工作原理是利用上述一二次网供水之间的换热温差驱动吸收式热泵，深度提取一次网回水热量，在不需要消耗电力等额外动力的前提下，可以使一次网回水温度低于二次网回水温度，可降低至 20℃ 以下。吸收式换热器也被称为吸收式温度变换器，已经在很多热网系统中得到大规模应用。通过热力站采取吸收式换热器替代常规换热器，一方面通过降低回水温度增大了一次热网供回水温差，提高了热网输送能力，另一方面热网低温回水为回收余热创造了条件，部分余热可以直接与热网回水换热就可得到回收利用。未来热网回水降温的方向应该是分散化，分散到热力站，甚至分散到楼宇式换热，尤其是针对新建小区，易于实施，正如北欧当前流行的楼宇式换热机组一样。

（4）需求侧要求的平均温度高于热网供回水平均温度

热量温度需求高的用户主要是工业供热，非流程工业的热量需求温度多为80～150℃，以蒸汽需求为主。目前工业供热主要依靠燃煤和天然气热源，包括燃煤锅炉和单机 300MW 以下的中小型燃煤热电厂。随着这些高碳排放的热源逐步关停，需要寻找工业供热替代方式。采取电气化即电锅炉制蒸汽是实现零碳的一种方式，但供热的能源转换效率低，导致电耗大，成本昂贵，难以普遍推广。提取空气、地热等自然界低温热量的电动热泵也难以成为主要工业供热方式，因为这些来自于自然界的热量品位低且能量密度小，而工业热需求的品位高、能量密度大，这种方式

会因热泵投资大而 COP 又低，导致供热成本居高不下，同时受空气、地热等能量密度限制难以满足工业大容量热需求。另一种方式是利用火电厂、核电厂制备蒸汽并直接通过蒸汽管道输送给工业用户。但蒸汽管道相比于热水管道散热损失和压力损失更大，远距离输送困难。既然热水管网的输送能力强，可以将火电、核电和工业余热采集并通过热水网长距离输送至工业用户，在用户末端进行温度变换，将热水中的温度热量转化为蒸汽的高温热量。与建筑供暖在热网末端通过吸收式换热的温度变换不同，工业用户需要更高温度的蒸汽，需要通过热泵将热网水的热量升温，再将高温热水闪蒸为蒸汽，热网的高温部分热水，可以直接闪蒸出蒸汽，而低温部分则可以分级的通过热泵提升到闪蒸要求的温度。对于温度、压力要求高的工业蒸汽用户，需要压缩机将闪蒸出的蒸汽进一步压缩。分析表明，这种采用热水循环的工业供热方式经济输送距离可达 200km 以上。热网末端蒸汽产生压力可以根据用户需求确定，避免了传统蒸汽网在用户的减温减压损失，从而改善系统能效，提升供汽经济性。对于北方地区，工业用热管网还可部分地利用城市供暖热网设施，长输管网也可以与供暖共用，从而降低整体系统投资和热网输送成本，进一步提高供热经济性。对于非流程工业，大部分热量需求温度都在 150℃ 以下，制备这样的低压蒸汽所需的压缩机能耗较小，这种用循环热水替代蒸汽的输送模式就更具优势。

需要说明的是，对于低品位工业用热，可就地利用易于回收的余热，并采用热泵升温至所需要的热量品位，部分地替代长输集中供热，这在很多场景下会更经济。对于高温高压蒸汽需求，由于热水转化蒸汽环节的电耗和投资大，采取热水输送方式没有经济优势，火电厂和核电厂为热源的蒸汽提供方式还是采用蒸汽输送。受蒸汽输送距离限制，对于诸如石油化工等蒸汽需求压力高、热耗大的新上马产业，可以布局在核电站周边蒸汽管网经济输送距离辐射的区域，实现零碳供热。既有高压力蒸汽需求的工业，如果距离电厂较远，可在热用户附近采取生物质锅炉、电锅炉等替代燃煤热源，就地实现工业供热的减碳。对于一些需要大量高参数蒸汽的化工产业，也可以考虑直接建设模块化核反应堆为其直接供应蒸汽。化工生产一般需要稳定持续的蒸汽供给，这恰好与核能的特点相适应，这应该是解决高参数工业用热的又一方向。

3.5.4　构建余热为主的低碳供热模式

我国未来火电厂、核电厂以及其他工业的余热资源丰富，从总量上看完全可以作为非流程工业供热和北方地区城镇供热的主要热源，而我国北方城市都拥有完善的热网，为余热全面利用奠定了输送基础。余热回收利用无论从节能减排还是经济性方面都具有明显优势，是结合我国国情实现城镇清洁低碳供热的主要路径。为此，应构建余热利用为主的低碳供热模式。归纳以上余热利用中关键问题的解决方法，以余热为主要热源的低碳供热模式如图 3-4 所示，主要有五个特征，即余热利用、长输供热、低温回水、热电协同和蓄热调峰。

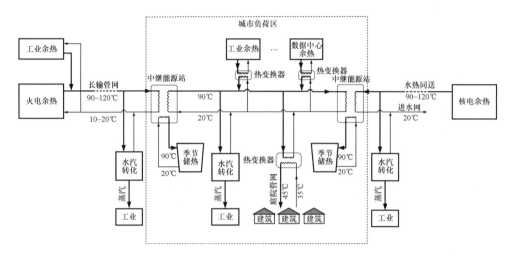

图 3-4　基于余热利用的城镇供热模式示意图

1. 余热利用

改变传统热电联产和锅炉为主的热源结构，定位余热利用，包括电厂余热、各类大型流程工业、数据中心、电网变压器、垃圾焚烧等排放的余热利用，这些余热采集通过直接换热、热泵等方式。电厂余热利用还应该改造汽轮机低压缸和冷端冷却流程，区别于传统热电联产"以热定电"运行方式，而是"以电定热"，即供热仅针对电厂发电排放余热的回收利用，供热不对发电上网产生负影响，其工艺着眼于考虑余热高效回收以及余热利用与发电上网之间的协同。

2. 低温回水

降低热网回水温度可同时兼顾高效回收利用余热和提高热网输送能力，最有效的方法是热力站采取吸收式换热机组替代传统换热器。进一步降低回水温度还可以采取与电动热泵相结合的方式。对于新建社区推广安装楼宇式吸收式换热机组。针对热力站不具备吸收式换热安装空间的情况，可结合中继能源站的集中降温工艺，即集中与分散降温相结合。

3. 长输供热

余热资源大多分布远离城市，结合上述城市热网的低回水温度，采取大温差长输模式，低成本地利用和输送余热向城市供热。对于沿海核电和火电的余热利用，采用水热同产同送技术，进一步提高长输热网输送能力。相对于传统两级热网系统，以余热为主的供热模式按照供回水温度变革为三级网系统。第一级为长输热网，采取大温差输送热量，供水温度一般为 90～120℃，回水温度应该降低至 10～20℃。第二级为城市管网，热网供水温度决定于输热能力、余热热源类型、庭院热网温度要求等，根据具体城市情况不同供水温度也会不同。大型城市要求热网输送能力强，城市管网供水温度可取 90℃，热网回水温度为 20℃。第三级为庭院管网，随着建筑保温性能提高和低温供暖末端的应用，二次网供回水温度逐步降低，未来供水温度会降低 40～50℃，回水 30～40℃，未来随着楼宇式换热站比例的增加，庭院管网规模会逐步减少。各级管网之间由传统换热器链接方式替代为吸收式换热或者热泵，即长输热网与城市管网之间依靠集中的中继能源站连接，城市管网与庭院管网之间依靠分散的吸收式换热或热泵站连接，通过这种集散式温度变换，使得庭院、城市和长输热网之间供水温度依次升高，回水温度依次降低，满足热网输送能力和余热采集的需求。

4. 热电协同

碳中和下供热系统将与电力系统紧密联系在一起。余热利用与电力相结合，电厂余热利用中无论抬高汽轮机背压、抽汽还是热泵，都消耗电力，等效于电动热泵，而其他工业余热利用更是需要电动热泵消耗电力。如何保障消耗的电力低碳甚至零碳，是实现低碳供热的关键。为此，提出热电协同工艺，利用储热实现热网、电网之间相互支撑，在电网和电厂电能过剩的时候电高效地转化为热，并将热量储存起来，而在电网电力不足时，尽量避免抽汽和热泵等消耗电能产热，热量供需不平衡通过蓄热解决。这种电力供需不平衡除了供热季日内短周期发生外，春秋季电网更是存在可再生能源发电整体过剩而出现弃风光问题，可以通过季节储热消纳这部分电力，利用该过剩电能驱动热泵回收余热甚至采取电力直接产热并储存，用于冬季供热。这样，利用储热实现电网与热网的热电协同，不仅可以很大程度上解决电网的电力供需不平衡的矛盾，而且使得供热耗电来自于可再生能源过剩电力，达到零碳供热效果。

5. 蓄热调峰

从合理经济配置角度，大型热网系统应设置调峰热源，目前调峰热源全部都是燃煤或燃气锅炉，未来随着化石能源的限制，这些化石能源的调峰热源将会被替代，而替代热源不应该是电动热泵或电锅炉，热泵投资大而不适合作为调峰热源，电锅炉会加剧冬季电力短缺问题，且能源转换效率低。跨季节储蓄热回收余热作为调峰热源，其综合成本低于天然气锅炉，而且是没有额外碳排放，同时也起到备用热源作用，也是支撑上述热电协同的关键，因此，蓄热作为调峰热源应该成为未来低碳供热系统的发展方向。综合考虑蓄热体占地和热网输送等因素，季节性蓄热设施宜设置在长输热网末端靠近城市郊区的长输热网与城市热网连接处。

3.6 余热为主的低碳供热规划设想

未来我国城镇供热系统将是以余热利用为主的发展模式，余热利用不仅受资源总量影响，还受空间分布、余热采集难度等因素限制，需要针对具体情况对城镇供热进行规划。

我国未来城镇供热热源构成   表 3-1

	供热（亿 GJ）	扣除热损的供热（亿 GJ）
火电	30.9	29.0
核电	28.7	27.0
工业余热	25.4	23.9
弃风光电	13.4	12.7
集中供热其他耗电	29.8	29.3
分散供暖	8.2	8.2
合计	136.4	130.0

根据第 4 章分析结果，未来各类热源供热量如表 3-1 所示。火电、核电的余热利用效率高、成本低、实施难度小，应优先考虑回收利用。火电厂相比于核电站更靠近热用户，本着应用尽用原则，其排放的大部分余热资都可以回收利用，每年火电厂余热利用量约 31 亿 GJ，是最大的供热来源。核电厂余热规模大、但相对偏远，可回收的余热资源相对火电较低，经分析仍然有近 29 亿 GJ/年余热用于供热，是未来第二大供热来源。流程工业、数据中心、电力变压器等工业余热温度低、相对分散，特别是有些流程工业余热，采集难度较大，这类余热利用率较低，每年回收约 25 亿 GJ 用于供热。非供暖季的弃风弃光电转化为热量并结合跨季节储热满足供热约 13GJ/年。其他集中供热电耗约 30 亿 GJ/年，主要是热水网提取热量制

取非流程工业 150℃ 以下蒸汽消耗的电量约 22 亿 GJ，其余的包括用于工业余热采集的电动热泵、热网输送的电耗，以及少数采取电锅炉等灵活地分散供热的电耗。对于民用供暖而言，可以在热网难以覆盖的区域应用空气源、地源热泵等分散供暖模式，承担约 8 亿 GJ/年的供热量。

以下针对我国重点区域进行分析。沿海地区分布诸多核电站和大型火电站，东部沿海及周边又是经济发达地区，是我国工业和人口聚集地区，工业和供暖热需求集中。为此，一方面，结合产业布局规划，将石油化工等热耗大、参数高的大蒸汽需求用户建设在核电附近，将核电余热直接转化为蒸汽输送给这些高压蒸汽工业用户。另一方面，利用长输供热技术，将余热通过热水输送到辐射范围更大的地区满足 150℃ 以上的非流程工业供热和城镇供暖需求。结合电厂沿海分布特点，利用水热同产同送技术，可以将这些电厂余热经济输送距离扩大到 300km 以上，根据沿海核电布局及规划，这一经济输送距离可以利用核电站余热辐射到沿海城市和大型工业热用户，并向内地纵深延伸，承担我国东部地区工业和民用供暖供热，并通过海水淡化供水 100 亿 t/年，有效缓解我国东部地区缺水局面。山东以南供热主要是满足工业蒸汽需求，而山东以北包括山东则同时存在供暖和工业供热需求。山东沿海拥有威海荣成和烟台海阳两个核电站，规划还要至少建设 1～2 座核电站，余热资源巨大，通过水热同送管道，可以解决青岛、烟台、威海几乎所有城镇的零碳供暖，还可以向西辐射到潍坊、淄博、东营乃至济南等地区，承担山东未来 10 亿 GJ/年工业供热和 10 亿 m² 建筑供暖。京津冀地区沿海拥有大型火电厂和钢铁工业，排放余热资源也很大。华润电厂、北疆电厂、黄骅港电厂等都是单机 600MW 以上的大型主力发电厂，即便未来作为调峰电源，年运行小时数大幅下降，也仍然可作为重要热源向外供热，曹妃甸地区还有首钢等多家钢厂，都排放大量余热可以回收利用，包括徐大堡等周边沿海还将建设核电站，可作为主力热源通过水热同产同送引入天津、北京、河北雄安等主要城市和地区，满足未来 3 亿 GJ/年工业用热和 10 亿 m² 城市建筑供暖。辽东半岛利用红沿河、徐大堡两座核电站，可以向大连、沈阳等辽宁大部分城市供热，同时还可以辐射到河北秦皇岛等城市，满足这些地区 5 亿 GJ/年工业供热和 10 亿 m² 城市建筑供暖。山东以南地区沿海分布更多的核电站，利用排放的余热能够满足工业供热需求。江苏的田湾核电站与浙江的秦山、三门核电站等可以作为主力热源承担长三角地区多数地区工业供热。福建、广东、广西和海南也都有核电站可以承担各自辐射区域工业供热任务。因此，东部沿海及向内陆一定纵深是我国人口和工业最密集地区，其大部分工业供热和民用供暖都可以由核电余热承担。

　　除了上述东部沿海核电为主要热源所辐射的地区外，我国中西部供热则更多地依靠火电厂、流程工业等所排放的余热。中西部地区火电厂分布较为均匀，火电厂余热可以作为主力热源，结合一定规模的其他流程工业余热利用，通过长输热水网输送模式，可满足中西部省市低碳供热的主要需求。东北地区的吉林、黑龙江两省目前火电厂容量较小，未来可以新建一定容量的火电厂，利用该地区资源较为丰富的生物质作为燃料，实现零碳发电和供热，也可以考虑在该地区建设适当容量的核供热，与火电余热利用相互支撑实现该地区城镇零碳供热。

　　再从城镇供热规划发展时序上看规划方案，如图 3-5 所示。火电厂虽然逐步转型为电网的调峰电源，但在未来的 10~20 年时间内仍然是主力电源之一，仍将排放大量余热，该余热回收成本低、实施难度小。为此，2035 年之前，低碳供热的首要任务是深度挖掘火电厂余热潜力，回收利用电厂汽轮机乏汽和锅炉烟气余热，代替传统的燃煤锅炉和中小型热电厂。天然气电厂除了乏汽余热利用外，更需要回收潜力更大的烟气余热，独立的天然气锅炉近期回收烟气余热，远期将逐步关停，具备条件的燃气锅炉（热网附近）与热网互联互通，为热网调峰，并随着季节蓄热的发展而逐步退出。未来供热主要通过回收现有热源的低品位余热满足逐渐增加的热量需求，而尽量不再新建热源。在"十四五"期间建成一个跨季节储热示范工程，为未来大规模推广做技术准备。核电全面余热回收的工程和跨季节储热建设时序配套，"十四五"期间实施大规模供热与跨季节储热相结合的工业供热与供暖工

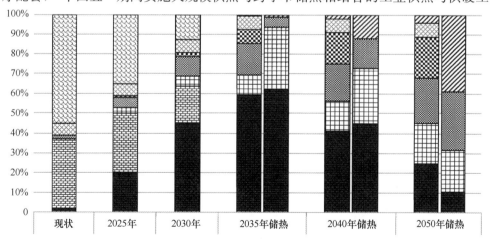

图 3-5　城镇供热规划发展时序

程，并从"十五五"开始全面推广应用核电余热利用的供热模式。非流程工业热源
和热网建设，替代现有小燃煤电厂，重点在山东，江浙、福建等非流程工业集中的
省份，"十四五"开始陆续建设。在热网环节，全面进行以降低回水温度为目标的
改造，通过终端安装吸收式换热器，或者安装一些电动热泵，把回水温度降低到
20℃以下。

作为目前的主要热源的燃煤、燃气锅炉到 2035 年基本关停，从 2035 年开始，
电力系统逐步关停燃煤电厂或大幅度减少其运行时间，火电厂余热供热比例将随之
逐步减小，这时可大规模建设大型跨季节储热，通过储存非供暖季节的热量替代减
少的电厂热源，储热分别来自非供暖季的弃风光电力、核电和火电余热以及工业余
热等。随着季节储热的普及和水热同产同送技术的不断完善，全面推广核电余热的
利用。城市热网供回水温度的全面降低也将使工业余热利用更加经济并得到大规模
发展。同时，可再生能源发电逐渐占到主导地位，大量弃风光电力转换成热能用于
城市供热，结合储热，2035 年后将会有超过 10％供热来自于弃风光电力的利用。

预计 2050 年供热系统全面实现碳中和，届时，除了对于热网难以覆盖的低密
度建筑供暖应用空气源、地源热泵等分散供暖方式外，我国北方城镇供暖和 150℃
以下工业供热的热源将主要来自火电、核电和其他工业的余热以及回收利用余热所
消耗的电力、弃风光电等所转化的热。

第4章 新型电力系统的电源结构及供热影响

4.1 能源转型下的电力和供热系统

我国现状供电电源和供热热源分别以火力发电和燃煤为主的结构造成碳排放较高，未来推动电力系统向大规模高比例新能源转换以及为建筑供暖和非流程工业生产所需热量提供零碳热源是实现碳中和最主要的任务。随着以新能源为主体的新型电力系统构建，以及供热电气化的逐步普及，城市能源将主要集中于电力和供热两大领域，而电力和热力的碳排放问题也将成为城市实现碳中和的关键。因此关于未来电力系统的电源发展以及电力、供热两者相互影响的规律需要进一步认识清楚。

目前针对未来碳中和下的新型电力系统电力供需的定量研究主要是从小时级或更小的时间尺度选多个典型天研究，而对于由于高比例风光带来的多日和跨季节的长周期电力供需平衡，供热电气化导致冬季电负荷增加及电力、供热系统两者相互影响，尚没有深入研究。本章内容考虑了 2050 年的两种实现零碳供热的情景：一种是以余热利用集中供热为主，另一种是以全面电气化为主。无论哪种技术路线，供热需求季节性特征会不同程度地加剧电力需求的季节性差距。由于用热系统的热惯性和可以实现的短周期储热，所以只研究逐日的热量需求，而电力需求则可以分解为日总量的全年变化和一天内逐时的电力需求变化两部分。两个时间尺度的电力需求需要由不同的调蓄手段解决。模型为简化处理，重点是反映电力供需侧日总量的变化和平衡，据此确定各种发电技术的容量和运行情况以及最优供热组合。第 3 章已经给出全面回收利用余热的方案，但实际上各区域余热资源的供需情况不同，面对电力、热力和相互转换的关系也不同，本章是进行分区域具体对每个区域进行核算。以下先说明分区电力系统模型构建，然后给出各区域电力需求，热力需求，以及水电、风电、光伏资源情况。通过电力系统模型得到各个供电区域的风电、光电，以及调峰火电的装机容量，作为未来电力系统的电源规划，同时增加供热技术模型用于评估供热-电力耦合路径在能源系统总成本上的变化。

4.2   可再生能源资源及电力出力特性

我国陆上风能资源 100m 高度风电技术可开发量 86.9 亿 kW[1]，主要集中在"三北"（西北、华北、东北）地区，下节 4.3.1 电力模型中考虑陆上风电对土地的利用系数按可开发 41 亿 kW[2] 进行限制。海上风电也是新能源发展的重要领域，具有不占用土地、出力波动小、利用小时数高等优势。我国海上 5～50m 水深、70m 高度可开发资源约为 5 亿 kW。广东、江苏、福建、浙江等沿海地区千万千瓦级海上风电基地建设将成为东中部地区重要的清洁电源。我国集中光伏和分布式光伏的开发潜力分别为 26 亿 kW[3] 和 27 亿 kW[4]，其中胡焕庸线以西区域的集中光伏开发潜力比例 61.7%，分布式光伏 12.5%。集中风光资源目前规划以库布其、乌兰布和、库姆塔格、柴达木等沙漠戈壁为重点，加快推进内蒙古、新疆、甘肃、青海等地区大型新能源基地建设。我国各区域风光资源条件具体如图 4-1 所示。

我国现状水电 70% 集中在西南六省市、自治区（四川省、云南省、贵州省、广西壮族自治区、重庆市、西藏自治区），汇聚了三峡、乌东德、溪洛渡、向家坝、小湾、糯扎渡、龙滩、构皮滩等一批巨型水电站。我国水能最大技术可开发量约为 5～6 亿 kW，目前已开发 3.55 亿 kW（仅常规水电，不含抽水蓄能），随着金沙江乌东德、白鹤滩，雅砻江两口河、大渡河双江口水电站的陆续建成投产，除雅鲁藏布江和怒江等水电基地外，我国主要大型水电基地的开发布局已经基本完成。到 2050 年，

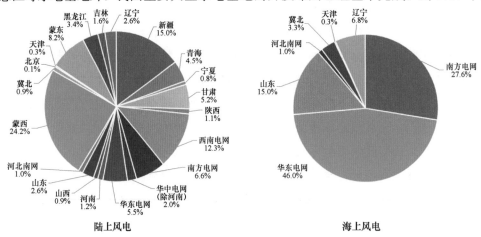

图 4-1   风光资源条件（一）

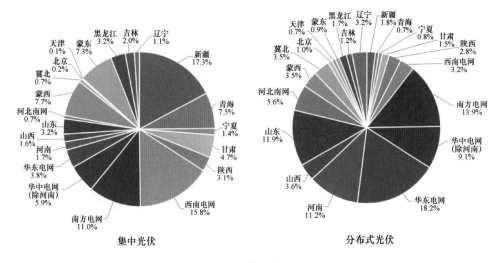

图 4-1　风光资源条件（二）

我国常规水电装机容量将达 5.1 亿 kW，其中东部地区（京津冀、山东、上海、江苏、浙江、广东等）3550 万 kW，中部地区（安徽、江西、湖南、湖北等）7000 万 kW，西部地区总规模为 4.06 亿 kW，西藏东部、南部地区河流干流水力开发基本完毕。未来我国西南地区（含西南电网和南方电网的云贵地区）水电装机规模 3 亿 kW，具备季、年、多年调节能力的装机占比可达 45%[5]，可满足 3 亿～5 亿 kW 新能源装机的调峰和打捆外送需求。我国各区域水电资源条件具体如图 4-2 所示。

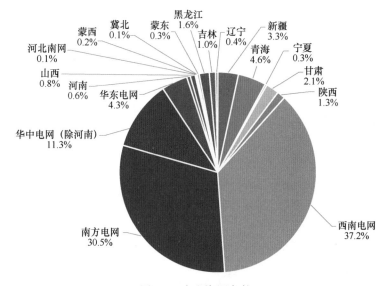

图 4-2　水电资源条件

　　各可再生能源电力出力特性导致时间上和空间上电力的供需不匹配。风光电存在比较大的季节差，风力 60％集中在春冬，光伏 60％集中在夏秋，具体如图 4-3 至图 4-6 所示。另外从区域分布层面，风光电出力特性也不同，西北、华北、东北区域风资源较好，西北、华北区域光资源较好。比如西北光伏发电最大利用小时数达1500h，华中光伏 1000h，西北风电最大利用小时数 2600h，华中风电 1800h。海上风电最大利用小时数在 3300h 以上。集中光伏和分布式光伏出力的季节性特征差别比较明显，集中光伏冬夏月均出力差 25％，而分布式光伏冬夏月均出力差 50％～60％。

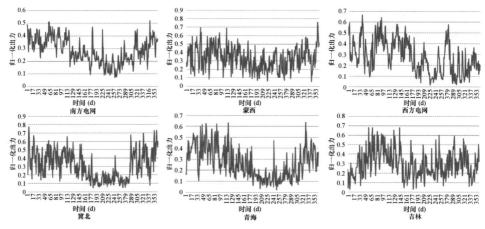

图 4-3　各区域陆上风电逐日平均出力特性
（纵坐标相对安装容量归一化）

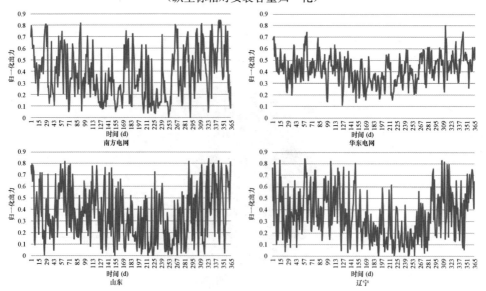

图 4-4　海上风电逐日平均出力特性
（纵坐标相对安装容量归一化）

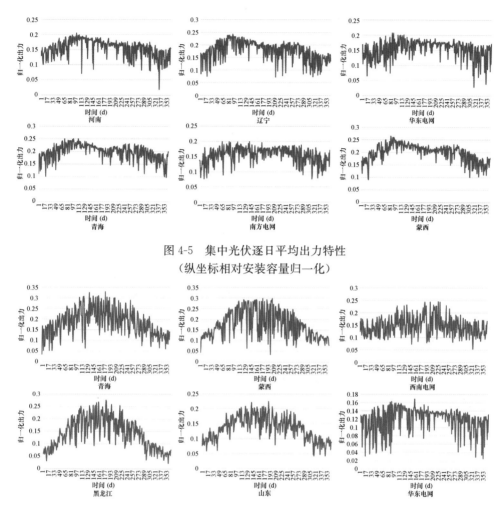

图 4-5　集中光伏逐日平均出力特性
（纵坐标相对安装容量归一化）

图 4-6　分布式光伏逐日平均出力特性
（纵坐标相对安装容量归一化）

水电存在比较大的季节差，如图 4-7 所示，从若干个中国比较大的河流一年里径流量的变化也可以看出夏多冬少。因此水电具有"夏丰冬枯"季节特性，发电量会根据季节的变化而变化。根据来水情况，每年都要分丰水期、平水期、枯水期。以四川为例，丰水期为 6～10 月，平水期为 5 月、11 月，枯水期为 12 月～次年 4 月。夏季丰水期因来水多，水电则可以"大发"，冬季枯水期因来水少，水电则减发或者不发。

具备年调节及以上水库的水电站能将丰水期多余水量储存起来供枯水期使用，以国网经营区各流域的水电站统计，长江流域和黄河流域年调节及以上水电站占比

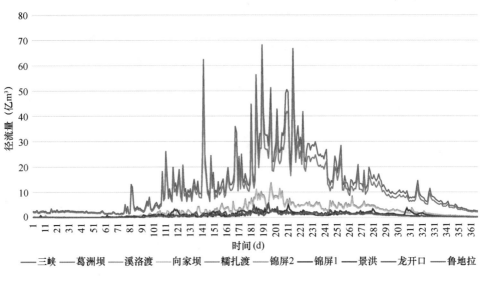

图 4-7　中国若干水电站径流量的逐日分布

分别为 33.6% 和 21.7%[6]，如表 4-1 所示。各区域水电逐日变化曲线如图 4-8 所示。

国网经营区域内各流域现状年调节水电站情况　　　表 4-1

流域	蕴藏量	多年调节水电站		年调节水电站	
	年电量	装机	占比	装机	占比
	亿 kW/h	万 kW	%	万 kW	%
长江流域	24336	620	4.3	4254	29.3
黄河流域	3794	128	5	427	16.7
东北诸河流	1455	205	30.6	240	35.8
东南沿海诸河	1776	235	12.1	55	2.8
西北内陆诸河	3634	110	14.1	107	13.7

　　我国用电负荷主要集中在京津冀、长三角、珠三角等中东部及沿海地区。水、风、光资源与电力负荷中心的逆向分布特点决定了中国清洁能源需要跨省、跨区域大规模、大范围输送消纳。中国十四大水电基地中，有 7 个干流梯级水电装机容量超过了 1000 万 kW，最大金沙江流域超过了 3000 万 kW，西电东送"南通道"和"中通道"20 条特高压直流和 8 条特高压交流跨省跨区域水电输送能力 1.05 亿 kW。核电是未来零碳电力系统中的重要电源。截至 2020 年 4 月，中国共有核电厂（含在建）18 座，总装机容量 4590 万 kW，其中北方核电机组逐渐增多，目前商运

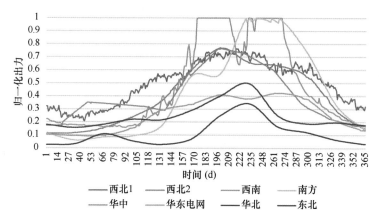

图 4-8　各区域水电逐日变化曲线（纵坐标相对安装容量归一化）

及在建机组有 17 台，总装机容量 1671 万 kW。据相关核电规划，我国沿海可布局的核电资源在 1.78 亿～2.06 亿 kW 之间。

4.3　分区电力系统模型及未来新型电力系统的电力电量平衡结果

4.3.1　分区电力系统模型

从规模上和时间尺度上分析电源和电网侧储能技术，化学储能主要用于日内调节，抽水蓄能也是以日内调节为主，具备调节水库的常规水电可以做日间调节，另外我国西南、西北和华中具有大容量水库的水电容量大约占 35%，可以做季节性调节，但调节能力有限。对于电制氢或合成气则主要考虑用于季节性调峰。基于我国目前煤电达到 10.8 亿 kW，53% 以上是单机 600MW 以上的高参数大容量煤电机组，很多服役年限比较短，通过灵活性改造可以为电力系统提供支撑能力。火电＋CCUS 相比电制氢气及合成燃料方式可为日间及季节性调峰提供更好的经济性支撑。

为从电力供需平衡角度分区看火电调峰的作用，主要表现在未来为新能源电力调峰保障的火电容量需要保留多少，发电出力时间和空间上如何分布。因此需要建立分区电力模型，模型需要具有一定的地理分区，以描绘资源潜力和电力传输在空间维度的特征。同时模型要能模拟负荷、可再生能源在时序上的波动特征，具体如图 4-9 所示。

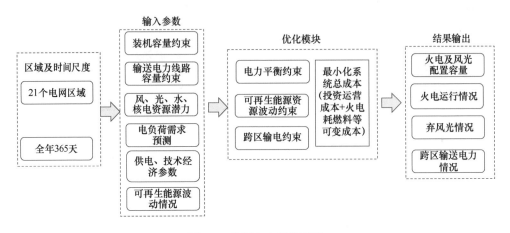

图 4-9　分区电力规划模型

为分析未来电力系统对北方地区供热的影响，共分为 21 个电网分区，具体如图 4-10 所示。北方 17 个省市和地区分别作为独立区域，而南方地区则仅分为西南电网、南方电网、华东电网以及除河南的华中电网四个区。分区为 1 新疆，2 青海，3 宁夏，4 甘肃，5 陕西，6 西南，7 南方，8 华中除河南，9 华东，10 河南，11 陕西，12 山东，13 河北南网，14 蒙西，15 冀北，16 北京，17 天津，18 蒙东，19 黑龙江，20 吉林，21 辽宁。模型含 14 种发电装机类型，包括 1 煤电，2 煤电＋CCUS，3 气电，4 气电＋CCUS，5 生物质电，6 生物质电＋CCUS，7 陆上风电，8 海上风电，9 集中光伏，10 分布式光伏，11 核电，12 径流水电，13 日调节水电，14 季节调节水电。同时考虑了区域间电网的输配限制，并呈现各区域电力系统逐日的供需平衡情况。

本小节中模型为不考虑供热时的情况，优化目标为供电系统总成本最低，包括电源、输送电网、储能的投资成本和系统运行成本。其计算的基础数据如附表1和附表 3 所示。火力发电（煤电、燃气发电和生物质能发电）和核电的输出的在线容量不能超过装机容量，且生物质发电需要满足各区域可用生物质资源量的约束，核电需要满足年发电利用小时数 7000～8000h 的约束。碳排放限制要求全年的碳排放达到碳中和平衡，即煤电、燃气电厂的净排放与生物质电厂的 CCS 捕获的 CO_2 量相等。另外核电和常规水电不参与容量的优化计算，核电按沿海核电厂址资源开发 2.06 亿 kW，常规水电按 5 亿 kW 开发规模。

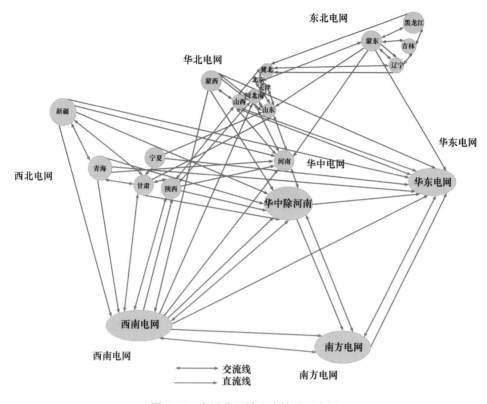

图 4-10 全国分区域电力输送示意图

4.3.2 未来电力、热量需求预测

根据我国未来社会和经济发展规划，构建行业电负荷曲线的模拟方法，针对历史数据研究了行业负荷日用电量的变化规律，建筑负荷考虑外温、工作日等的因素修正，根据各区域发展的建筑面积、年均电耗等指标获得各区域建筑电负荷曲线，工业电负荷中的制造业电负荷参考浙江等地公布的典型工业的日均电负荷获得。并参考了 2018 年能源局公布的全国各省级电网典型电力负荷曲线，2018 年的数据为新冠肺炎疫情影响之前的数据，生产生活秩序均正常。在此基础上预测未来建筑、乘用车、工业、交通市政、生活热水耗电的全年日用电量负荷曲线。由于供热热量需求和供热方式选择对未来电力需求的时空分布有较大影响，下面对热量需求进行说明。

我国热量需求主要包括北方建筑冬季集中供热供暖热量、农村分散供热和长江流域及南方地区冬季供热、居民和公共建筑生活热水、个别服务业的蒸汽需求、非流程制造业 150℃ 以下的热量需求、非流程制造业 150℃ 以上的热量需求。这些热量需求大部分属于高密度热量需求，其余属于低密度分散热量需求。具体如表 4-2 所示。上述五项热量需求中，农村分散供热、长江流域及南方地区冬季供热、居民和公共建筑生活热水、个别服务业的蒸汽需求属于分布式低密度热需求，共 48.5GJ，其中多数可依赖自然界低温热源通过热泵升温获得，个别低温环境等不适条件可通过电直热方式获取热量。非流程制造业 150℃ 以上的热量需求属于高密度、高品位热量，如果利用热泵，即使低温热源温度在 40~50℃，热泵的 COP 也很难超过 1.5。因此可采用直接电热或通过其他低碳高温热源（如高温气冷堆核电站等）获取热量，本节这部分热量按直接电热计入未来电力负荷需求中。

2021 年我国北方城镇建筑供暖面积 147 亿 m^2，其中居住建筑 108 亿 m^2 左右，节能及非节能建筑各占 50% 左右，目前北方城镇供暖建筑包括管网各种热损失在内的耗热量总计 56 亿 GJ，平均耗热量为 0.38GJ/m^2。对于既有具备改造价值的非节能居住建筑要逐步分批改造达到 75% 居住建筑节能标准，新建建筑 2030 年后逐步开始实施超低能耗、近零能耗标准，通过建筑节能改造和改进调节手段消除过量供热，未来可以把供暖平均热耗从 0.38GJ/m^2 降低到 0.25GJ/m^2。未来北方城镇冬季供暖面积将达到 218 亿 m^2，建筑需要供热量为 54.5 亿 GJ。北方城镇供暖通过节能改造和节能运行降低实际供暖需求，是实现低碳的首要条件。另外就是非流程工业制取 150℃ 以下的蒸汽用热需求大约 76 亿 GJ。北方城镇冬季供暖和非流程制造业 150℃ 以下热量均属于高密度热量需求，共 130 亿 GJ，相当于 3.6 万亿 kWh 热。这两部分热量未来的技术路径选择以低品位余热利用为主的集中供热方式还是全面电气化方式对未来的电力负荷需求数量和特性有非常大的影响，具体在 4.5 节中进一步讨论。

我国热量需求的分类及数量　　　　　　　　　　表 4-2

热量需求分类	数量（亿 GJ）	热量需求特征
北方建筑冬季供暖热量	54.5	高密度集中为主
农村分散供热和长江流域及南方地区冬季供热	40	低密度分散
居民和公共建筑生活热水、个别服务业的蒸汽需求	8.5	分散
非流程制造业 150℃ 以下的热量需求	76	高密度
非流程制造业 150℃ 以上的热量需求	49	高密度

未来中国在 2050 年电力消费总量达 14 万亿 kWh，含非流程工业 150℃ 以上制蒸汽用电和北方农村供暖和南方分散供暖用电，不包括北方城镇建筑供暖 54.5 亿

GJ 和非流程工业 76 亿 GJ 热量的制备和输送，具体如表 4-3 所示。从各个区域全年电负荷曲线来看存在明显的冬夏电力负荷双高峰的情况，全国日均最大总负荷 19.2 亿 kW，具体图 4-11 所示。

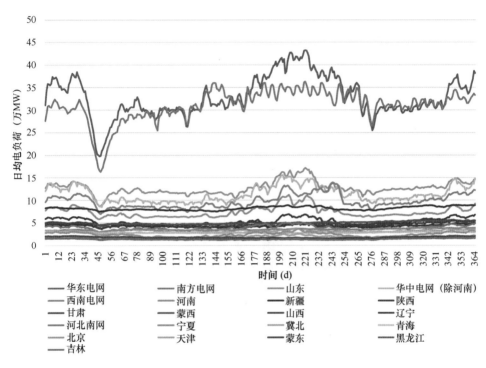

图 4-11 各区域逐日日均电负荷曲线

中国 2050 年电力消费总量 表 4-3

项目	万亿 kWh
建筑	3.1
乘用车	0.6
工业	7.2
交通市政及其他	1.0
生活热水	0.2
小计	12.1
非流程制造业 150℃以上热量	1.4
北方农村供暖（95%空气源）	0.2
南方分散供暖（95%空气源）	0.2
合计	13.9

4.3.3　未来新型电力系统的电力电量平衡结果

根据分区电力系统模型分析方法计算，将电负荷和风光出力等按日总量进行优化计算，风光的储能以胡焕庸线为界，西部按 20％储能配置，东部按 10％储能配置。未来 14 万亿 kWh 全社会用电量情景下优化方案的电源需要的总装机容量为 73 亿 kW，具体如图 4-12 和图 4-13 所示，其中风、光电装机 61 亿 kW，占比 83.7％，风光容量比 1∶2，胡焕庸线以西地区的风光装机占比 44％。从图 4-14 可以看出，按模型设置的风光资源开发规模的限制值，青海、宁夏、甘肃、南方电网、华东电网、山西、山东、河北南网、冀北、北京均已开发 80％以上。陕西、华中电网、蒙西、蒙东开发在 40％～70％之间。新疆、河南、黑龙江、吉林和辽宁开发在 10％～35％之间。

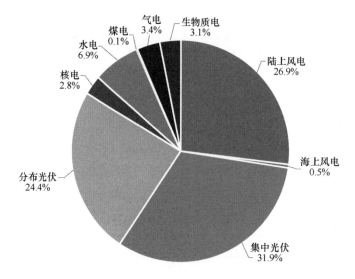

图 4-12　全国电力装机容量比例图

如图 4-15 所示，总电量中风光电量（陆上风电、海上风电、集中光伏、分布光伏）占比 71.79％。全国火电最大日均发电需求 4.8 亿 kW，考虑到一天内出力的变化，需要保留的调峰火电装机应该在 5.5 亿～6 亿 kW 之间，占总电源装机总量的 7.5％～8.2％，发电量 0.8 万亿 kWh，占全年发电总量的 5.7％，通过 CCUS 回收火电排放的 CO_2，如果回收率为 80％，只要生物质燃料占比超过 25％，回收到的生物质燃料排放的 CO_2 量就可以超过燃煤燃气电厂排放量中没能够通过 CCUS 回收的部分，从而就可以整体上实现零排放。调峰火电中北方火电日均最大

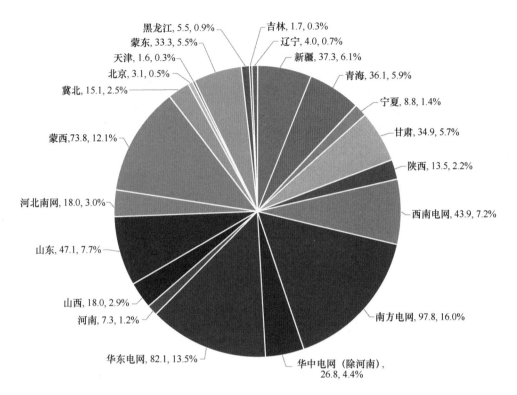

图 4-13　全国各区域风光装机容量图

注：前面数字为风光装机容量，万 MW。

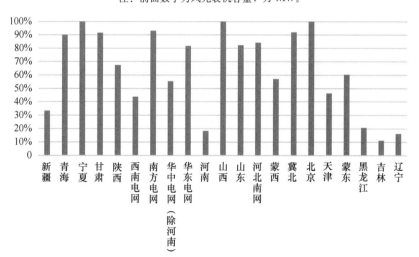

图 4-14　全国各区域风光装机占资源量比例图

发电功率为 2.7 亿 kW，占北方电源总需求的 7%，如图 4-16 所示。

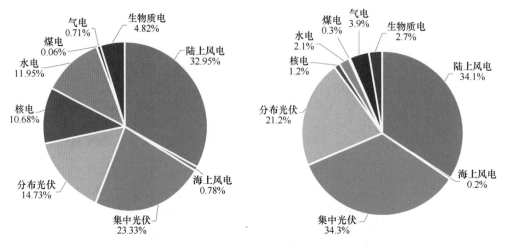

图 4-15　全国电力发电量比例图　　　图 4-16　北方地区电力装机容量比例图

风电光伏电源装机与资源特性、电网互联及负荷特性密切相关，一定条件下，风电光伏装机存在最优布局。单方面增加风光资源优越地区的风光容量由于需要跨区输送，会导致储能、输送设施投资的较大增加或导致较大的弃风光率。采用模型对 2050 年中国 21 个区域互联电力系统的风电、光伏、水电、火电、核电及系统运行开展联合优化，跨区电力系统优化计算结果表明"西电东送"和"北电南送"的格局进一步发展，2050 年跨区输送容量将由现状的 4.5 亿 kW 增加至 9 亿 kW，各区域间主要送电通道的容量如图 4-17 和图 4-18 所示。总体来看，西北、西南、华北和东北为送端电网，华东、华中和南方为受端电网，其中华北、华中既接收区外

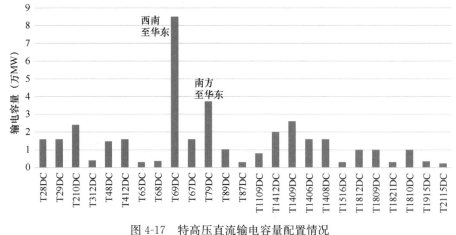

图 4-17　特高压直流输电容量配置情况

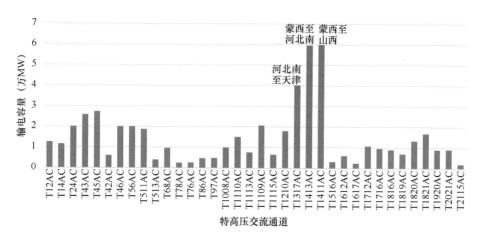

图 4-18　特高压交流输电容量情况

受电又外送电力，具有输电枢纽作用。各区域间输电通道利用小时如图 4-19 和图 4-20 所示，西南至华东以及西南至南方电网通道利用小时超过 5000h，这是由于西南地区水电富足且调节能力大于当地的风电光电容量，青海和甘肃的外输通道的利用小时数也较高，也是由于风光资源丰富，且水电发挥了调节能力。蒙西和蒙东外输通道的利用小时较高，原因是此两地的风光资源非常丰富。南方电网至华东、华中电网至南方、黑龙江及辽宁至冀北电网等输电通道利用小时数低，不超过 4000h。

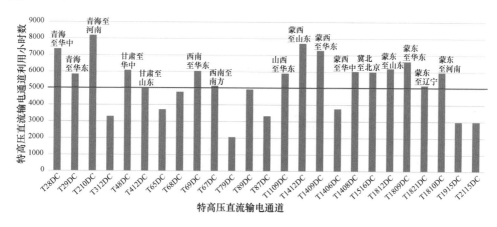

图 4-19　特高压直流输电小时利用情况

对电力系统来说，核心问题是解决电力供需的季节差和日内差。随着未来风电、光伏为主的波动性可再生能源发电量占比的提高，系统小时级和季节性波动不

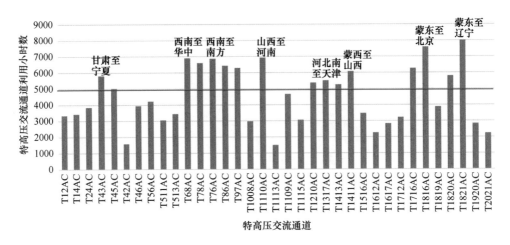

图 4-20　特高压交流通道小时利用情况

断增加，需要调度抽水蓄能和电化学储能等方式应对日内调峰，调度水电和火电应对季节性灵活调节。以下按日均电源需求量进行说明。图 4-21 和图 4-22 分别为全国和北方地区各电源发电需求的逐日变化，可以看出冬季末寒期和春季有大量的弃风光电，秋季有少量的弃风光电。火电作为调峰电源承担了解决未来可再生能源供应和电力需求的季节性不匹配，主要弥补冬季和夏季电力不足缺口，季节内日总量不够，就启动火电补充。全国水电调度实现季节调度电量占全年水电发电电量的 25%，相比全径流方式，水电季节蓄放调节在冬季平均提高了发电功率 0.6 亿 kW。南方地区具有季节性调峰能力的水电蓄能总量的变化图 4-23 所示。

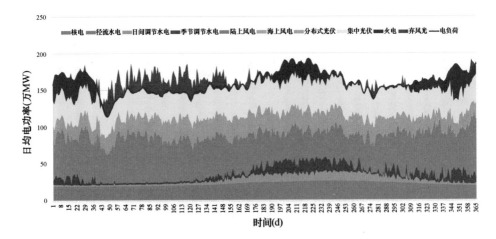

图 4-21　全国各电源发电需求逐日日均变化

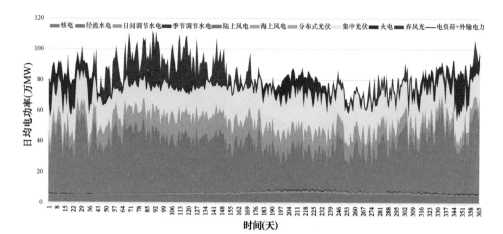

图 4-22   全国北方地区各电源发电需求逐日日均变化

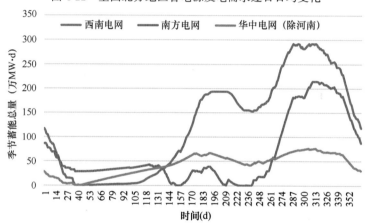

图 4-23   南方季节调节水电蓄能总量的变化

从图 4-22 和图 4-23 来看，存在冬季火电调峰的情况下仍有弃风光电力的情况，这是由于火电调峰的区域和弃风光电区域不属于同一区域，且存在输配关系的区域已达最大输送容量，单独为消纳弃风光增加输配容量不合适。以蒙西地区、河北南网和山东地区为例，其 12 月各电源发电需求逐日变化分别如图 4-24～图 4-26 所示，其中除蒙西至其他两地区输配的电力外，河北南网和山东地区其他输入输出电力反映在电负荷＋外输供电曲线里。蒙西地区在 23 日至 31 日出现了弃风光电力，但同日火电均不运行，另外蒙西至河北南网和蒙西至山东的输配容量已分别达最大容量 0.6 亿 kW 和 0.2 亿 kW，河北南网和山东地区均有火电调峰运行。

根据对未来我国零碳电力资源的分析，即使考虑水电的季节性调峰，冬季的零

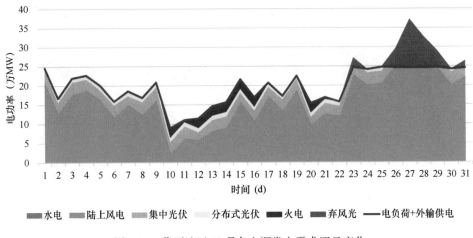

图 4-24　蒙西地区 12 月各电源发电需求逐日变化

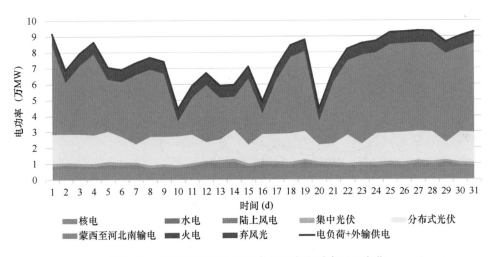

图 4-25　河北南网地区 12 月各电源发电需求逐日变化

碳电力（核电、水电、风电、光电）可提供的平均功率仅为夏季的 85%，而由于未考虑供热所增加的电力需求，夏季电力负荷略高于冬季电力负荷。图 4-27 显示了全国火电全年逐日需求曲线情况，冬夏季需要火电进行调峰补充。图 4-28 为火电全年延续时间运行情况，全国火电最大利用小时数 1644h，其中夏季最大小时数 532h，冬季最大小时数 1039h。北方火电最大利用小时数 1636h，南方火电最大利用小时数 1700h。北方地区火电冬季 5 个月发电量占其全年发电量的 63%。

未考虑北方城镇供暖和非流程工业 150℃ 以下热量需求的电力系统投资 34.7 万亿元，年运行费 11140 亿元，其中火电燃料及 CCUS 费用 4204 亿元。图 4-29 给

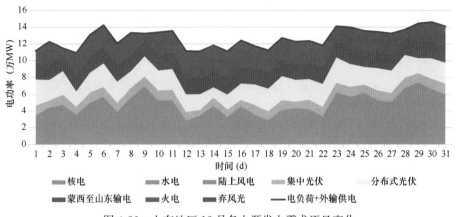

图 4-26 山东地区 12 月各电源发电需求逐日变化

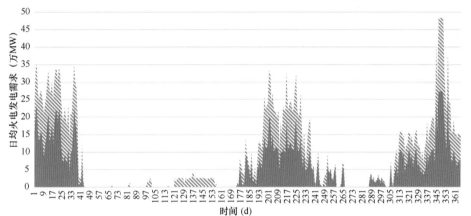

图 4-27 全国火电发电逐日需求曲线

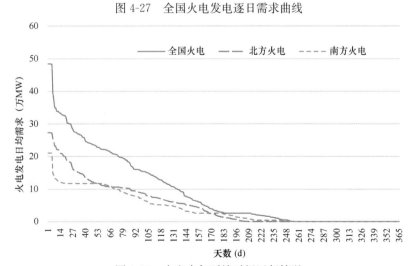

图 4-28 火电全年延续时间运行情况

出在全面实现了大比例风电光电的零碳电力供给后将出现的全国总计弃风弃光变化，全年的弃风弃光电力占风电光电总电量的 5.7%，全年近 6300 亿 kWh，其中春秋季弃风光电较多。之所以出现这样的弃风弃光是由于风光电力是由气候自然环境条件所决定，而不能根据需求状况调节。春秋季风光电力总量高于需求量，而冬季又明显不足。如果减少风电光电装机，不仅冬季的缺口会进一步加大，夏季也会形成较大缺口。由此通过优化得到风电光电装机容量和由此导致的弃风弃光量。表 4-4 和表 4-5 分别是增加 10% 的风光电装机容量和降低 10% 的风光电装机容量后电力系统投资及运行费的计算结果。前者将进一步加大风光电初投资，弃风弃光电总量也增长到 8500 亿 kWh，而火电调峰的需求量仅减少到 4.55 亿 kW、6098 亿 kWh 电，相比优化方案增加投资 1.66 万亿元，减少运行费 951 亿元，需要 17.5 年才能回收，后者增加了火电需求量到 5.6 亿 kW，1.31 万亿 kWh 电，弃风光电总量减少到 3000 亿 kWh，优化方案相比后者增加投资 1.97 万亿元，减少了运行费用 2590 亿元，优化方案增加的投资对应 7.6 年回收。

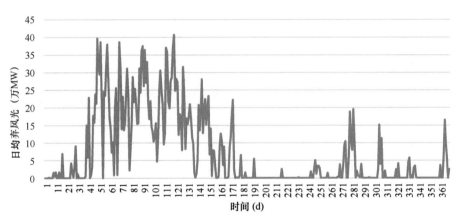

图 4-29　全国总计日均弃风光电量逐日变化

未来未考虑北方城镇供暖和非流程工业 150℃ 以下热量需求的
电力系统主要投资　　　　　　　　　　　　　　　　表 4-4

投资	优化方案（万亿元）	风光总容量增加 10% 方案（万亿元）	风光总容量减少 10% 方案（万亿元）
风电光伏	29.79	31.7	27.32
火电厂（含 CCUS）	1.36	1.22	1.84
跨区输电及区域电网	15.1	14.99	15.12
合计	46.25	47.91	44.28

投资	优化方案（亿元）	风光总容量增加 10%方案（亿元）	风光总容量减少 10%方案（亿元）
火电燃料及 CCUS	4204	3244	7289
运行维护费	6936	6945	6441
合计	11140	10189	13730

未来未考虑北方城镇供暖和非流程工业 150℃ 以下热量需求的电力系统运行费　　表 4-5

4.4　季节性弃风光电量的合理利用途径分析

按上节所述，每年总计 6300 亿 kWh 弃风光主要集中发生在春秋季，且以冬季末寒期和春季为主，最大弃风光的折算小时数在 1000h 左右，部分区域的弃风弃光电力累计分布图如图 4-30 所示，这些区域的弃风光电量占 67.3%。季节性弃风光电量的用途包括以下三种方式。

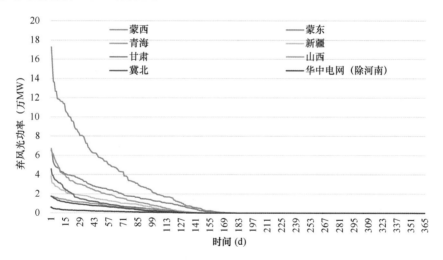

图 4-30　部分区域的弃风弃光电力累计分布图

（1）采用储能方式储存这部分能量

由于是季节性弃风光电量，一年仅储放一次，所以储存设施投资高，投资回报期也会过长。未来电化学储能投资为 1000 元/kWh，储能效率在 90%。对于储氢，可实现大规模利用的碱性电解槽方式电转氢的效率在 62%左右，按常规 2MPa 储罐储氢投资，折算 120 元/kWh，即使按大规模地下盐穴储氢投资，折算也在 7 元/

kWh。若在电解水制氢基础上进一步合成其他氢衍生物，以电转氨为例，效率在47.4%，大规模储氨的单位投资在 1 元/kWh。而如果把弃风弃光电力转为热量，通过跨季节储热池储存，考虑长周期储热损失，效率可以达到 90%。当储热体投资为 125 元/m³，储热温差 70℃（90℃/20℃）时，储热投资为 1.65 元/kWh，远低于储电、储氢等其他储能方式，而对于储氨由于其转化效率较低，合成燃料设备投资大，经济性上不合理，下文会进一步分析。按 7% 折现率和 20 年使用寿命折算，即使采用电直热跨季节储热的方式，按每 MW 电锅炉 20 万元，1000h 运行计算，每吉焦供热折旧成本为 5.2 元，跨季节储热每吉焦的折旧成本为 43.4 元，合计 48.6 元/GJ，低于目前的天然气调峰供热成本，折算为 0.17 元/kWh 热。因此这可能是消纳这部分弃风弃光电量最有效的途径。

（2）弃风光电制氢转为燃料或化工原料使用

氢气同时具有能源、储能及化工原料的属性，能够有效替代化石燃料，可助于排放密集型工业流程的深度脱碳。但氢作为一种能源载体，在转换过程中伴随较大的能量损耗，且存在成本较高的储运环节，阻碍了弃风光制氢的应用，尤其是季节性的弃风光利用，全年生产过程大多在 1000h，1/8 的生产线利用率导致生产设备利用率低，制氢和氢转为燃料的装置初投资回收期过长，经济性差。以碱性电解槽制氢装置为例，根据 IEA 预测，2050 年碱性电解水制氢装置投资 1400 元/kW，1m³ 氢耗电 4.5kWh，按 7% 折现率和 20 年使用寿命折算，加上 10% 的运营维护制取 1kWh 氢 0.218 元。储氢成本取决于运行能耗和储罐周转量及周转频次等因素。即使按大规模地下盐穴储氢[7]，按长期储存半年周转一次，需要再增加储存成本 0.4 元/kWh 氢，总成本为 0.618 元/kWh 氢。我国适合建库的岩盐地层主要集中在东南部区域，而这些区域是其风光相对较少的区域，而目前盐穴还有发展压缩空气储能等其他用途。未来合理的绿氢使用成本在 10 元/kg，折算为 0.3 元/kWh氢，因此即使有盐穴如果不是短周期储氢，也是不经济的，且间歇性更大的弃风光导致增加启停次数，影响系统能量综合利用和电解槽寿命。

电转氨等其他合成燃料由于需要在电解水制氢的基础上进一步合成，不但有10%～20% 的损耗，且需要增加空分或直接空气捕捉装置，其从电到合成燃料的转化效率在 42%～47%，如图 4-31 所示。合成氨、合成甲烷和合成甲醇投资折算单位 kW 电解制氢耗电功率分别在 3300 元、1400 元和 1000 元，按 1000h 生产计算，直接空气捕捉 CO_2 成本 1000 元/t，折算弃风光电转氨、甲烷和甲醇的合成成本分别为 0.84 元/kWh、0.6 元/kWh 和 0.58 元/kWh，三种燃料的储运成本分别为 1

元/kWh、0.32 元/kWh（盐穴储气）和 0.4 元/kWh（常规储罐），则弃风光电转氨、甲烷和甲醇的合成成本分别为 1.84 元/kWh、0.92 元/kWh 和 0.98 元/kWh 燃料热值，折算成吨燃料价格 9550 元、12790 元和 5480 元，而目前这些燃料的市场价格在 4600 元、5500 元（按 4 元/Nm³ 折算）和 3000 元，对应要求的年最低运行小时数分别为 2100h、2300h 和 1800h。因此电转合成燃料虽然有易储运的优势，如果弃电时间短，即使投入的电力不算费用，也不足以使合成燃料装置经济运行。

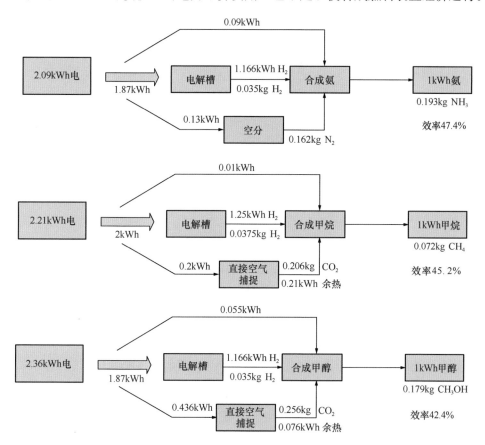

图 4-31　三种电制氢衍生物燃料的效率分析

（3）通过电解铝等耗能工业制产品储备

电解铝等耗能工业在弃风光时段通过增加生产装备利用集中弃风光时段生产产品。以电解铝行业为例，电解铝属于连续生产型企业，在生产过程中需要平稳地不间断地供给电能，电解铝具备 90%～110% 的连续电力调节能力，这种调节仅影响产量，而不影响产品质量和设备安全。当电流低于 90% 时没有产量，电流在

70％～90％之间处于保温状态，电流低于70％电解槽降温。发生停电事故时，冬季3～4h（夏季7～8h）电解槽就会凝固造成巨大损失[8]。集中弃风光时段弃风光电功率仍具有随机性和间歇性，弃风光的分布时间、大小和持续时间等仍需和电解铝的其他电源配合保障电能质量的要求。电解铝生产成本除原料成本外主要是能源成本和加工成本。能源成本主要是电耗费用。吨电解铝的耗电量13500kWh，目前电解铝行业综合加权电价约0.3元/kWh，若全部使用弃风光电，则可实现每吨电解铝产品电费减少4050元。加工成本主要包含产品设备折旧、人工费用和其他制造费用。电解铝设备全年生产时间一般为8000h，电解铝吨产品设备折旧为400元，人工费用100～200元/t，其他制造费用200～400元/t，这里按700元/t产品加工成本考虑。如果改为1000h生产，吨产品加工成本至少为5600元，增加4900元/t，按1kWh弃风光电转化成电解铝产品储存相当于0.36元。消纳弃风光减少的能源成本不足以补偿装备投入增加的加工成本。电解铝利用弃风光满负荷利用小时数至少需要1300h才能达到减少能源成本和增加加工成本的平衡，另外考虑弃风光的间歇性和电解铝生产的不可中断性，还需要增加储能成本，最低满负荷运行小时数应在2500h。

综上所述，弃风弃光最有效利用的途径是跨季节储热供热，4.3.3节中给出的弃风光电量6300亿kWh，可以最大直接转换成22.4亿GJ热量。这是所需要的集中供热总量的六分之一。这部分热源应给予高度重视，具体分析弃风光电利用方式和利用规模时，需要根据区域的弃风光电的时序特征和产业需求综合考虑。如图4-33所示，以甘肃为例，考虑最大利用小时数2500h的弃风光电量生产电解铝产品、电制氢或电制合成燃料，统计这部分电量占弃风光电总量的48％，其余52％可用于供热（图4-32）。

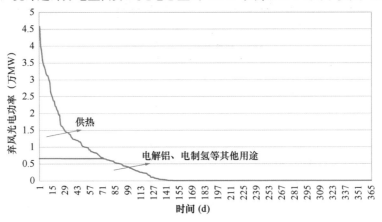

图4-32　甘肃地区弃风光电利用示意图

4.5 未来新型电力系统与供热系统联合规划分析

4.5.1 未来新型电力系统与供热系统联合优化模型

火电、核电余热、工业余热以及基于热泵技术的数据中心、变电站等其他余热利用是保持区域供热系统低碳的主要方式。根据第 3 章讨论和 4.4 节分析，北方建筑冬季供暖和非流程制造业 150℃ 以下热量均属于高密度热量需求，共 130 亿 GJ，可以利用集中供热系统回收核电厂、调峰火电、流程工业、数据中心、大型变电站等排放的低品位余热和弃风弃光电热量，部分通过热泵将其整合至要求的供热参数，同时为解决热源排出热量与需要热量时间上的不匹配，需要大规模跨季节储能。各种余热资源和弃风光电热量总量大于总热量需求，但是存在空间地理位置和时间上的匹配问题，为此需要建立分区域的供热平衡模型，检查分析各个区域是否具有足够的余热资源，同时需要得到每个区域必须具备的跨季节储热容量。在此假设低品位热量的输送一般仅限制在区域内，对于余热资源匮乏不能满足供热需求的区域考虑相邻区域热量的跨区域输送。

为进一步量化供热低碳技术路径对未来电力系统的影响，评估余热资源供给与建筑和非流程工业的热量需求之间的时空与品位平衡状况，需要在 4.3.1 节分区电力系统模型的基础上增加与供热系统联合优化的模型，具体如图 4-33 所示。优化目标为供热和供电系统总成本最低，总成本包括投资成本、运行和维护成本以及能源转换技术的燃料成本。北方城镇供暖设分散和集中供热率。分散供热热源分为空气源热泵、地源热泵、分散电加热。集中供热热源分为煤电热电联产、生物质热电联产、燃气热电联产、核电热电联产、工业余热、数据中心、电锅炉、蓄热装置、工业蒸汽热源。其中供热成本包括集中热源、输送热网、储热、分散电热泵和直接电加热等的投资成本和系统运行成本。

集中供热热源逐日供需平衡：煤电、气电和生物质电、核电余热、工业余热、数据中心、污水余热、电加热、蓄热充放热的和等于集中供暖热负荷和制取工业蒸汽所需的热量。火电热电联产余热供热成本按影响发电量折算到消耗燃料和承担的 CCUS 费用。由于核电装机容量一定，核电热电联产需计算承担的供热量对应减少的发电出力。分散热源逐日供需平衡，含空气源热泵、地源热泵和电加热。各区因供暖和工业制蒸汽耗热增加的电量均反馈到电力模型中进一步联合优化计算。本节考虑可能的弃风光电制氢或转化电解铝等高能耗产品,在模型中设置用于电直热的弃风光电量比例作为约束条件进行优化。跨季节储热水池长期储热导致的散热损失按 180 天损失 10％计算。大温差长输供热方式经济输热距离最大到 200km,可以在更大地域范围内优化配置热源,输热量大于 1000MW,每百千米热量损失 5％。

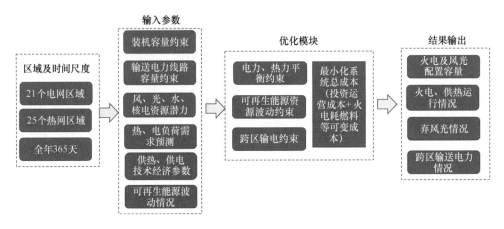

图 4-33　分区电力热力联合规划模型

4.5.2　余热供热为主的方案

据电力与供热联合规划模型计算,需要火电承担最大日均负荷需求 5.08 亿 kW,折算小时数 1778h,对应 50.8 亿 GJ 余热量,图 4-34 为全国各区域所需火电的余热量占比。另外核电机组全年排出低品位余热 72 亿 GJ。除电厂余热资源外,还存在 48 亿 GJ 的工业余热以及 42 亿 GJ 数据中心、变电站热量和污水余热可以利用,另外还有最大总计 22.6 亿 GJ 的弃风光电可以转化成热量。这些热源资源总量为 235 亿 GJ。从热源资源总量上可以完全满足 130 亿 GJ 的北方城镇建筑供暖和 150℃以下的流程工业用热需求。

根据 2.4 节和 5.1 节,整理各分区的未来余热资源量和用热需求,从图 4-35 和图 4-36 可以看出,新疆、青海、宁夏、北京、天津、蒙西、蒙东、黑龙江和吉林为用热需求大于余热资源量的区域。西南电网、南方电网、华中电网(除河南)、华东电网、河北南网、山东、山西、冀北和辽宁为用热需求远小于余热资源量的区域。甘肃、陕西、河南为余热资源量和用热需求基本平衡的区域。从图 4-37 和图 4-38可以看出,考虑各区域弃风光电量转化为热量的潜力后,仅北京、天津、

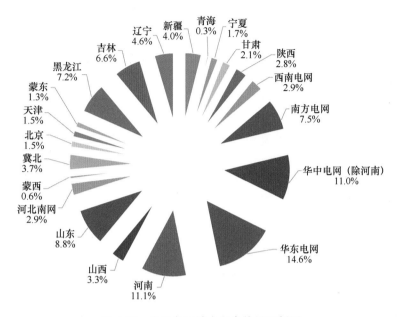

图 4-34 全国各区域火电余热量比例图

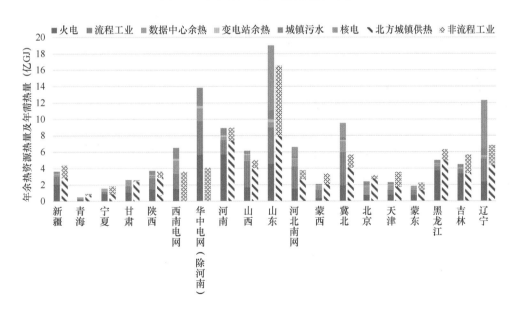

图 4-35 各电力分区（除南方、华东电网）未来年余热资源热量及年需热量对比

黑龙江和吉林为用热需求大于余热资源量的区域。宁夏和河南为余热资源量和用热需求基本平衡的区域。其他均为热源资源总量较丰富的区域。

大型跨季节储热装置可以充分有效地回收全年的余热、弃风光电，平衡热源供

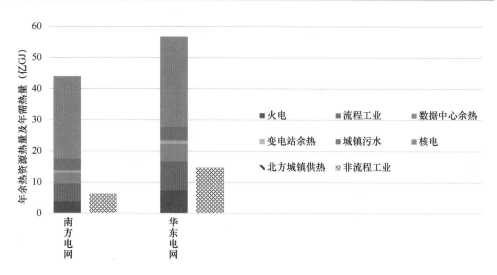

图 4-36   南方和华东电网分区未来年余热资源热量及年需热量对比

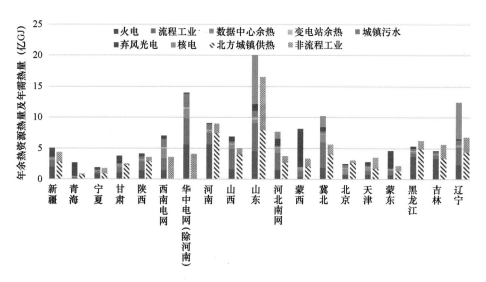

图 4-37   各电力分区（除南方和华东电网）未来年余热资源、弃风光电热量及年需热量对比

给和供热需求时间上不匹配的问题，从而大幅度提高供热系统的灵活性和可靠性。
按照 21 个用能分区，根据每个分区的热源产热热量、建筑供暖和工业生产的需热
量，分别得到两者在一年内逐日变化曲线，如图 4-39 给出的山东地区实例。可见
由于建筑冬季供暖需要热量高，冬季热量远不能满足要求，而春、夏、秋季热量远
高于当时的工业用热需要。建立大型跨季节储热水池可以储存春、夏、秋季的热
量，供冬季使用。储热直接采用水作为介质，成本低，每立方米库容在 100~150

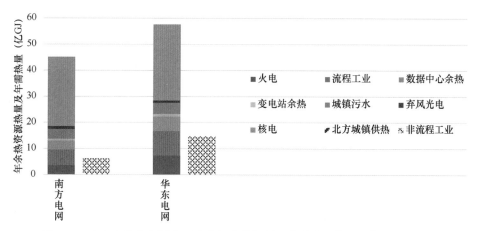

图 4-38 南方和华东电网分区未来年余热资源、弃风光电热量及年需热量对比

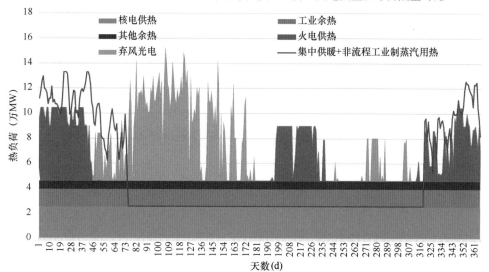

图 4-39 山东地区集中供暖及非流程工业制蒸汽用热需求和各类供热热源供热量匹配关系

元/m³，本节分析均按 125 元/m³ 计算。对于热源充足的地区，需要选择储存成本更低的热量并在时间周期上尽量减少长期储存的时间以减少热损，这样可以减少跨季节储热的投资。而对于热源紧缺地区，则需要较大的储热规模，根据需求匹配确定储热容量。另外可以采用电热泵提取余热热量或者采用电热锅炉把季节性弃风光电转变为热量，通过跨季节储热储存，缓解部分地区余热资源不足的矛盾。

下面分五种情况进行热源供需优化分析，重点对山东地区（余热资源丰富地区）、冀北地区（余热资源丰富、向外输送）、北京地区（余热资源稀缺、增加域外输热）、吉林地区（余热资源稀缺、弃风光电利用）、河南地区（余热资源基本供需

平衡）进行分析展示。各地区的热源供需优化具体如图 4-40～图 4-51 所示，每个

图 4-40 山东核电覆盖区域满足集中供暖＋非流程工业制蒸汽用热的热源方式构成

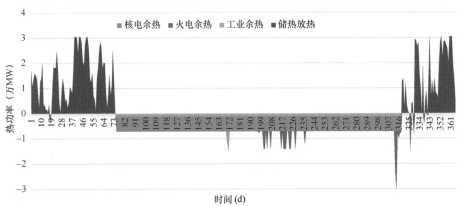

图 4-41 山东核电覆盖区域满足集中供暖＋非流程工业制蒸汽用热的储放热热量构成

图 4-42 山东核电非覆盖区域满足集中供暖＋非流程工业制蒸汽用热的热源方式构成

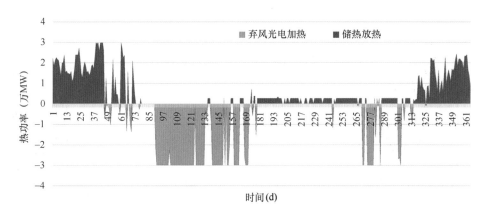

图 4-43 山东核电非覆盖区域满足集中供暖＋非流程工业制蒸汽用热的储放热热量构成

图 4-44 冀北区域满足集中供暖＋非流程工业制蒸汽用热的热源方式构成

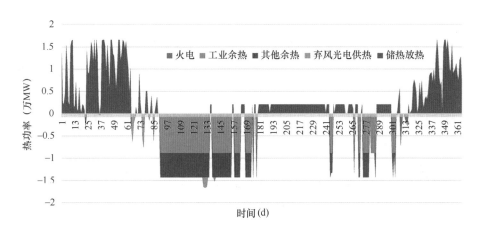

图 4-45 冀北区域满足集中供暖＋非流程工业制蒸汽用热的储放热热量构成

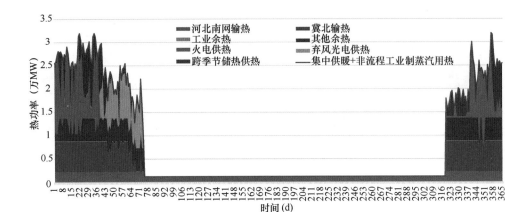

图 4-46　北京地区满足集中供暖＋非流程工业制蒸汽用热的热源方式构成

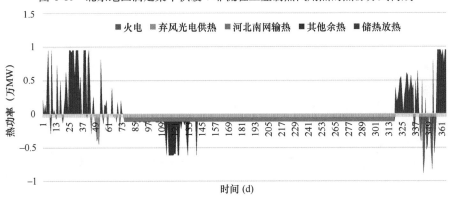

图 4-47　北京地区满足集中供暖＋非流程工业制蒸汽用热的储放热热量构成

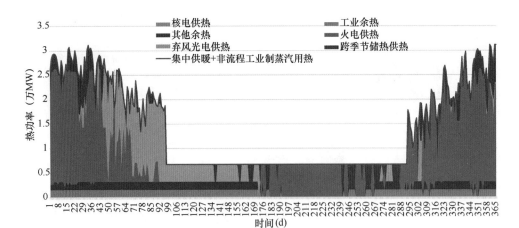

图 4-48　吉林地区满足集中供暖＋非流程工业制蒸汽用热的热源方式构成

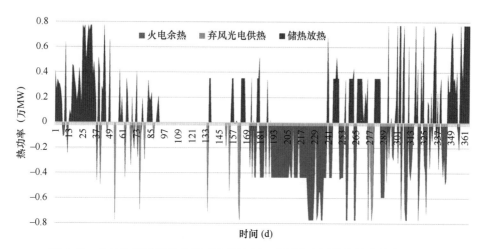

图 4-49 吉林地区满足集中供暖＋非流程工业制蒸汽用热的储放热热量构成

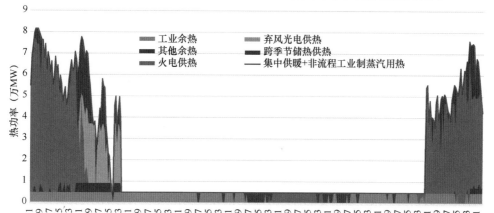

图 4-50 河南地区满足集中供暖＋非流程工业制蒸汽用热的热源方式构成

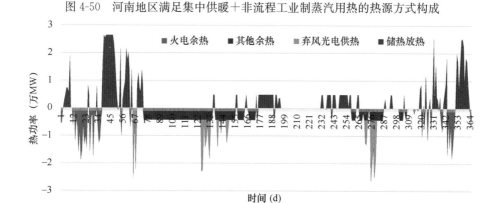

图 4-51 河南地区满足集中供暖＋非流程工业制蒸汽用热的储放热热量构成

区域两张图，第一张图集中供暖＋非流程工业制蒸汽用热线下所包络的各颜色堆积面积为各供热方式承担的热量，第二张图表示储放热热量的逐日变化，并表示储存热量的来源构成。山东地区按是否核电覆盖供热区域区分，核电覆盖供热区域冬季供热热量由核电、火电余热、工业余热、其他余热、末寒期弃风光电直热以及储热构成。储热热量主要来自核电余热以及利用热泵回收工业余热、其他余热和部分火电余热。核电非覆盖供热区域冬季供热热量由核电、火电余热、工业余热、其他余热、末寒期弃风光电直热以及储热构成。储热热量主要来自弃风光集中时段利用弃风光电直热热量。冀北地区从辽宁地区引入3000MW 热量，并从工业余热和火电余热丰富的唐山向北京远距离200km 输送7000MW 热量。储热热量主要来自弃风光时段利用热泵回收工业余热、其他余热，夏季热量主要由储热满足。北京地区除承接冀北地区远距离输热外，另外从距离30km 外的河北南网三河、涿州等地引入2500MW 火电及工业余热，在冬季部分热量由来自冀北、蒙东等地的弃风光电力加热满足。吉林地区余热资源不能满足供热需求，采用弃风光电和夏季火电余热储热来满足。河南地区储热热量较少，夏季供热主要由储热和火电余热满足。

根据模型优化，得到各区域需要建设的大型跨季节储热容量为 11.4 亿 GJ，具体如表 4-6 所示。取储热温度为 90℃/20℃，则需要建设大型蓄热水水库43.2 亿 m³，需要投资 0.55 万亿元。南方地区大多数区域不需要跨季节储热，如西南电网、华中电网、南方电网和华东电网的核电覆盖供热区域。图 4-52 为上述山东、冀北、北京、吉林和河南地区的跨季节储热总蓄热热量的全年逐日变化，蓄热容量到末寒期基本放完，然后开始蓄存余热和弃风光电，部分省在夏季释放一部分用于在夏季避免消耗尖峰电力，然后到冬季严寒期开始释放尖峰热调峰。除山东核电供热覆盖区外，其他区域均存在短周期的储存和放热，进一步增加了储热容积的利用率。

全国各地区跨季节储热配置蓄放热功率及蓄热总量　　　　　　　　表 4-6

项目	新疆	青海	宁夏	甘肃	陕西	西南电网	南方电网	华中电网（除河南）	华东电网	河南	山西
蓄放热最大功（万 MW）	1.8	0.4	0.7	1.0	1.5	0.0	0.6	0.0	5.0	2.8	1.8
蓄热量（亿 GJ）	0.2	0.2	0.1	0.2	0.4	0.0	0.1	0.0	0.7	0.4	0.6

项目	山东	河北南网	蒙西	冀北	北京	天津	蒙东	黑龙江	吉林	辽宁	合计
蓄放热最大功（万 MW）	6.4	1.4	2.8	1.7	1.0	1.9	1.0	1.4	0.8	2.4	36.3
蓄热量（亿 GJ）	3.3	0.7	0.2	1.0	0.3	1.0	0.2	0.6	0.2	1.0	11.4

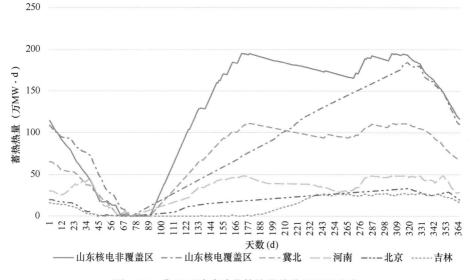

图 4-52　典型区域跨季节储热蓄热热量逐日变化

　　余热为主的集中供热方案供热构成和余热为主的集中供热方案供热增加电耗构成如表 4-7 和表 4-8 所示。余热为主的集中供热方案火电、核电和工业余热供热占 78%，弃风光电加热占 12.7%左右，其余为数据中心等其他余热方式供热。因增加供热相比 4.3.2 节增加尖峰电力 1 亿 kW，增加电量 1.3 万亿 kWh，其中弃风光直接电加热 0.37 万亿 kWh，因此仅增加电力消耗量 0.93 万亿 kWh。制备工业用热所需要的电量 0.63 万亿 kWh，其余为工业余热、数据中心等其他余热供热提升热量品位耗电及北方城镇供暖分散供热方式耗电。经模型计算余热供热方案需要 66 亿 kW 风光装机，5.1 亿 kW 火电日均最大需求，相比 4.3.3 节不考虑北方地区城镇供暖和工业用热的电力平衡结果增加风光电装机 5 亿 kW，火电需求 0.24 亿 kW。

余热为主的集中供热方案供热构成　　　　　　　　　表 4-7

项目	供热（亿 GJ）	扣掉 5％集中热损率后
火电	30.9	29.3
核电	28.7	27.3
工业余热	23.1	22.0
其他余热	9.8	9.3
弃风光电加热	13.4	12.8
合计	105.9	100.6
储热	11.4	
其中储热散热 10％	1.1	

余热为主的集中供热方案供热增加电耗构成　　　　　　表 4-8

项目	耗电（万亿 KWh）
工业余热	0.13
其他余热	0.08
弃风光电加热	0.37
分散热源	0.09
制 100～150℃蒸汽耗电	0.49
制 100℃以下热量耗电	0.14
合计	1.30

注：1. 北方地区城镇分散供暖占供暖总比例 15％左右，合计 8.15 亿 GJ（按 80％空气源热泵、10％地源热泵、10％分散电加热）；

2. 根据非流程工业 150℃以下热量的温度分布状况，100℃以下热量占 28％左右，由 90℃/20℃热网水制备 100～150℃工业用蒸汽的平均 COP 为 3.2，制备 100℃以下热量的平均 COP 为 4.3。

北方城镇建筑集中供暖需要终端热量变换装置 5 亿 kW，设备投资 0.3 元/W，则需要投资 0.15 万亿元。非流程工业生产 100℃以下热量变换装置处理热量 0.68 亿 kW，100～150℃热量变换装置生产热量 2.5 亿 kW，平均设备投资分别为 0.7 和 1.4 元/W，终端热量变换装置需要投资 0.4 万亿元。全国需要建设的跨区域热网初步估算 2 万 km，每米造价 5.6 万元，共需要投资约 1.1 万亿元。

4.5.3　全面电气化供热方案

北方地区城镇供暖 40％利用空气源热泵、10％采用污水源、地源热泵等热泵方式满足供热，50％采用电加热。非流程工业 100～150℃用热 80％采用电加热方式, 20%采用空气源热泵及蒸汽压缩耦合方式, 100℃以下的用热全部采用空气源热泵方式。供热全面电气化方案会使大部分地区的电力冬季供需失衡进一步加剧, 会在目前冬夏双峰的基础上, 冬季相比 4.3.2 节增加尖峰用电负荷 4.5 亿 kW, 增加电量 2.6 万亿 kWh, 产生更长周期的冬季峰值, 供热全面电气化方案增加电耗构成如表 4-9 所示。此种供热零碳技术路径增加了对发电和电网输配基础设施的提升要求, 经模型计算全面电气化供热方案需要 71.5 亿 kW 风光装机, 7.6 亿 kW 火电日均最大需求, 相比 4.3.3 节不考虑北方地区城镇供暖和工业用热的电力平衡结果增加风光电装机 10.6 亿 kW, 火电需求 2.8 亿 kW。

供热全面电气化方案增加电耗构成 表 4-9

项目	供热量（亿 GJ）	万亿 kWh
供暖空气源热泵	21.5	0.21
地源热泵	5.4	0.04
电加热	26.9	0.75
供暖小计	53.8	1.00
100～150℃工业蒸汽电直热	43.7	1.22
100～150℃工业蒸汽空气源热泵	10.9	0.16
100℃以下工业蒸汽空气源热泵	21.3	0.25
工业蒸汽小计	76.0	1.62
合计	129.8	2.62

4.5.4 两种供热方案对比

为满足非流程工业 150℃以下用热和北方地区城镇供暖, 经模型计算全面电气化方案相比余热供热方案冬季最大电负荷增加 3.5 亿 kW, 非供暖季最大电负荷增加 1 亿 kW。为满足电力平衡, 全面电气化方案相比余热供热方案需要增加风光电装机 5.6 亿 kW, 火电日均最大需求 2.6 亿 kW。计入跨区输电及区域电网和供热设施投资后, 全面电气化方案总体投资增加 8.2 万亿元, 运行费用主要是由于供热增加的火电燃料及 CCUS 费用、运行维护费用, 总运行费用增加 0.41 万亿元, 具体如表 4-10 和表 4-11 所示。余热供暖方案远优于全面电气化方案。与未考虑北方城镇供暖和非流程工业 150℃以下热量需求的电力系统方案相比, 按增加投资年成本（根据设施寿命和 7%折现率折算）和运行费用评价, 余热供热为主的方案单位 GJ 供热成本 66 元/GJ, 全面电气化方案单位 GJ 供热成本 154 元/GJ。

供热方案增加投资对比 表 4-10

投资	余热为主供热方案（万亿元）	全面电气化供热（万亿元）
风电光伏	2.96	7.21
火电厂（含 ccus）	0.20	1.25
跨区输电及区域电网	1.85	6.63
余热、热泵及电加热	0.81	0.20
跨季节储热	0.55	
跨区域热网	1.10	
分散供暖	0.09	0.47
合计	7.57	15.76

注：1. 与未考虑北方城镇供暖和非流程工业 150℃以下热量需求的电力系统相比

2. 区域电网根据各省各区域各电压等级（750KV、500kV、330KV 和 220KV）变电站装机容量、线路长度数据和电力负荷的回归分析关系式计算。110kV 以下的配电网投资占区域电网投资的比例按 57% 计算。

供热方案增加运行费用对比 表 4-11

运行费用	余热为主供热方案（万亿元）	全面电气化供热（万亿元）
火电厂燃料及 CCUS	0.11	0.37
运行维护费	0.08	0.23
合计	0.19	0.60

注：与未考虑北方城镇供暖和非流程工业 150℃以下热量需求的电力系统相比。

风电、光伏等可再生能源有明显的季节性、时段性，其发电比重的逐步提升会增大电力供应的波动性，因此对电力系统的跨时间、跨区域协调提出了更高的要求。未来零碳电力系统火力发电厂仍将存在 5 亿 kW 左右，热电联产通过区域热网利用余热有助于低成本实现供热的脱碳。上述分析使用电力热力联合规划系统模型评估了火电厂、核电厂、电热泵、电加热和跨季节储热作为供热热源运行的潜力，并量化了它们对电力系统的影响。跨季节储热除了改善热的供需平衡，同时在平衡电力供需以及减少所需的新增发电容量方面发挥重要作用。其中跨季节储热在电力系统中发挥了长周期储能的作用，实现了源侧与用热侧之间的解耦，避免了冬季 2.5 亿 kW 的尖峰电力需求增长，是显著提高季节性风光电消纳能力的技术选择，是减少弃风光电率的技术保障。两方案弃风光电量逐日和延续曲线对比如图 4-53 所示。全面电气化方案弃风光率 6%，余热利用供热方案弃风光率为 2.2%。

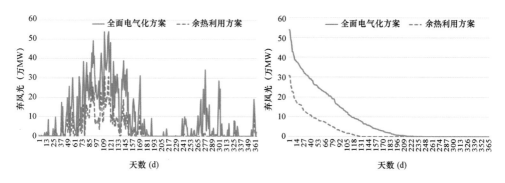

图 4-53　两方案弃风光电量逐日和延续曲线对比

本章参考文献

［1］　Wang Y，Chao Q，Zhao L，et al. Assessment of wind and photovoltaic power potential in China［J］. Carbon Neutrality，2022，1(1).

［2］　Liu L，Wang Y，Wang Z，et al. Potential contributions of wind and solar power to China's carbon Neutrality［J］. Resources，Conservation and Recycling，2022，180：106155.

［3］　王仲颖等 . 中国可再生能源展望 2016［M］. 北京：科学出版社，2016.12.

［4］　刘洪泽 . 我国能源安全韧性从哪里来［J］. 中国能源报，2022.10.

［5］　陈国平，梁志峰，董昱 . 基于能源转型的中国特色电力市场建设的分析与思考［J］. 中国电机工程学报，2020，40(2)：369-378.

［6］　吴全，沈珏新，余磊，等 ."双碳"背景下氢-氨储运技术与经济性浅析［J］. 油气与新能源，2022，34(5)：27-33，39.

［7］　王勇，仲维洋，佟永吉，朱洪波，陈明丰 . 电解铝企业参与弃风消纳可行性与经济性分析［J］. 轻金属，2021(1)：58-62.

第5章 低品位余热及其在未来供热系统中的作用

本章对全国范围内的工业低品位余热的现状资源以及未来的发展变化进行了调研和分析。通过文献和实际工程调研测试分析，对典型流程工业部门的低品位余热资源进行梳理，最终估算并总结了流程工业单位质量主要产品的理论余热潜力及品位分布。并在充分考虑余热点实际的地理位置、技术和生产因素等的限制后，进一步估算了其技术（易利用）余热潜力。最后在充分考虑未来能源结构转型、产业结构调整，以及城镇化发展阶段等对工业用能的影响下，对流程工业未来余热资源的变化进行了预测和分析。

5.1 低品位余热资源分析

5.1.1 流程工业余热

1. 黑色金属冶炼业：钢铁

目前世界主流的产钢工艺包括转炉炼钢和电炉炼钢。根据中国钢铁工业协会的统计数据，2021年我国转炉钢产钢量占总产钢量的比例约为90%。此外，不同于转炉炼钢，电炉炼钢常被用于废钢的再循环生产过程，或者铁水氧化炼钢的过程。电炉钢的生产过程不涉及炼焦、烧结、高炉炼铁等高耗能工序，能耗和余热量与转炉炼钢工艺相比将大幅降低，主要以炉体冷却余热为主。考虑到当前产钢工业主要以转炉炼钢为主，在本书中将重点讨论转炉炼钢工艺中余热资源特点，并对电炉炼钢过程余热进行预估分析。

钢铁厂转炉炼钢生产工艺的主要特点是：工序复杂繁多，核心设备少，主体设备为"三炉"：烧结炉、高炉与转炉。图 5-1 中虚线框指示的是焦化工序，考虑到部分钢铁厂并不生产焦炭，而直接从焦化厂外购，这部分余热将根据实际工厂流程单独估算。除焦化外，钢铁厂主产品的生产工艺主要包括五道工序：烧结、炼铁、炼钢、连铸和轧钢。炼铁和炼钢环节产生的高炉和转炉煤气多用于发电环节。除连铸工序的冷却水分散难以利用外，几乎每一个工序都有较为集中可用的低品位工业余热，且余热热量巨大。例如炼焦工序有焦炭成品余热、干熄焦发电乏汽余热、初冷器余热等；烧结工序有主排烟余热、烧结矿成品余热等；炼铁工序有铁渣余热、炉壁循环水余热等；炼钢工序有钢渣余热、转炉煤气净化余热等；轧钢工序有钢坯余热、加热炉烟气余热等；煤气发电过程还有大量的烟气和发电乏汽余热。

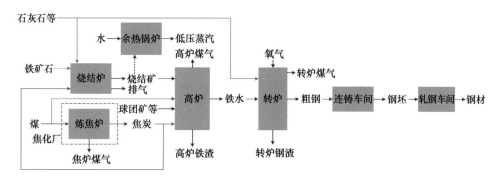

图 5-1　典型转炉炼钢工艺流程

转炉炼钢工艺单位产品余热回收理论潜力如表 5-1 所示。按照 1.132t 烧结矿产出 1t 铁[1]，1t 铁产出 1t 粗钢，1t 粗钢产出 0.9t 钢材，单独计算焦炭余热（因焦炭大多外购，且通常焦炭产量单独统计），折算到单位粗钢产量的低品位余热量为 6256MJ/t 粗钢。

转炉炼钢工艺单位产品余热回收理论潜力　　表 5-1

	分类	余热量 （MJ/t 焦炭）	比例	冷却初温 （℃）	冷却终温 （℃）	
炼焦	焦炭成品余热	199.05	8.63%	170	20	总：2306.75 MJ/t 焦炭
	干熄焦发电乏汽余热	1045.32	45.32%	45	45	
	初冷器冷却余热	800.5	34.70%	80	25	
	焦炉废烟气余热	261.88	11.35%	200	20	
	分类	余热量 （MJ/t 烧结矿）	比例	冷却初温 （℃）	冷却终温 （℃）	
烧结	主排烟余热	105.7	24.00%	150	20	总：440.38 MJ/t 烧结矿
	乏汽余热	230.68	52.38%	45	45	
	烧结矿成品余热	104	23.62%	150	20	

	分类	余热量 (MJ/t 铁)	比例	冷却初温 (℃)	冷却终温 (℃)	
高炉 炼铁	热风炉排烟余热	253.32	15.26%	250	20	总：1659.67 MJ/t 铁
	铁渣余热	556.42	33.53%	1400	20	
	炉壁循环水余热	849.93	51.21%	42	35	
	分类	余热量 (MJ/t 粗钢)	比例	冷却初温 (℃)	冷却终温 (℃)	
转炉 炼钢	钢渣余热	199.08	31.95%	1600	20	总：623.10 MJ/t 钢
	水冷氧枪余热	42.40	6.81%	50	35	
	转炉煤气净化余热	215.93	34.66%	800	200	
	发电乏汽余热	165.65	26.59%	45	45	
	分类	余热量 (MJ/t 钢材)	比例	冷却初温 (℃)	冷却终温 (℃)	
轧钢	钢坯余热	542.10	77.31%	800	200	总：701.19 MJ/t 钢材
	加热炉底管汽化 蒸汽发电乏汽余热	73.27	10.45%	45	45	
	加热炉烟气余热	85.82	12.24%	180	20	
	分类	余热量 (MJ/t 铁)	比例	冷却初温 (℃)	冷却终温 (℃)	总： 1775.55 MJ/t 铁
煤气 发电	高炉煤气烟气	225.27	12.69%	150	20	
	高炉煤气发电乏汽	1550.28	87.31%	45	45	
	分类	余热量 (MJ/t 钢)	比例	冷却初温 (℃)	冷却终温 (℃)	总： 611.21 MJ/t 钢
	转炉煤气烟气	47.28	7.74%	150	20	
	转炉煤气发电乏汽	563.93	92.26%	45	45	

对于炼焦行业，暂不考虑焦炭成品的余热，因为这部分余热常常受到场地限制很难回收，考虑工厂内烟气分布较为分散且其在低温下腐蚀性变强的特性，仅回收 80℃ 以上的余热。初冷器分为上、中、下三段，利用循环冷却水将煤气从 80℃ 冷却至 25℃。根据 2021 年焦炭产量 4.6 亿 t 计算，整理得到 2021 年炼焦行业各工序余热回收技术潜力如表 5-2 和图 5-2 所示。

2021 年炼焦行业余热回收技术潜力　　　　　表 5-2

余热源			余热量	余热量
介质	温度上限 （℃）	温度下限 （℃）	（MJ/t 焦炭）	（亿 GJ）
干熄焦发电乏汽	40	40	1045.3	4.9
上升管发电乏汽	40	40	239.5	1.1
初冷器上段循环冷却水	75	65	138.0	0.6
初冷器中下循环冷却水	40	30	662.5	3.1
焦炉排烟	200	80	174.6	0.8
合计			2259.9	10.5

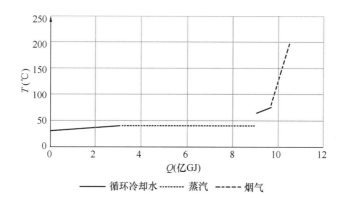

图 5-2　2021 年炼焦行业余热技术潜力 *T-Q* 图

对于钢铁行业的转炉炼钢工艺，暂不考虑烧结矿、钢材成品的余热，因为这部分余热常常受到场地限制很难回收，考虑工厂内烟气分布较为分散且其在低温下腐蚀性变强的特性，仅回收 80℃以上的余热[25]。在铁渣处理时，通常采用水淬的方式，从约 1400℃的熔融状态被冷却降温至约 500℃的固态，热量的 60％由 70～90℃的冲渣水带走，40％由 95～100℃的放散蒸汽带走。全国渣铁比约 0.24～0.48（这里取平均值 0.36），参考铁渣热量的计算方法[26]，冲渣过程的总热量为 737.6MJ/t铁。在钢渣处理时，相比于常压池式热闷技术，2017 年以后，钢渣辊压破碎-有压热闷法以其蒸汽渗透压高、处理时间短技术优势在我国得到广泛应用，约 1600℃的钢渣经过辊压破碎后温度降至约 700℃，随后进入热闷罐进行有压热闷后温度降至约 100℃，同时产生 120～140℃的饱和蒸汽，然而大多数企业并未利用热闷过程产生的蒸汽余热，而是直接排放到大气中。调研得到渣钢比为 0.1～0.15（这里取平均值 0.125），参考钢渣热量的计算方法[27]，热闷罐产生的蒸汽余热量为

93.8MJ/t 粗钢。在转炉煤气被净化冷却过程中，从 800℃降至 200℃常采用蒸发冷却方式，该部分热量目前未有合理的利用方式，从 200℃降至 70℃的过程中热量被循环冷却水带走。

根据 2021 年转炉炼钢产量 9.2 亿 t 计算，整理得到转炉炼钢各工序余热回收技术潜力（表 5-3 和图 5-3）。

2021 年转炉炼钢余热回收技术潜力 表 5-3

| 工序 | 初始热源 | | | 余热源 | | | 余热量（MJ/t 粗钢） | 余热量（亿 GJ） |
	介质	冷却前温度（℃）	冷却后温度（℃）	介质	温度上限（℃）	温度下限（℃）		
烧结	—	—	—	主排烟	150	80	64.4	0.6
	—	—	—	发电乏汽	40	40	261.1	2.4
高炉炼铁	—	—	—	热风炉排烟	250	80	187.2	1.7
	铁渣	1400	500	冲渣水	70～90	50～70	491.8	4.5
				冲渣蒸汽	95～100	95～100	245.9	2.3
	冷却壁	550	550	循环冷却水	42	35	849.9	7.8
转炉炼钢	钢渣	700	100	钢渣热闷蒸汽	120～140	120～140	93.8	0.9
	氧枪	～1000	～1000	循环冷却水	50	35	42.4	0.4
	煤气	200	70	煤气净化	50	33	46.8	0.4
	—	—	—	发电乏汽	40	40	165.7	1.5
热轧	—	—	—	加热炉底管汽化蒸汽发电乏汽	40	40	65.9	0.6
	—	—	—	加热炉烟气	180	80	48.3	0.4
煤气发电	—	—	—	高炉煤气烟气	150	80	121.3	1.1
	—	—	—	高炉煤气发电乏汽	40	40	1550.3	14.3
	—	—	—	转炉煤气烟气	150	80	25.5	0.2
	—	—	—	转炉煤气发电乏汽	40	40	563.9	5.2
合计							4824.2	44.5

2021 年，我国粗钢产量 10.3 亿 t，占全世界的 53.1%，人均钢铁存量约 8t/人。人均钢铁存量呈现近似 S 形曲线规律，通过拟合、外推得到未来存量趋势，再根据物质流平衡、折旧、政策情景假设等条件得到产量、废钢量、能耗等指标。在各个学者的预测中，2050 年钢铁总产量约为 5 亿～7 亿 t[1,2]，取预测范围的中位值 6 亿 t

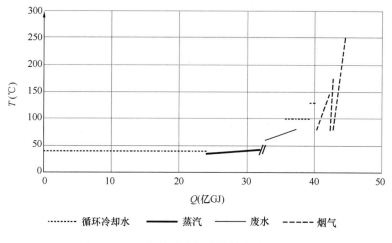

图 5-3 2021 年转炉炼钢余热技术潜力 *T-Q* 图

为预测的参考数值，取电炉炼钢比例为 50%，预计 2050 年钢铁行业理论余热资源约为 22.5 亿 GJ/年。焦炭的主要用途是转炉炼钢，因此焦炭行业的发展趋势可以参考转炉炼钢的发展趋势，预计 2050 年炼焦的理论余热资源约为 3.5 亿 GJ（表 5-4）。

主要国家钢铁人均产量、消费量数据　　　　　　　　　　　表 5-4

国家	美国	日本	英国	德国	法国	中国现状
钢铁人均产量峰值（kg/年）	690	1098	509	858	515	712
钢铁人均消费量峰值（kg/年）	711	802	—	660	517	670
产量达峰年份（年）	1973	1973	1970	1974	1974	—
城镇化率	76%	75%	—	80%	70.4%	60.6%

2. 非金属制造业：水泥

水泥制造是非金属冶炼行业的代表，是以水泥生料、煤为主要原料，生产水泥熟料的工业部门。我国是世界第一大水泥生产国，水泥年产量超过世界总产量的 50%。按照水泥生料制备的干湿不同，水泥生产工艺可分为湿法、半干/湿法和干法生产。新型干法水泥工艺热效率高、回转窑生产能力大、工艺先进，是大型水泥厂的主流工艺。

水泥厂生产工艺的主要特点是：工序简单；核心设备少，主体设备为回转窑、冷却机与分解炉。生料在预热器分解炉内被来自回转窑的热风加热并初步分解，而主要的分解反应在回转窑内发生。在能源利用效率较高的水泥厂，预热器分解炉出口的热风（窑尾烟气）先经过余热锅炉，部分中高温段的烟气余热在其中得以回收，余热锅炉出口的烟气经过除尘并排出。在回转窑内分解得到的水泥熟料进入冷却机，冷却机内通入空气对熟料进行冷却，被冷却的熟料最终排出冷却机并在环境中进一步被冷却。用于熟料冷却的空气升温后，一部分进入回转窑内，在回转窑口点燃喷入的煤粉。另一部分则从冷却机头排出，能效较高的水泥厂利用余热锅炉回收部分热风（窑头烟气）中的余热。回转窑内煤粉燃烧放出大量热量维持生料的分解反应持续进行，回转窑壁面向周围环境辐射散热。

采用新型干法水泥厂的典型工艺流程如图 5-4 所示。

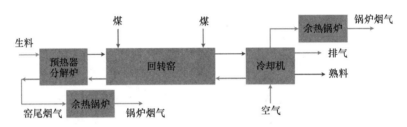

图 5-4　干法水泥厂的典型工艺流程

综上所述，水泥厂主要的低品位余热资源包括：冷却机排出熟料、窑尾烟气、窑头烟气、回转窑壁面以及余热发电环节的乏汽等，干法水泥生产工艺单位产品的低品位余热量如表 5-5 所示。

干法水泥生产工艺单位产品的低品位余热量　　　　　　表 5-5

大环节	小环节	余热源	烟气不同处理方式下单位产品余热量[①]（MJ/t 熟料）		
			烟气直排	窑头、窑尾烟气余热发电	窑尾烟气原料磨
窑尾	预热器烟气	含尘烟气	831.81 [335℃][②]	460.17 [203℃]	197.24 [100℃]
窑头	中温排气	含尘空气	443.96 [390℃]	101.99 [105℃]	—
	低温排气	含尘空气	67.24 [150℃]		
回转窑	外壁面辐射	铁壁面	135.50 [300℃]		
发电机	出口乏汽	饱和蒸汽	—	570.89 [45℃]	
合计			1478.51	1281.79	1072.86

注：①窑头窑尾烟气的不同处理方式对应的烟气排放温度不同，烟气余热量也不同，烟气直排是指烟气从窑头或窑尾直接排放至大气中，不经任何余热利用措施，排烟温度最高，烟气余热发电是指窑头、窑尾烟气用于加热余热锅炉，排烟温度较低，窑尾烟气原料磨是指窑尾烟气在余热发电后再为原料磨、煤磨、矿磨等提供热量，排烟温度最低。
②方括号内的温度表示余热排放温度。

对于水泥行业，烟气余热资源回收的技术潜力温度下限与钢铁行业一致，暂取80℃。窑头排气为含尘空气，考虑到其含尘量大且腐蚀性相对烟气较弱，目前多用60℃作为余热回收技术潜力的温度下限[28]。根据2020年熟料产量15.8亿t，整理得到水泥行业各工序余热回收技术潜力（表5-6）。

2020年水泥行业余热回收技术潜力 表5-6

工序	初始热源			余热源				余热量（MJ/t熟料）	余热量（亿GJ）
	介质	冷却前温度（℃）	冷却后温度（℃）	介质	处理方式	温度上限（℃）	温度下限（℃）		
窑尾	—	—	—	预热器烟气	直排	335	80	673.4	10.6
	—	—	—		余热发电	203	80	309.3	4.9
	—	—	—		原料磨	100	80	49.3	0.8
窑头	熟料	1300	100	中温排气	直排	390	60	396.0	6.3
					余热发电	105	60	54.0	0.9
				低温排气	直排	150	60	46.6	0.7
回转窑	—	—	—	辐射壁面		300	300	135.5	2.1
余热发电	—	—	—	出口乏汽		40	40	570.9	9.0
合计（所有废气直排）								1251.4	19.8
合计（余热发电）								1116.2	17.6
合计（余热发电＋原料磨）								856.2	13.5

余热发电后的余热为低品位余热，采用烟气预热原料磨和不采用烟气预热原料磨和这两种模式下的水泥行业的技术回收潜力（图5-5、图5-6）。

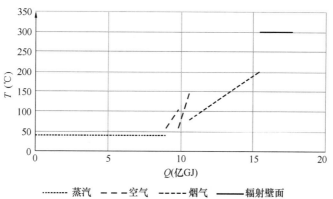

------- 蒸汽　－－－空气　-----烟气　——辐射壁面

图5-5 2020年水泥行业余热技术潜力 *T-Q* 图（余热发电模式下）

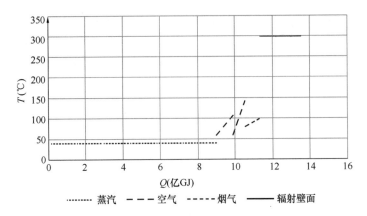

图 5-6   2020 年水泥行业余热技术潜力 $T\text{-}Q$ 图（余热发电＋原料磨模式下）

　　我国水泥产量在 2014 年达到峰值后出现下降趋势，到 2019 年下降至 23 亿 t，折算人均产量 1664kg/年，人均消费量 1679kg/年。目前，我国水泥人均存量已经超过了英国和美国，但是距离日本和德国还稍有差距。结合中国目前的人均水泥存量和发达国家的对比情况，相关学者预计 2050 年中国水泥熟料产量将降至 7.5 亿 t[4]，预计 2050 年水泥行业的余热资源约 8 亿 GJ/年（图 5-7、图 5-8、表 5-7）。

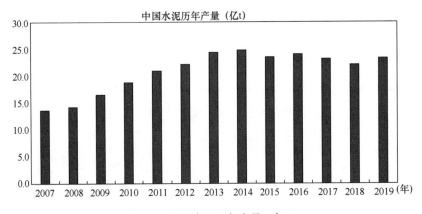

图 5-7   中国水泥历年产量（亿 t）

各国水泥人均产量峰值与城镇化率对照   表 5-7

国家	美国	日本	西欧	德国	法国	韩国	中国现状
水泥人均产量峰值（kg/年）	432	715	600~700	800	566	1000	1664
城镇化率	76%	75%	97%	80%	70.4%	90%	60.6%

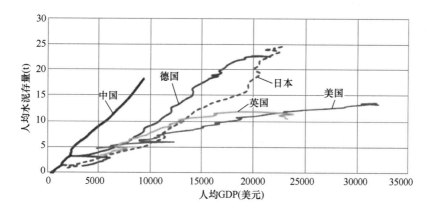

图 5-8　世界各国人均水泥存量

3. 有色金属冶炼业

世界上所有的铝都是通过电解法获得的，电能效率在 $36\% \sim 48\%$，典型的工艺流程是由氧化铝作为电解原料、熔融冰晶石作为溶剂、在电解槽中电解的冰晶石—氧化铝熔盐电解法。电解过程中，阴极汇集液态铝，阴极生成气态物质。电解的铝液通过净化澄清，浇筑或加工成型材。典型工艺流程如图 5-9 所示[5]。近 50% 的能量消耗在电解槽的散热上，散热量的 55% 通过烟气流失，37% 通过侧部散失，8% 底部散热。

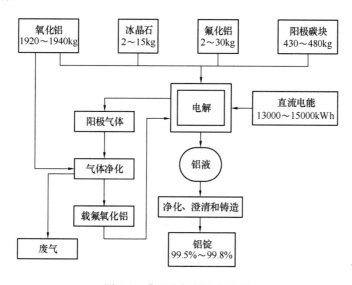

图 5-9　典型电解铝生产流程

非金属冶炼行业类别繁多，铜冶炼是其中具有代表性的一个子行业，是以铜矿石、煤为主要原料，生产粗铜（或精铜）以及副产品工业浓硫酸的工业部门。

铜厂的工艺流程包括产铜和制酸两条支线，采用火法炼铜工艺的铜厂的典型工艺流程如图 5-10 所示。

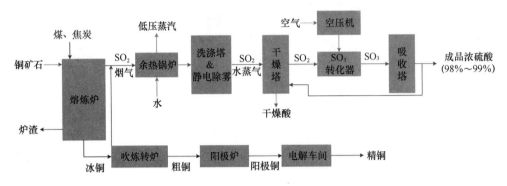

图 5-10　典型火法炼铜工艺流程

铜矿石、煤或焦炭在熔炼炉内发生熔炼反应，生成冰铜、熔渣与 SO_2 烟气，过程中放出大量热量。熔炼炉炉壁由冷却循环水负责冷却，与钢铁厂内高炉铁渣类似，熔渣通常被冲渣水带入渣池冷却。冰铜在转炉内发生吹炼反应，氧化生成粗铜，并进一步释放出 SO_2 烟气，该过程同样释放出大量热量。吹炼炉炉壁由冷却循环水冷却。粗铜在阳极炉、电解车间内逐步精制，最终获得精铜。粗铜冷却过程中大量余热均以放散蒸汽及辐射方式散失，难以回收，而电解过程的余热较少且电解液不宜进行余热回收。

熔炼及吹炼过程产生的 SO_2 烟气先经过余热锅炉，部分余热被回收，再经过洗涤环节，净化得到含水蒸气的 SO_2 气体，随后在干燥塔内被 93％ H_2SO_4 与 98％ H_2SO_4 干燥。干燥的 SO_2 气体与空压机制得的 O_2 在 SO_3 转换器内发生催化反应，最终生成 SO_3。高温 SO_3 预热低温的 SO_2 气体，并进一步在空气冷却器内降温至约 200℃，随后在吸收塔内被 98％ H_2SO_4 吸收并产出成品浓硫酸。干燥、吸收、转换的过程都是放热过程，因此制酸过程伴随着大量热量的释放，实际生产中由空冷及水冷方式进行冷却散热。

综上所述，铜厂主要的低品位余热资源包括：熔炼过程的炉壁冷却循环水、熔渣（或冲渣水）、吹炼过程的炉壁冷却循环水、SO_2 洗涤水、空压机冷却循环水、SO_3（预热器出口至进入吸收塔前的工段）、干燥酸、吸收酸等，典型铜厂吨粗铜余热量小结如表 5-8 所示。

典型铜厂吨粗铜余热量小结　　　　　　　　　　　　　　表 5-8

工艺环节	余热名称	余热量（GJ/t）	起点温度（℃）	终点温度（℃）
铜冶炼	熔炼炉炉壁冷却循环水	5.24	40	30
	转炉炉壁冷却循环水	1.31	40	30
	熔渣	3.41	1200	100
制酸	空压机冷却循环水	1.68	40	30
	SO_2 洗涤水	2.62	40	30
	干燥酸	2.36	65	45
	吸收酸	6.29	98	75
	SO_3	2.02	280	180
余热发电	乏汽	5.87	50	50
总计		30.8		

有色金属余热资源主要包括烟气余热、制酸产热和冶炼炉体散热。其中铝、镁等以电解、电熔方式生产，余热类型主要是烟气余热；铜、铅、锌等既有烟气余热，又有制酸余热和冶炼炉体散热。文献［6］指出精炼铜单位铜产量余热为31GJ/t 铜，包括烟气余热、制酸产热、冶炼炉体散热、炉渣余热和余热发电乏汽余热等。文献［7］得到电解铝单位铝产量余热为6GJ/t 铝。文献［8］分析得到铅、锌单位产品烟气余热分别为4GJ/t 铅和3GJ/t 锌。文献［9］计算得出镁单位余热量为4GJ/t 镁。由此推算有色金属单位产品的烟气余热量基本在 3～6GJ/t。主要有色金属的单位产品余热量如表 5-9 所示，表中余热量数值不表示全部余热，部分金属产品只考虑了最主要的余热。

主要有色金属单位产品余热量　　　　　　　　　　　　表 5-9

产品	单位余热量（GJ/t）	参考文献	备注
铜	31	［6］	包括烟气余热、制酸产热、冶炼炉体散热、炉渣余热和余热发电乏汽余热等，几乎是火法炼铜全部余热
铝	6	［7］	仅为烟气余热，是电解铝余热的一半以上，其余为电解槽侧部和底部散热
铅	4	［8］	仅为烟气余热。未考虑制酸余热、冶炼炉体余热等。制酸余热参照炼铜，预计 10GJ/t 铅
锌	3	［8］	仅为烟气余热。未考虑制酸余热、冶炼炉体余热等。制酸余热参照炼铜，预计 10GJ/t 锌
镁	4	［9］	仅为烟气余热，参照电解铝，预计烟气余热占电熔镁全部余热的一半以上

这里针对产量较高、余热资源量较大的两个典型行业进行计算。

对于铜冶炼行业,熔渣通常也以水淬方式进行冷却,与钢铁行业的高炉铁渣类似,约 60% 的热量由冲渣水带走,40% 的热量由冲渣蒸汽带走。空气冷却器冷却 SO_3 后温度升至 200℃,受到现场空间的限制,一般空气余热利用后降温至 60℃[29]。根据 2021 年精炼铜产量 776 万 t,整理得到铜冶炼行业各工序余热回收技术潜力(表 5-10)。值得说明的是,干燥酸和吸收酸冷却时可采用水冷也可采用空冷,该表是以某厂实际情况为例给出水冷时余热源的温度。

2021 年铜冶炼行业余热回收技术潜力 表 5-10

工序	初始热源			余热源			余热量(GJ/t 精炼铜)	余热量(亿 GJ)
	介质	冷却前温度(℃)	冷却后温度(℃)	介质	温度上限(℃)	温度下限(℃)		
铜冶炼	熔炼炉炉壁	700	700	循环冷却水	40	30	5.24	0.41
	转炉炉壁	650	650	循环冷却水	40	30	1.31	0.10
	熔炉渣	1400	500	冲渣水	70~90	50~70	2.27	0.18
				冲渣蒸汽	100	100	1.14	0.09
制酸	空压机	85	85	空压机冷却循环水	40	30	1.68	0.13
	—	—	—	SO_2 洗涤水	40	30	2.62	0.20
	干燥酸	65	45	循环冷却水	50	30	2.36	0.18
	吸收酸	95	75	循环冷却水	70	50	6.29	0.49
	SO_3	280	180	空气	200	60	1.57	0.12
余热发电	—	—	—	乏汽	40	40	5.87	0.46
合计							30.35	2.36

对于电解铝行业,考虑用于供热回收的为电解烟气余热,电解烟气可降温至 60℃[28]。根据 2021 年电解铝产量 3850 万 t,电解铝行业的余热回收的技术潜力如表 5-11 所示。

2021 年电解铝行业余热回收技术潜力 表 5-11

工序	初始热源			余热源			余热量(GJ/t 电解铝)	余热量(亿 GJ)
	介质	冷却前温度(℃)	冷却后温度(℃)	介质	温度上限(℃)	温度下限(℃)		
电解	—	—	—	烟气	140	60	6.89	2.65

整理得到 2021 年有色金属行业典型工业的余热技术潜力如图 5-11 所示。

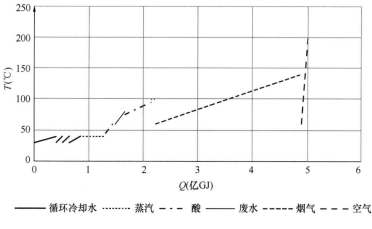

图 5-11   有色金属行业典型工业余热技术潜力 *T-Q* 图

2021 年中国电解铝产量为 3850 万 t，大部分用于建筑、交通和电力等行业的生产。综合学者们提出的各类情况，2050 年铝总产量可达 4400 万 t，其中再生铝的比例约 60%，电解铝产量约 1800 万 t，预计电解铝生产的余热资源约为 1.08 亿 GJ。

2021 年中国原生精炼铜产量约 870 万 t。通过自下而上的估计方法，有学者对中国各个部门（电力设备、交通等）的用铜需求及废铜回收量进行了预测[10]，预测到 2050 年，中国精炼铜消费量达到 1080 万~2400 万 t，考虑到人均铜在用存量的合理范围，取原生铜产量为 1200 万 t，预计铜冶炼行业的余热资源约 3.7 亿 GJ/年（表 5-12、图 5-12）。

各国铜人均在用存量   表 5-12

国家/地区	人均在用存量（kg/人）
欧洲	145~200
日本	122
韩国	133
北美	152
中国	40.5~50
世界	48

4. 无机化工行业

无机化工是以含硫、钠、磷等矿物、空气、水和工业副产物等物质为原料，生

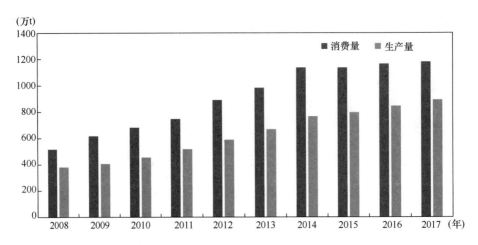

图 5-12　我国精炼铜生产、消费量近年趋势

产无机酸、烧碱、合成氨等化工产品的工业部门。

　　无机化工行业生产方式多样、产品类别多，因此无机化工厂（例如硫酸厂、烧碱厂、合成氨厂等）单位质量产品的余热量的准确估算必须根据不同类别工厂进行针对性的调研。

　　根据文献提供的相关数据，采用隔膜及离子膜生产工艺的氯碱工业（烧碱厂），合成工序及蒸发工序存在大量低品位工业余热，均以冷却循环水方式散失。其中合成工序将氯化氢气体从 600℃冷却至 45℃，余热量为 671MJ/t 烧碱，蒸发工序对浓缩电解液二次蒸汽进行降温，余热量为 1860MJ/t 烧碱，两个工序的单位产量烧碱低品位余热量总计约 2.5GJ/t 烧碱。

　　生产硫酸的原料主要有硫磺、硫铁矿和冶炼烟气等。硫磺制酸和硫铁矿余热主要来自三个方面：燃烧放出的反应热、SO_2 转化为 SO_3 放出的反应热和干燥、吸收过程中放出的热量。其中，硫磺燃烧过程产生的烟气温度能达到 900~1100℃，二氧化硫在氧化过程中，放出热量，反应温度一般在 420~600℃，这两部分的余热属于中高温余热，一般已经被回收利用。干燥吸收工序化学反应产生的热量，是循环酸温度升高，然后被循环酸从干燥、吸收塔中带出，酸温大多在 100℃以下，对这部分低温余热必须进行回收，在正常生产过程中，干燥吸收过程放出的热量等于低温余热量，硫磺和硫铁矿制酸生产 1t 硫酸吸收过程的低温余热产生量约为 1.83GJ。

　　电石生产工艺主要分两类：密闭式电石炉和内燃式电石炉。中国目前以密闭式电石炉生产工艺为主。电石生产是高温反应，根据能源基金会的调研结果，其余热主要有 3 种，电石炉尾气的显热和潜热、电石成品显热和炉盖冷却循环水显热。电石炉炉气出口温度较高，平均约 770℃，一般高温段的余热已经被回收利用，降至约 200℃。电石成品也有着余热回收的潜力，电石出炉时为熔融态，然后迅速凝固，冷却至常温，出炉时温度在 1950～2000℃之间。炉盖冷却循环水平均出口温度为 47℃，电极冷却循环水平均出口温度为 56℃。电石炉冷却循环水系统用于炉盖冷却和电极冷却的循环水量各占 50%，每吨电石冷却循环水量平均为 130m³（表 5-13）。

密闭式电石炉每吨电石余热量小结 表 5-13

	热源温度上限	热源温度下限	温差	余热量（MJ/t）
电石炉尾气燃烧烟气	200	25	175	1129
电石成品	1975	25	1950	2285
炉盖冷却循环水	47	37	10	2717
电极冷却循环水	56	46	10	2717
总计				8848

合成氨的生产原料主要有煤和天然气，其中以煤制合成氨为主，占比约 83%。以煤为原料的造气工程根据流程及设备的不同而有所区别，分为常压固定床气化炉和气流床连续加压气化床（表 5-14）。

每吨合成氨余热量小结 表 5-14

		热源温度上限 （℃）	热源温度下限 （℃）	温差	余热量 （MJ/t）
常压固定床气化炉	吹风气	180	25	155	980.9
	上行煤气	200	25	175	905.5
	下行煤气	200	25	175	93.1
	冷却水	40	25	15	282.9
	总计				2262.4
气流床连续加压气化	煤气	200	25	175	1530.1
	冷却水	40	30	10	262.3
	总计				1792.4

对于无机化工行业，这里统计了合成氨、电石、制酸、烧碱行业的余热回收技术潜力。合成氨造气工序的煤气余热回收温度下限一般为 70℃[30]，与钢铁行业类似，烟气温度下限取 80℃，暂不考虑烧碱产品和电石产品的余热回收。这里给出

2021 年部分热源的初始热源和余热源的情况（表 5-15）。

2021 年无机化工行业部分余热源回收技术潜力　　　　　　表 5-15

行业	工序	初始热源			余热源			余热量 （GJ/t 产品）	余热量 （亿 GJ）
		介质	冷却 前温度 （℃）	冷却 后温度 （℃）	介质	温度上限 （℃）	温度下限 （℃）		
合成氨	造气	煤气	70	40	循环冷却水	40	30	0.26～0.28	0.12
电石	—	炉盖	700	700	循环冷却水	47	37	2.72	0.77
		电极	700	700	循环冷却水	56	46	2.72	0.77
烧碱	蒸发	蒸汽	50～120	50～120	循环冷却水	45	35	1.86	0.72

2021 年无机化工行业典型工业余热技术潜力统计结果如图 5-13 所示。

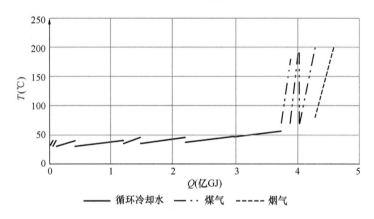

图 5-13　2021 年无机化工行业典型工业余热技术潜力 T-Q 图

我国 2021 年合成氨产量 6488 万 t，大部分用于生产化肥。根据联合国粮农组织数据库，2016 年我国化肥平均用量已经达到发达国家的 2 倍（图 5-14）。考虑到

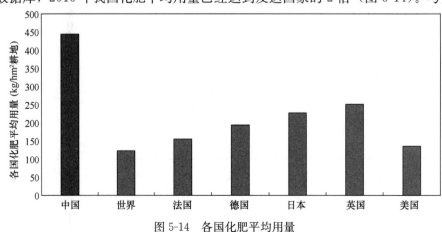

图 5-14　各国化肥平均用量

未来化肥效率的提升，相关学者预测，2050 年中国合成氨产量将下降到 4300 万 t[11]，预计 2050 年合成氨行业的余热资源约 0.97 亿 GJ/年。

电石主要用于生产聚氯乙烯，近年来呈现产能缩减，产量上升的趋势（图 5-15）。2021 年我国电石产量 2825 万 t。考虑人均塑料消费量的提高和塑料回收率的提升，以及国家对高耗能高污染企业的限制，预计电石产量保持在 2500 万 t 左右[11]，预计 2050 年电石生产的余热资源约 2.2 亿 GJ。

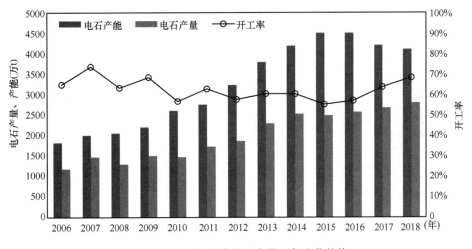

图 5-15 我国电石产量、产能逐年变化趋势

2021 年我国烧碱产量 3459 万 t。考虑到 2050 年氧化铝产量预计下降 45%，造纸和化工等需求要增加接近一倍，预计烧碱产量达到 4200 万 t 左右[11]。余热量约 1.05 亿 GJ。

5. 石油化工行业

石油化工是以原油为主要原料，生产燃料、润滑剂、石油沥青和化工原料等的工业部门，其中炼油厂是石油化工行业的基础部门。传统的石油炼制工艺装置包括原油分离、重质油轻质化、油品改质、油品精制、油品调和、气体加工、制氢、化工产品生产装置等，具体的工艺流程包括常减压蒸馏、催化裂化、催化加氢、延迟焦化、催化重整等。

炼油工艺过程中的余热主要分为两类：

（1）油类产品余热

石油炼制行业主要是根据不同油品的相对挥发度不同，从石油中提炼各种油类产品。在石油炼制的过程中，油品分离的主要设备为精馏塔。各精馏塔的塔底再沸器采用的热源大多为各种压力的蒸汽；蒸汽提供的热量大部分转移至各种油类产品中，油类产品的热量经冷却介质（空气或水）冷却后排放，或作为热源加热其他物料。而在此过程中，循环冷却水的温度一般多为 30～45℃，温度低，属于低温废热，排放到了环境中。

（2）废气余热

石油炼制过程中，加热炉是常用的加热设备，如常压加热炉、减压加热炉和催化裂化加热炉等。加热炉排气温度一般在 200℃ 左右，具有一定的回收利用价值。

以某年产量为 1000 万 t 的炼油厂的低温余热分布进行估计可得（表 5-16）。

某千万吨炼油厂各装置低温余热分布 表 5-16

	工序	余热量（MW）
一厂	四蒸馏	33846
	焦化	11649
	高压加氢	13227
二厂	连续重整	28212.9
	中压加氢	5539
	烷基化	2776
	制氢	616
	二催化	39012
	航煤	6576
	干气装置	436
	汽油脱硫	1936
	三催化	11351
三厂	酮苯	14527
	丙烷	3826
	二蒸馏	21655
	糠醛精制	6293

对于石油化工行业，在生产环节中余热主要来源于对油品和油气的冷却。根据 2021 年原油加工产量 7.0 亿 t 计算，得到 2021 年石油化工行业余热技术潜力如图 5-16 所示。

2021 年中国原油加工量约 7 亿 t，成品油（汽煤柴）产量约 3.57 亿 t，现状炼油产品以成品油为主，随着下游交通领域的电动化发展趋势加快，对成品油的需求将会逐步下降，炼油主要产品将由交通燃料向化工用油转变。据相关学者[12]预测，

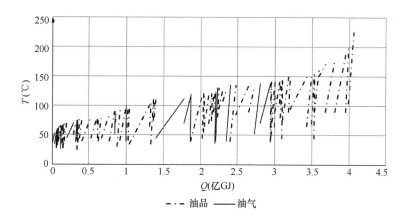

图 5-16　2021 年石油化工行业余热技术潜力

2050 年炼油加工量会下降到 6 亿 t，预计 2050 年原油加工行业的余热资源约 3.5 亿 GJ。

5.1.2 数据中心余热

数据中心指用于对数据和信息进行存储、管理和传播的大型专用建筑。其内部的服务器、存储器、交换机等 IT 设备在长期、连续运行过程中将所消耗的电力 100% 地转化为热能，而设备的正常运行又对热环境温度、湿度、空气质量提出了较高要求，因此数据中心往往配备了大型、高效的冷却系统以实现环境控制，进而也产生了大量的余热。若能将这部分低品位余热加以收集、用于集中供热，可提高能源利用效率、实现良好的低碳环保效益。

1. 数据中心余热品位分析

数据中心内微处理器、转换器、内存等主要产热部件的温度最高可达 50～85℃[13]。按照服务器末端冷却介质，可将冷却系统分为风冷系统、水冷系统、两相冷却系统。它们适用于不同功率密度的数据中心，在余热回收方式上也有所不同。

对于风冷数据中心，在 ASHRAE（美国采暖空调与制冷协会）2015 年发布的数据中心热环境指南中以及《数据中心设计规范》GB 50174—2017 中均指出，通信（IT）设备进风温度的推荐值为 18～27℃[14,15]。服务器自身风扇设计考虑 15℃ 的温升，则机架热通道处服务器排风温度约为 33～42℃，而空调末端送回风温差宜略小于服务器进排风温差，这样才能保证送风量需求，因此空调机组送风温度约 17～19℃，回风口处温度为 29～31℃[16]。

随着新建数据中心的规模和电力负荷不断增大，风冷系统已无法满足排热需求，液体冷却系统逐渐兴起。根据冷却液类型以及是否发生相变，可将液冷系统分为水冷系统和两相冷却系统。

在水冷系统中，水作为换热介质进入冷板散热器或密闭腔体，吸收服务器热量，产生2~5℃的温升，在此过程中未发生相变。水冷系统可实现较小的换热温差，因此可利用高温冷源或自然冷源制取冷却水。服务器机架供回水温度约45℃/50℃。

两相冷却系统利用成核沸腾原理，达到较高的对流传热效率以冷却机架。与水冷系统相比，两相冷却可以带走更高的热通量（790~27000W/cm²），同时流量较小、泵能耗较低，但我国实际应用案例还较少（表5-17）。

数据中心余热品位 表5-17

	风冷数据中心	水冷数据中心
介质	空气	冷却水
上限温度（℃）	29~31	50
下限温度（℃）	17~19	45

目前我国数据中心约有85%采用风冷，15%采用液冷；未来随着液冷技术的逐渐成熟，液冷数据中心的市场规模将不断扩大，预计到2025年其占比将达到20%以上[17]。

2. 中国数据中心分布

截至2021年底，按照标准机架功率2.5kW统计，我国在用数据中心机架规模达到520万架[18]，总功率达到13000MW。参考工业和信息化部预测的2021年各地区可用机架数的比例[19]，2021年主要地区实际可用机架数如图5-17所示。图中15个机架数最多的省份和地区，占全国数据中心机架总数的81.1%。

目前我国数据中心的地域分布较为均衡，大型、超大型数据中心逐渐向中、西部地区以及一线城市周边地区转移。新建数据中心选址要考虑的因素包括数据容量、业务类型、网络时延、电力成本、政策环境等。总体而言，中、西部地区土地资源充足，电力成本较低，但本地数据中心市场需求相对较低，东部地区市场需求旺盛，但生产要素成本较高。未来，我国数据中心将呈现东西部协同一体发展的趋势。

3. 中国数据中心余热资源估计

考虑到IT设备的电力负荷全部转化为热量，且设备负荷以服务器负荷为主，

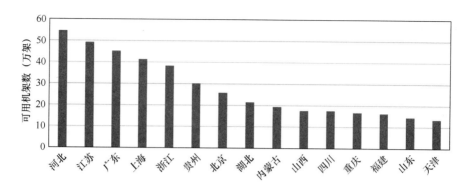

图 5-17 2021 年主要地区实际可用机架数

所以余热资源估计主要是对数据中心服务器机架功率的总量和分布进行分析。按照标准机架功率 2.5kW，全年 5000h 连续运行计算。根据上述全国数据中心地域分布，机架功率与余热量分布如表 5-18 所示。2021 年全国数据中心机架余热量达到 2.3 亿 GJ。

2021 年全国分地区数据中心机架功率与余热量　　　　表 5-18

地区	机架功率 （MW）	余热量 （万 GJ）	地区	机架功率 （MW）	余热量 （万 GJ）
河北	1366	2459	江苏	1230	2213
广东	1128	2031	上海	1032	1857
浙江	959	1726	贵州	754	1357
北京	645	1162	湖北	537	967
内蒙古	485	873	山西	440	793
四川	440	793	重庆	419	755
福建	408	734	山东	363	653
天津	334	602	甘肃	313	564
广西	238	428	湖南	228	411
河南	224	403	江西	210	377
黑龙江	193	348	陕西	181	326
西藏	144	259	新疆	141	254
云南	122	220	辽宁	108	195
宁夏	106	191	安徽	90	161
吉林	78	140	青海	42	76
海南	40	72			
总计				13000	23400

5.1.3 变电站余热

1. 变压器余热品位分析

变压器在运行过程中由于功率损耗而产生热量。变压器铁芯表面的最高平均温度不得超过 110～115℃，而绕组表面的最高平均温度不得超过 105℃，否则会影响绕组绝缘材料与变压器整体的使用寿命。因此必须采取有效的散热措施，以保障变压器在热平衡状态下安全、长期运行[20]。

油浸式电力变压器散热，就是用绝缘油作为散热介质，通过循环换热带走变压器部件产生的热量。为了提高散热能力，根据变压器的容量，还应在油箱壁外增加散热片或散热管，大型变压器还应加装散热器或冷却器等（表 5-19）。

油浸式变压器冷却方式分类   表 5-19

变压器规模	中小型变压器	大中型变压器	特大型变压器
容量	50～8000kVA	10000～180000kVA	>180000kVA
绝缘油循环方式	自然循环	自然循环	强迫循环
绝缘油冷却方式	自然冷却	吹风冷却	风冷或水冷
冷却装置	无/散热器	散热器、吹风装置	冷却器

对于油浸式电力变压器，线圈及铁芯中产生的所有热量都散发到绝缘油中。理论分析和试验结果表明，变压器内部顶部油温最高，实际运行中往往对顶层油温进行监测和控制。《电力变压器运行规程》DL/T 572—2021 中规定了不同冷却形式下冷却介质的最高温度以及顶层油温限值。根据变压器的要求，一般情况下油浸式变压器的余热品位如表 5-20 所示。

油浸式变压器余热品位   表 5-20

	自然油循环风冷	强迫油循环风冷	强迫油循环水冷
介质	空气	空气	冷却水
上限温度（℃）	50	45	35
下限温度（℃）	30	30	30

2. 中国变电站余热资源估计

《电力工业统计资料汇编》给出了 2020 年分地区、分电压等级的 35kV 及以上变压器情况。交流工程的铭牌容量占全部变压器的 90% 以上，因此此处仅考虑交流变压器损耗所产生的余热。交流工程变压器情况如表 5-21 所示。根据平均容量进行归类，自然油循环风冷、强迫油循环风冷、强迫油循环水冷变压器的比例约为

75%、20%、5%（表5-21）。

2020年全国分地区35kV以上交流工程变压器情况　　表5-21

地区	座数	组数	铭牌容量（万kVA）	地区	座数	组数	铭牌容量（万kVA）
全国	76822	153092	766568	湖北	2935	5179	22622
北京	724	1764	14517	湖南	2653	4672	18915
天津	1437	4211	14279	广东	3271	7416	60808
河北	4328	9033	46603	广西	2702	5786	16102
山西	2949	6106	25080	海南	360	676	2502
内蒙古	2601	4935	34259	重庆	1305	2528	14332
辽宁	2803	5430	26590	四川	3208	5523	29402
吉林	1437	2371	8881	贵州	2536	4778	18101
黑龙江	2284	3788	10662	云南	2599	4737	18042
上海	1972	4339	20417	西藏	532	701	1983
江苏	5778	12953	69246	陕西	1976	3830	16542
浙江	3407	7103	50259	甘肃	1681	3377	14744
安徽	3492	6992	28151	青海	690	1273	9681
福建	1920	3567	22180	宁夏	727	1657	13003
江西	1901	3467	15679	新疆	2081	3608	20427
山东	6661	14254	61365	跨区	20	45	3400
河南	3852	6993	37794				

变压器余热估计方法如下。首先要明确损耗功率。对于35～500kV级变压器，根据国家标准中[21]损耗规定值与额定容量进行拟合，得出二者的变化关系，再根据各地区平均变压器容量得出空载损耗、负载损耗，对于750～1000kV级变压器，标准中未对损耗进行规定，考虑到随着容量增大，相对损耗率降低，750kV级变压器空载损耗、负载损耗占铭牌容量的比例分别取0.03%、0.12%，1000kV级取0.03%、0.10%。随后要明确等效利用时间。变压器实际输电量与损耗很大程度上由等效利用时间决定，不同地区、不同机组的等效利用时间差别很大。此处根据相关文献中的数据[22]，设定等效负载率（等效利用小时数/可用日历小时数）为30%，可用日历小时数为8500h，则等效利用小时数为2550h。实际电量损耗等于损耗功率与等效利用小时数的乘积。由以上方法可以得到全国分地区变压器损耗，如表5-22所示。2020年全国35kV以上交流工程变压器损耗约2.29亿GJ。

2020 年全国分地区 35kV 以上交流工程变压器损耗 表 5-22

地区	空载损耗功率（MW）	负载损耗功率（MW）	总损耗功率（MW）	总电量损耗（万 GJ）	地区	空载损耗功率（MW）	负载损耗功率（MW）	总损耗功率（MW）	总电量损耗（万 GJ）
江苏	388.4	1828.3	2216.7	2035	云南	104.5	502.3	606.8	557
山东	355.5	1711.9	2067.5	1898	新疆	105.6	494.6	600.2	551
广东	341.1	1580.4	1921.6	1764	广西	100.4	489.3	589.8	541
浙江	274.0	1280.7	1554.6	1427	陕西	92.6	444.8	537.4	493
河北	260.3	1234.7	1495.0	1372	江西	91.0	441.2	532.2	489
河南	214.0	1028.9	1242.8	1141	天津	84.7	407.1	491.8	452
内蒙古	180.7	849.0	1029.8	945	重庆	81.7	389.2	470.9	432
四川	165.1	801.3	966.4	887	北京	81.4	377.0	458.4	421
安徽	160.8	781.0	941.8	865	甘肃	78.6	369.8	448.4	412
辽宁	158.9	749.7	908.6	834	宁夏	75.4	361.7	437.2	401
山西	145.3	700.8	846.1	777	黑龙江	68.4	327.6	396.0	364
湖北	130.5	630.2	760.7	698	吉林	53.9	238.8	292.7	269
福建	123.3	586.1	709.4	651	青海	46.7	218.1	264.8	243
上海	115.3	539.1	654.4	601	海南	16.1	77.4	93.5	86
湖南	111.7	540.7	652.4	599	跨区	12.5	58.2	70.7	65
贵州	110.7	526.0	636.7	585	西藏	11.4	57.7	69.1	63
总计						4340.9	20623.5	24964.4	22917

5.1.4 小结

现状流程工业余热理论余热量约 112 亿 GJ，主要集中在钢铁、炼焦、水泥、化工等行业。数据中心余热约 2.3 亿 GJ，变压器余热约 2.3 亿 GJ，核电余热约 25 亿 GJ。总余热资源合计约 145 亿 GJ。

根据对未来流程工业产品产量的估计，到 2050 年预计有接近 48 亿 GJ 的理论余热量。核电同样存在大量余热可以利用，未来核电装机共计 2 亿 kW，发电小时数 7500h，余热共计 56 亿 GJ。数据中心电耗未来预计增长到 5500 亿 kWh，排热量 19.8 亿 GJ。中国未来用电量预计增长到 14 亿 kWh，增长 1.9 倍，余热量预计为 4.3 亿 GJ。考虑中国的人口和城镇化率，未来污水余热量约 18 亿 GJ。总余热资源合计约 146 亿 GJ。

5.2　低品位余热采集与变换

5.2.1　低品位余热资源聚类

如前所述，非流程工业余热主要考虑回收用于自身工艺流程，暂不考虑给建筑供热，流程工业未来低品位余热除了回收用于生产过程外，常见的利用方式为发电或供热，考虑到低品位余热发电的效率和经济性不高，更适合用于供热。

工业过程通过冷却方式产生余热，在产生余热的过程中，不同初始热源的换热温差不同，产生的余热源形式也众多复杂，不同介质和温度的低品位余热资源回收用于供热的难易程度和回收技术不尽相同。然而，目前暂无权威的高、中、低品位工业余热的界定。已有标准中，《工业余能资源评价方法》GB/T 1028—2018 指出，低品位工业余热为 250℃ 以下烟气及可利用的中温排渣。《工业低品位余热集中供热系统技术导则》GB/T 38680—2020 指出，低品位工业余热为 95℃ 以下的液体、乏汽、200℃ 以下的烟气、400℃ 以下的固体等蕴含的可被利用的热能。有关学者对低品位余热进行了广义定义[23]，认为低品位余热资源为：小于 400℃ 的固体、小于 120℃ 的液体、小于 250℃ 的气体。

这里依据之前小节对现有低品位余热资源的统计结果，聚焦到逐个热源点，根据热源介质、热源温度对各行业现有低品位余热资源进行分类，分析得出各分类下的余热资源量。依据介质状态，可划分为固体、液体、气体三种类型，对于液体，根据水质和功能不同，可进一步划分为循环冷却水、污水/废水等类型，对于气体，根据成分和腐蚀性不同，可进一步划分为烟气、含尘空气、煤气、蒸汽等类型，其中蒸汽多为已经达到或接近饱和状态的蒸汽，包括发电乏汽、冲渣蒸汽、钢渣热闷蒸汽等。依据热源温度上限，划分为：40℃ 以下、40～70℃、70～100℃、100℃ 以上[24]。

1. 炼焦行业低品位余热资源聚类

对炼焦行业现状和未来的余热技术潜力按照余热源温度和介质进行聚类分析，结果如表 5-23 所示。

炼焦行业余热技术潜力聚类分析   表 5-23

热源形态	热源介质	温度上限 (℃)	温度下限 (℃)	2021 年余热量 (亿 GJ)	2050 年余热量 (亿 GJ)
气态	烟气	200	80	0.8	0.3
	发电乏汽	40	40	6.0	1.9
液态	循环冷却水	40	30	3.1	1.0
		75	65	0.6	0.2
合计				10.5	3.4

2. 钢铁行业低品位余热资源聚类

对钢铁行业的转炉炼钢工艺的现状和未来的余热技术潜力均按照余热源温度和介质进行聚类分析，其中，炼焦工序的余热量算在炼焦行业，结果如表 5-24 所示。

钢铁行业转炉炼钢工艺的余热技术潜力聚类分析   表 5-24

热源形态	热源介质	温度上限 (℃)	温度下限 (℃)	2021 年余热量 (亿 GJ)	2050 年余热量 (亿 GJ)
气态	烟气	150~250	80	4.1	1.3
	发电乏汽	40	40	24.0	7.8
	余热产汽	100~140	100~140	3.1	1.0
液态	废水	70~90	50~70	4.5	1.5
	循环冷却水	42~50	33~35	8.7	2.8
合计				44.5	14.5

3. 水泥行业低品位余热资源聚类

对水泥行业现状和未来的余热技术潜力按照余热源温度和介质进行聚类，结果如表 5-25 所示。

水泥行业余热技术潜力聚类分析   表 5-25

处理方式	热源形态	热源介质	温度上限 (℃)	温度下限 (℃)	2020 年余热量 (亿 GJ)	2050 年余热量 (亿 GJ)
所有废气 直排	气态	烟气	335	80	10.6	5.1
		空气	150~390	60	7.0	3.3
	固态	辐射壁面	300	300	2.1	1.0
	合计				19.8	9.4

处理方式	热源形态	热源介质	温度上限 （℃）	温度下限 （℃）	2020 年余热量 （亿 GJ）	2050 年余热量 （亿 GJ）
余热发电	气态	烟气	203	80	4.9	2.3
		空气	105～150	60	1.6	0.8
		发电乏汽	45	45	9.0	4.3
	固态	辐射壁面	300	300	2.1	1.0
	合计				17.6	8.4
余热发电＋ 原料磨	气态	烟气	100	80	0.8	0.4
		空气	105～150	60	1.6	0.8
		发电乏汽	45	45	9.0	4.3
	固态	辐射壁面	300	300	2.1	1.0
	合计				13.5	6.4

4. 有色金属行业低品位余热资源聚类

对有色金属行业典型工业现状和未来的余热技术潜力按照余热源温度和介质进行聚类，结果如表 5-26 所示。对于干燥酸和吸收酸，这里考虑直接用酸作为供热热源。

有色金属行业典型工业余热技术潜力聚类分析　　　　表 5-26

热源形态	热源介质	温度上限 （℃）	温度下限 （℃）	2021 年余热量 （亿 GJ）	2050 年余热量 （亿 GJ）
气态	烟气	140	60	2.65	3.14
	空气	200	60	0.12	0.14
	发电乏汽	45	45	0.46	0.54
	余热产汽	100	100	0.09	0.10
液态	循环冷却水	40	30	0.84	1.00
	废水	70～90	50～70	0.18	0.21
	干燥酸	65	45	0.18	0.22
	吸收酸	95	75	0.49	0.58
合计				5.01	5.93

5. 石油化工行业低品位余热资源聚类

对石油化工行业现状和未来的余热技术潜力按照余热源温度和介质进行聚类，结果如表 5-27 所示。

石油化工行业余热技术潜力聚类分析　　　　　　表 5-27

热源形态	热源介质	温度上限 (℃)	温度下限 (℃)	余热量 (MJ/t 原油加工产量)	2021年余热量 (亿 GJ)	2050年余热量 (亿 GJ)
气态	油气	53～70	27～45	24.79	0.17	0.15
	油气	74～100	39～52	3.46	0.02	0.02
	油气	112～138	36～70	109.16	0.77	0.65
液态	油品/溶剂	40～70	20～50	20.91	0.15	0.13
	油品/溶剂	75～100	25～70	98.83	0.70	0.59
	油品/溶剂	101～225	35～150	317.31	2.23	1.90
合计				574.45	4.04	3.45

6. 无机化工行业低品位余热资源聚类

对无机化工行业典型工业现状和未来的余热技术潜力按照余热源温度和介质进行聚类，结果如表 5-28 所示。

无机化工行业典型工业余热技术潜力聚类分析　　　　　　表 5-28

热源形态	热源介质	温度上限 (℃)	温度下限 (℃)	2021年余热量 (亿 GJ)	2050年余热量 (亿 GJ)
气态	煤气	180～200	70	0.54	0.46
	烟气	200	80	0.3	0.26
液态	循环冷却水	40	30	1.22	1.20
	循环冷却水	45～56	35～46	2.52	2.42
合计				4.58	4.34

7. 数据中心低品位余热资源聚类

对于数据中心，聚类结果如表 5-29 所示。

数据中心余热技术潜力聚类分析　　　　　　表 5-29

热源形态	热源介质	温度上限 (℃)	温度下限 (℃)	2021年余热量 (亿 GJ)	2050年余热量 (亿 GJ)
液态	循环冷却水	35	30	2.34	19.80
合计				2.34	19.80

8. 变电站低品位余热资源聚类

对于变电站，聚类结果如表 5-30 所示。

变电站余热技术潜力聚类分析 表 5-30

热源形态	热源介质	温度上限 （℃）	温度下限 （℃）	2020 年余热量 （亿 GJ）	2050 年余热量 （亿 GJ）
气态	空气	45～50	30	2.18	4.09
液态	循环冷却水	35	30	0.11	0.21
合计				2.29	4.30

9. 所有行业低品位余热资源聚类

对以上所有行业的现状和未来的余热技术潜力进行聚类分析（其中，水泥厂暂时按照余热发电＋原料磨的形式分析），结果如表 5-31 所示。

低品位余热资源聚类分析 表 5-31

热源形态	热源介质	温度上限 （℃）	温度下限 （℃）	2020 年/2021 年余热量 （亿 GJ）	2050 年余热量 （亿 GJ）
气态	烟气	100～250	80	8.51	5.37
	空气	45～50	30	2.18	4.09
		105～200	60	1.71	0.90
	蒸汽	40	40	38.61	14.54
		100～140	100～140	3.11	1.12
	煤气	180～200	70	0.55	0.46
	油气	53～70	27～45	0.17	0.15
		74～100	39～52	0.02	0.02
		112～138	36～70	0.77	0.65
	合计			55.63	27.31
液态	循环冷却水	35～40	30	7.59	23.19
		42～56	33～46	10.87	5.24
		75	65	0.64	0.20
	废水	70～90	50～70	4.55	1.68
	油/酸/溶剂	40～70	20～50	0.33	0.34
		75～100	25～75	1.18	1.17
		101～225	35～150	2.23	1.90
	合计			27.39	33.74
固态	辐射壁面	300	300	2.14	1.02
	合计			2.14	1.02
合计				86.77	62.06

所有行业现状和未来余热技术潜力的分布情况分别如图 5-18、图 5-19 所示。

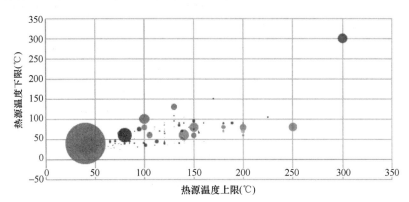

●蒸汽　●空气　●烟气　●煤气　●油气　●循环冷却水　●废水　●油/酸/溶剂　●辐射壁面

图 5-18　现状（2020 年/2021 年）低品位余热技术潜力分布情况

注：此图彩色版可扫目录中的二维码查看。

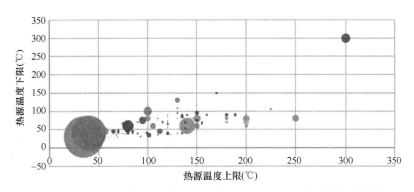

●蒸汽　●空气　●烟气　●煤气　●油气　●循环冷却水　●废水　●油/酸/溶剂　●辐射壁面

图 5-19　未来（2050 年）低品位余热技术潜力分布情况

注：此图彩色版可扫目录中的二维码查看。

对于现状低品位余热技术潜力，从热源介质层面来看，气态余热资源占比最大，占所有低品位余热资源量的 65.4%，其中，蒸汽余热资源占气态余热资源的 75.2%，蒸汽大多为发电乏汽。从热源温度层面来看，50℃以下（含 50℃）余热资源占到总余热资源的 68.7%，其中，主要为乏汽余热，占到 50℃以下余热资源的 66.0%。

对于未来低品位余热技术潜力，从热源介质层面来看，液态余热资源占比最大，占所有低品位余热资源量的 54.4%，其次占比较大的为气态余热资源，占所有低品位余热资源量的 44.0%，其中，蒸汽余热资源占气态余热资源的 57.4%，蒸汽大多为发电乏汽。从热源温度层面来看，50℃以下（含50℃）余热资源占到总余热资源的74.7%，其中，主要为循环冷却水余热，占到50℃以下余热资源的68.6%，其次占比较大的为乏汽余热，占到50℃以下余热资源的31.4%。

5.2.2 低品位余热采集与变换技术

考虑到低品位余热发电效率不高，低品位余热更适合用于供热。在对每个热源点单独取热实现热网水从20℃升高至80～100℃的设计目标时，采用何种余热采集与变换技术与余热的温度和介质息息相关。常见的用于供热的低品位余热采集与变换技术途径可分为换热技术、吸收式热泵技术、电热泵技术、海水淡化与水热同产技术（表5-32）。换热技术（余热采集技术）按大类分为间壁式换热、接触式换热、蓄热式换热，每大类又可进一步划分为各小类（表5-33）。换热技术实际上是对热源的降级利用，而大多余热资源温度较低，无法直接换热，需要通过外界补燃才能提高到热网供水温度。当有高温热源（常为蒸汽、高温热水、可燃性气体燃烧热）时，可以采用第一类吸收式热泵，当缺乏高温热源时，可以使用电热泵。

用于供热的低品位余热采集与变换技术分类及特点 表5-32

技术	分类	优点	缺点	应用场景	典型文献
换热技术（余热采集技术）	间壁式换热、接触式换热、蓄热式换热	最直接、效率较高、大多数设备初始投资较低、安装维护都相对容易、不需要额外的辅助设施（如蒸汽管和专门的配电设施等）	是对热源的降级利用	热源温度较高或热源介质含尘量大、腐蚀性较强	[23]
吸收式热泵技术	第一类吸收式热泵（增热型热泵）、第二类吸收式热泵（增温型热泵）	第一类吸收式热泵可回收大量低温余热，COP可达1.4～1.8；第二类吸收式热泵可产生高温热水或蒸汽，COP常为0.4～0.5	需额外配备蒸汽管道或烟气管道；本质上为两次换热过程	具有可用的高温热源，且有产生高温热水或者蒸汽的需求	[31]
电热泵技术	低温、中温、高温、超高温热泵	可提升热源品位至所需温度，单级制热COP可达3～6	需额外设置配电设施；本质上为两次换热过程	缺乏可用高温热源；相比空气源热泵，来自工厂、数据中心、变电站的低温余热温度更高，在同样温度下，电热泵制热COP更高，在应用上更具优势	[32]

续表

技术	分类	优点	缺点	应用场景	典型文献
海水淡化与水热同产技术	海水淡化流程采用 LT-MED 或 MSF 或 LT-MED＋MSF	产生淡水的同时将淡水加热至高温，且热淡水单管输送，代替了双管热网水输送和单管淡水输送，经济性好	供暖季和非供暖季的季节性匹配问题有待进一步研究和优化	适合供热侧临海，需热侧的水需求和热需求具有地理一致性	[33]

换热技术（余热采集技术）分类及特点　　　　　　表 5-33

大类	小类	优点	缺点	典型应用场景	参考文献
间壁式换热	管式换热	适用弹性大、材料范围广、管程易清洗	结构不紧凑、热效率较低	铜冶炼厂采用管式换热器对浓酸进行水冷	[36]
	板式换热	传热效率高、结构紧凑	使用温度和压力范围受限	钢铁厂采用宽流道板式换热器回收冲渣水热量加热热网水	[33]
	同流换热	体积较小，分为辐射式和对流式	热效率较低	气-气换热，如钢铁厂加热炉回收烟气热量用于预热空气和煤气	[34]
	热管换热	传热系数高、等温性良好、热量输送能力强、各级热管独立传热减小㶲损失且增强换热可靠性	耐高温及抗氧化性能较差	烟气余热的回收，如：代替传统的制硫酸过程中的 SO_3 气体原本的空冷器，产生供热的热水或蒸汽	[36]
	余热锅炉	烟气余热回收的最广泛应用技术，可产生蒸汽用于供热或发电，换热部件可分散安装于工艺流程各部位，节省安装空间	相比燃煤锅炉，属于低温炉，效率较低，设计时对锅炉的防积灰和耐磨损性能要求较高	非常适合气体和液体燃料的烟气余热回收，如：轧钢加热炉烟气余热回收产蒸汽用于发电或供热	[35]
接触式换热	喷淋换热	传热传质面积大、传质强化了传热、结构紧凑、可捕获余热介质中的污染物	直接接触余热介质，导致喷淋介质容易受到污染	烟气余热回收，如：燃气锅炉喷淋回收烟气显热和潜热	[36]
	闪蒸换热	根本上解决了换热堵塞、结垢和腐蚀问题	初投资相对较高	高炉冲渣水余热回收，可结合喷射式换热技术产生所需温度的蒸汽	[37]

大类	小类	优点	缺点	典型应用场景	参考文献
蓄热式换热	显热储能	原理简单、操作方便、广泛应用	储能密度低、体积庞大、蓄放热不恒温	炼铁蓄热式热风炉采用格子砖蓄热的原理加热高炉送风	[38]
	潜热储能	储能密度大、体积小、蓄放热恒温	成本较高，规模较小	太阳能蓄热系统，工业余热回收	[39]
	热化学储能	无需绝热即可长时间保存热量，适合跨季节储能和远距离传输	存在控制和安全问题，目前仍处于实验研究阶段	—	[40]

对于气态余热资源，回收余热时需要重点关注气体的腐蚀性和换热成本。以烟气为例，目前常见的回收方式为间壁式换热和喷淋换热。在采用间壁式换热时，由于烟气在低温下腐蚀性增强，一般仅回收显热，余热锅炉是最常用的技术，已经在实际工程中得到广泛应用，取得了良好的经济和环保效果。在采用喷淋换热时，雾化的水滴与烟气逆流换热，将烟气中的热量传到水中，如果热烟气含有水蒸气，用低温水喷淋回收热烟气中的水蒸气潜热，从而实现烟气余热的全热回收，这种方式只需要做好喷淋塔的防腐，因此从根本上解决了烟气换热器的腐蚀问题，此外，烟气中的粉尘、可溶于水的酸性气体都进入喷淋水中，相当于对烟气做了深度的污染物减排处理，但同时循环水也受到污染，腐蚀性增强，一般需要加入碳酸钠或碳酸氢钠进行中和。喷淋换热可将烟气温度降至30℃以下，烟气余热得到回收，2013年清华大学提出喷淋＋吸收式热泵回收燃气电厂烟气余热，但是仍需要低温冷源，流程如图5-20所示，2019年，在此基础上，清华大学进一步提出了三塔模型，通过对助燃空气的加热增湿来提高烟气露点，仅需自然冷源即可深度回收烟气潜热，流程如图5-21所示。含湿量较大且比较集中的烟气（如：燃气电厂烟气、焦炉煤气烟气），适合采用喷淋＋吸收式热泵或"三塔"模型深度回收烟气余热，含湿量小且分散的烟气（如：煤气成分主要为CO而不是CH_4的高炉煤气、转炉煤气燃烧的烟气）含水量较少，考虑到系统经济性，更适合采用换热器回收余热。100~140℃的蒸汽、100℃以上的空气、煤气、油气同样适合采用换热器回收余热。42~50℃的空气、45℃的乏汽、40~100℃的油气可以采用换热器与热泵结合的形式回收余热。若发电机组可以背压或者抽汽改造，45℃乏汽也可通过发电机组改造的途径提高品位。

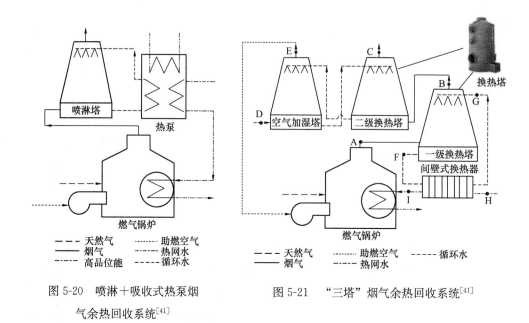

图 5-20　喷淋＋吸收式热泵烟气余热回收系统[41]

图 5-21　"三塔"烟气余热回收系统[41]

对于液态余热资源，多为废水、油/酸等热源介质，回收余热时需要重点关注腐蚀性。12～26℃的废水适合作为第一类吸收式热泵的低温热源或采用电热泵回收余热。循环冷却水和40～100℃的油/酸可以采用换热器与热泵结合的形式回收余热。70～90℃的废水最常见的余热回收方式是直接采用换热器回收余热（如：宽流道板式换热器），但一般需要安装过滤器，初投资较高，也可作为第二类吸收式热泵的中温热源，但目前实际工程应用案例较少，还可采用闪蒸方式（可以结合喷射式换热技术）产生所需温度的热源蒸汽。闪蒸换热常见于废水的余热回收，原理如图 5-22 所示。闪蒸蒸汽可以通过汽-水换热器直接加热热网水进行换热，也可以进一步通过蒸汽热压缩（喷射式换热），产生的较高品位蒸汽可以直接与热网水换热或者作为海水淡化与水热同产系统的热源。目前较为常见的有通过闪蒸方式回收冲渣水余热的技术，若与喷射式换热结合，可利用水源温度一般不小于 35℃，所需要的驱动蒸汽一般需要 120℃以上即可，适用于废水温度较低且有高温蒸汽的场合[37]。100℃以上的油/酸适合直接采用换热器回收余热。

对于固体渣（如：高炉铁渣、炼铜熔渣），目前余热回收方式主要包括水淬法、风淬法、化学回收法三大类。水淬法可产生 100℃以下的热水和 100℃左右的蒸汽用于供暖，但是能级损失较大，风淬法可产生高温热风用于发电，化学回收技术目前仍停留在实验阶段。目前工厂普遍采用水淬法，但是大量低品位冲渣水和冲渣蒸

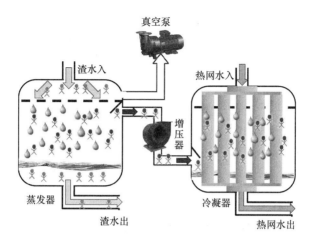

图 5-22　渣水闪蒸换热技术

☘—低压水蒸气；☘—工业废水溶液杂质；💧—水滴

汽余热未被利用。冲渣蒸汽和冲渣水具体的余热回收方式分别参见以上对气态余热资源和液态余热资源回收方式的介绍。此外，基于闪蒸换热原理的钢渣有压热闷技术逐渐趋于成熟并在钢铁厂投入应用。2017 年以前，我国仍有 50％以上的钢渣采用热泼技术进行处理[42]，之后如图 5-23 和图 5-24 所示钢渣辊压破碎-有压热闷法以其蒸汽渗透压高、处理时间短技术优势逐渐取代常压池式热闷技术，然而大多数企业并未利用热闷过程产生的放散蒸汽的余热，而是直接排放到大气中。该技术原理为：钢渣首先经过辊压破碎，温度由 1000℃以上降为 400～600℃，这部分热量可通过鼓风机吹风产生热风进入余热锅炉进行回收，热风取热效率最高可达 77％[43]，之后，400～600℃的钢渣进入有压热闷装置，间断产生 0.2～0.4MPa 的过饱和蒸汽。

图 5-23　辊压破碎装置

图 5-24　有压热闷装置

对于固态辐射壁面，可加装筒体换热罩，通过辐射换热＋对流换热的形式产生所需温度的热水或蒸汽，常见的为水泥厂的回转窑辐射壁面的余热回收，但目前实际工程应用案例较少。

本章参考文献

［1］　贾艳，李文兴. 高炉炼铁基础知识［M］. 2版. 北京：冶金工业出版社，2010.

［2］　张超，王韬，陈伟强，刘刚，杜欢政. 中国钢铁长期需求模拟及产能过剩态势评估［J］. 中国人口·资源与环境，2018，28(10)：169-176.

［3］　汪鹏，姜泽毅，张欣欣，耿心怡，郝诗宇. 中国钢铁工业流程结构、能耗和排放长期情景预测［J］. 北京科技大学学报，2014，36(12)：1683-1693.

［4］　高长明. 2050年世界及中国水泥工业发展预测与展望［J］. 新世纪水泥导报，2019，25(2)：1-3＋6

［5］　梁高卫. 基于热电转换的铝电解槽侧壁余热发电研究［D］. 长沙：中南大学，2013.

［6］　方豪. 低品位工业余热应用于城镇集中供暖关键问题研究［D］. 北京：清华大学，2015.

［7］　马安君，李宝生，马海波，李玉峰. 铝电解低温余热利用分析［J］. 轻金属，2013(5)：58-61.

［8］　熊小鹏，曹霞，王卡卡. 浅谈铅锌冶炼烟气制酸工程设计实践［J］. 硫酸工业，2015(6)：8-10.

［9］　仝永娟，李鹏，王连勇，李瑾. 电熔镁砂生产余热分段分级回收与梯级综合利用研究［J］. 轻金属，2017(2)：42-46.

［10］　Yoshimura A，Matsuno Y. Dynamic Material Flow Analysis and Forecast of Copper in Global-Scale：Considering the Difference of Recovery Potential between Copper and Copper Alloy［J］. Materials Transactions，2018，59(6)：989-998.

［11］　能源转型委员会、洛基山研究所. 中国2050：一个全面实现现代化国家的零碳图景［R］. 能源转型委员会，2019.

［12］　北京大学能源研究院. 中国石化行业碳达峰碳减排路径研究报告［R］. 北京：北京大学能源研究院，2022.

［13］　HUANG P，COPERTARO B，ZHANG X，et al. A review of data centers as prosumers in district energy systems：Renewable energy integration and waste heat reuse for district heating［J/OL］. Applied Energy，2020，258：114109. DOI：10. 1016/j. apenergy. 2019. 114109.

［14］　ASHRAE TC9. 9，Thermal Guidelines for Data Processing Environments，Fourth Edition［M/OL］. ASHRAE，2015.

［15］　中华人民共和国住房和城乡建设部. 数据中心设计规范：GB 50174—2017［S］. 北京：中

国计划出版社，2017.

[16] 中国制冷学会数据中心冷却工作组. 中国数据中心冷却技术年度发展研究报告 2019[M].
北京：中国建筑工业出版社，2020.

[17] 中国制冷学会数据中心冷却工作组. 中国数据中心冷却技术年度发展研究报告 2021[M].
北京：中国建筑工业出版社，2022.

[18] 中国信息通信研究院. 数据中心白皮书[EB/OL]. 北京，2022. http：//www. caict. ac.
cn/kxyj/qwfb/bps/202204/t20220422_400391. htm.

[19] 工业和信息化部信息通信发展司. 全国数据中心应用发展指引（2020）[M]. 北京：人民邮
电出版社，2021.

[20] 黎贤钛. 电力变压器冷却系统设计[M]. 杭州：浙江大学出版社，2009.

[21] 中国电器工业协会. 油浸式电力变压器技术参数和要求：GB/T 6451-2015[S]. 北京：中
国标准出版社，2015.

[22] 梁涵卿，邬雄，梁旭明. 特高压交流和高压直流输电系统运行损耗及经济性分析[J]. 高
电压技术，2013，39(3)：630-635.

[23] 王如竹，何雅玲. 低品位余热的网络化利用[M]. 北京：科学出版社，2021.

[24] 边海军. 低温工业余热回收工艺研究及示范[D]. 北京：清华大学，2013.

[25] 方豪，王春林，林波荣. 我国钢铁余热清洁供暖现状和产能调整下的余热潜力预测[J].
建筑节能，2019，47(6)：106-111.

[26] 童明伟，张二峰. 攀钢高钛铁渣的热回收与利用[J]. 顺德职业技术学院学报，2010，8
(4)：1-2＋9.

[27] 陈莹. 高温钢渣余热回收系统的数值模拟研究[D]. 济南：山东大学，2014.

[28] 王春林，方豪，夏建军. 中国北方有色金属余热资源及清洁供暖潜力测算[J]. 区域供
热，2019(6)：32-40＋73. DOI：10. 16641/j. cnki. cn11-3241/tk. 2019. 06. 006.

[29] 汪磊，邵威. 半水煤气余热回收综合利用[J]. 安徽化工，2016，42(4)：76-80.

[30] Xie X，Yi Y，Zhang H，et al. Theoretical model of absorption heat pump from ideal solution
to real solution：Temperature lift factor model[J]. Energy Conversion and Management，
2022，271，116328.

[31] Wang M，Deng C，Wang Y，et al. Exergoeconomic performance comparison，selection and
integration of industrial heat pumps for low grade waste heat recovery[J]. Energy Conver-
sion and Management，2020，207：112532.

[32] Z. Li，L. Fu，H. Liu. A novel combined heat and water（CHW）technology applied in
China northern coastal regions：Actual demonstration project towards promoting[J]. Energy
Conversation and Management，2022，257：115409.

［33］何飞. 钢铁企业高炉冲渣水余热利用技术的应用［J］. 冶金管理，2021(7)：167-168.

［34］李悦. 建陶类工业低品位烟气余热分段利用研究［D］. 成都：西南交通大学，2021.

［35］梁超松，冯祖强，文旭林，等. 柳钢加热炉烟气余热资源与回收技术分析［J］. 广西节能，2021(4)：55-57.

［36］吴爽，金旭，刘忠彦，等. 区域供热/供冷系统中余热回收应用［J］. 发电技术，2020，41(6)：578-589.

［37］陈杨. 伊春市某钢铁厂工业污水余热回收供热方案可行性研究［D］. 哈尔滨：哈尔滨工业大学，2021.

［38］姜竹，邹博杨，丛琳，等. 储热技术研究进展与展望［J］. 储能科学与技术，2022，11(9)：2746-2771.

［39］陈程，许佳孟，毛凌波. 相变储热技术在冶金余热回收中的应用［J］. 世界有色金属，2021(16)：14-15.

［40］侯明东. 梯级相变蓄放热性能及优化研究［D］. 天津：河北工业大学，2021.

［41］时国华，刘彦琛，李晓静，等天然气烟气余热高效回收技术研究进展［J］. 热力发电，2020，49(2)：1-9.

［42］张国伟，张延平，吴桐，潘颖. 钢渣热闷余热回收有机朗肯循环发电技术分析［J］. 冶金能源，2021，40(2)：9-12.

［43］潘颖，张延平，张添华. 基于钢渣有压热闷处理的余热回收技术研究［C］//. 2020年全国冶金能源环保技术交流会会议文集. 北京：中国金属学会，2020：276-281.

第6章 低品位余热利用三大关键技术

6.1 跨季节储热

6.1.1 重要意义

充分开发利用低品位余热资源面临最大的困难就是余热的产出时间与用热侧需要的时间不匹配。因为余热是按照其相应的生产过程所产出，而不是为了满足用热侧需求所生产的。例如核电和调峰火电是为了发电需要，全年都有余热产出，而北方建筑仅在冬季才大量需要热量，而弃风弃光电力仅在春天出现，而这时往往是热量需要量较少的季节。此外，工厂受生产工艺及市场需求影响，其生产过程产生的余热也随时间存在较大波动。余热的产生与热需求在时间上不匹配，因而得不到有效利用。从而导致大量余热资源的无效排放，另一方面却燃烧大量化石能源以满足热量需求。破解上述问题的关键就是建设大规模跨季节储热系统，在余热供过于求时储存起来，供不应求时释放储存的余热。通过大规模储热使产热过程与用热过程在时间上解耦，彻底解决二者时间上不匹配的问题。

6.1.2 大型跨季节储热的发展现状

跨季节储热并不是最近提出的概念，在我国和欧洲，跨季节储热均有一定程度的研究与应用。如图 6-1 所示，大规模跨季节储热技术包括地埋管储热、地下含水层储热、水体储热、相变储热等方式。

长周期储热面临的关键问题之一是散热损失。根据傅里叶准则，储热体尺度的平方与时间成正比，所以当储热体的体积足够大时，其通过与周边土壤传热所产生的散热损失相对就很小。而储热系统在热量储放过程中产生的㶲耗散会形成储热体内部不同温度之间的掺混，从而导致储存热量的温度品位损失。储热系统的㶲耗散主要发生在储热介质内部的热传导过程，地埋管储热、地下含水层储热和相变储热系统所储存的热量在储热和放热过程都要通过导热与存/取热介质进行换热，这个

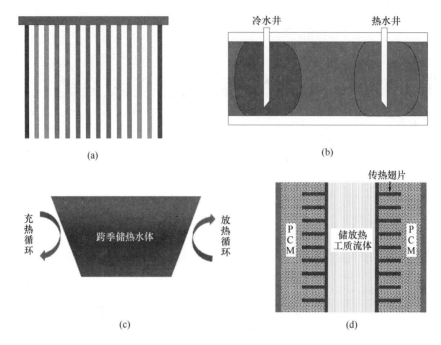

图 6-1 四种储热技术

（a）地埋管储热技术；（b）地下含水层储热技术；（c）水体储热技术；（d）相变材料储热技术

过程必然产生大量的㶲耗散。

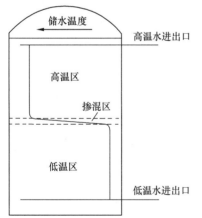

图 6-2 自然分层水体储热体原理图

水体储热系统是通过不同温度的水置换，而在储热、放热时不需要介质内部导热的储热方式。如图 6-2 所示，在储热水体的顶部和底部设置布水器和取水器，利用温度的自然分层原理实现水体储热。储热过程，高温热水从顶部流入储热体，同时将储热体中的低温水从底部抽出，放热过程与之相反，低温水从底部流入储热体，同时将储存的高温水从顶部取出。储放热过程是对储热体内储水进行置换，而不是通过导热，储热体内的储水量保持不变。这种方式下，储热体内的传热过程仅发生在高低温储水的分界面上，通过有效控制高低温水的掺混，减小斜温层，可以有效减少水体储热系统储放过程的㶲耗散，如果通过技术手段消除掉斜温层，就可以没有㶲耗散，储热效率远高于其他储热方式。同时，水体储热还具有成本低、储能密度高的优势，因此，是跨季节储热的最佳方式。

水体储热在欧洲国家已经得到了少量的应用。表6-1为欧洲目前已建成的部分储热水池。这些储热项目主要是针对太阳能热利用，在非供暖季收集和储存太阳能产生热水，冬季用于供暖。

欧洲部分跨季节储热水池项目　　　　　　表6-1

国家	体积 （m³）	储/放热温度 （℃）	建设成本 （元/GJ）	单位库容成本 （元/m³）
德国	6500			
德国	1500	90/30		
德国	4500	60/30		
丹麦	10000	50/25	7740	810
丹麦	60000	86/12	970	305
丹麦	75000	50/25	2400	253
丹麦	85000	90/20	1040	304
丹麦	120000	90/20	730	214
丹麦	200000	90/40	785	164
瑞典	10000	65/10	2090	481

我国已开展跨季节储热技术理论研究与工程应用研究，但可实现实际大规模供热的跨季节储热示范工程或实验工程仍较少。中小规模水体储热方面，中国科学院电工所在张家口黄帝城小镇建立了包含2个10000m³和2个3000m³储热水体的太阳能跨季节储热示范平台，以及在北京延庆区2个500m³储热水体开展了关于承重浮顶技术和逆温层盐池的研究，现有示范工程还包括位于西藏自治区的15000m³储热水体。

6.1.3　以储热实现低成本储能

在"双碳"目标下，建立新型电力系统所面临的最大难题就是可再生能源发电与用电负荷之间不匹配，解决该问题必须依靠储能，而包括电池储能、抽水蓄能、储氢等目前主要的储能方式其储存成本均非常高。而如果所储存的能量最终的应用方式是中温热量，那么成本最低的方式应该是储热。

前述电池储能等方式，单位电量的储存成本高，而单位储放电功率的成本较低，这类储能方式适用于短周期的储放，其生命周期内的储放次数足够多，才能降低储能成本，若用于长周期储能，储放次数少，则单位储能成本将非常昂贵，经济代价难以承受。以电池储能为例，单位储电量的电池造价约为 1000 元/kWh，若用于长周期储能，每年储放 10 次，即使使用 20 年，则其生命周期内储放次数仅为 200 次，折合到单位储电量的成本为 5 元/kWh。

而大规模水体储热的投资相比其他储能方式要低得多。如图 6-3 所示，为目前跨季节储热实际工程的造价，可以看到，当储热体容积达到 10 万 m³ 级别时，其造价可以控制在 200 元/m³ 以内。储热温差取 70K，单位储热量的投资仅为 3 元/kWh。考虑电热泵回收低品位余热供热系统的 COP＝5，折算单位储电量的投资约为 15 元/kWh，仍远低于电池的造价。

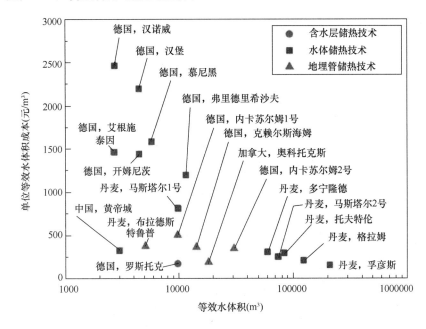

图 6-3　储热方式成本对比

6.1.4　跨季节储热的优越性

跨季节储热是未来"双碳"目标下，供热实现碳中和所必需的关键环节，发展跨季节储热可以获得如下收益：

（1）跨季节储热可有效储存各类低品位余热，使得宝贵的零碳余热可以得到充分的回收利用。图 6-4（a）为全年的余热资源量与供热需求曲线，余热资源的产生在全年范围内相对稳定，而建筑供暖仅在冬季用热，因此余热供需在时间上存在不匹配。为保障供热安全，供热负荷不应超过余热供热能力，因而导致余热供暖面积小，且大量的余热无法得到回收利用而白白浪费。如图 6-4（b）所示，在建设大规模跨季节储热后，相当于有了一个热量银行，可以随时将不同品位的余热储存在其中，并随时通过换热器提取所需热量。此时，只要全年的余热热量大于全年的用热需求即可，也就使得全年的低品位余热都可以得到充分的回收利用，余热利用率提高 3～5 倍。

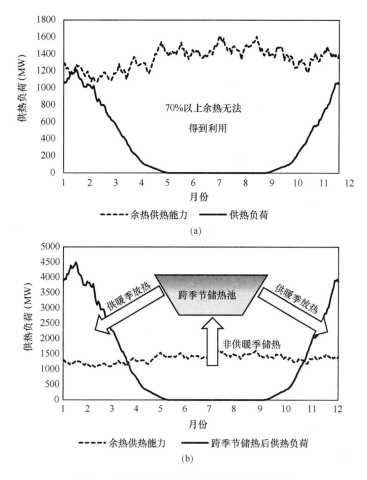

图 6-4　跨季节储热提高低品位余热利用率
（a）余热与供热负荷变化曲线；（b）跨季节储热使余热得到充分利用

（2）跨季节储热使余热回收和输送系统的年利用小时数大幅增加，提高供热系统的经济性。目前的余热回收和输送系统的年利用小时数一般不到 3000h，投资回收期长。并且，诸如水热同产系统，通过海水淡化来制备热淡水的装置投资巨大，即使为其搭配调峰热源，让其在供暖季满负荷运行，其年利用小时数也仅在 3000h

左右。设置跨季节储热后，余热回收和输送装置可以在全年稳定运行，年利用小时数可以达到7000h以上，从而大幅降低系统的设备折旧成本，提高余热供热系统的经济性。

（3）以跨季节储热代替化石能源调峰锅炉，降低供热碳排放，并大幅提高供热安全性。目前为了使热电联产等高投资低运行费的热源具有较好的经济性，都采用调峰锅炉作为调峰热源，这就不能避免使用化石燃料。当系统具有跨季节储能装置后，就完全可以根据热负荷的变化随时改变从储热池中的取热量，从而灵活调节供热热量而与当时的热源状态无关。同时，由于跨季节储热常备着大量储热，当某个热源临时出现故障无法供热时，就可以由跨季节储热装置提供热量，满足供热需求，从而大大提高供热可靠性。

（4）跨季节储热系统可利用电热泵或电热锅炉消耗春季秋季过剩的风电光电，使这些原本会弃掉的电力发挥作用。根据未来碳中和下电源供需平衡分析可知，风光电力在春秋天要出现过剩，特别是春天将产生大量弃风弃光电力，全年弃风光电量接近10%。通过跨季节储热库，可以在出现弃风弃光时利用电动热泵从储热库内中温或低温段提取热量，转换为储热库的高温热量（95℃），释放到高温段，也可以直接通过电锅炉加热至高温段。这样既回收利用了弃风弃光的电力，还减少了储热水库由于一些掺混现象导致的耗散，提高储热系统的㶲效率。

（5）跨季节储热系统中存有大量的低温储水，这些低温储水对于各余热源来说是一个稳定的冷却源，从而对全年持续提供余热的工业过程和发电厂可以不再设置其他冷却系统，而通过储热水库中的冷水保证其生产过程的有效冷却。

6.1.5 亟待研究解决的问题

大规模水体储热目前已经得到了一定的应用，但针对我国"双碳"目标下对跨季节储热的需求，还有若干关键问题尚待研究解决。

首先，为了减少储热水体的㶲耗散，其等效尺度应该尽可能的大，单个储热水体的容积普遍应在百万立方米左右。尽管希望储水池尽可能深，但受施工难度和建设成本的影响，其深度一般在20~30m，这样百万立方米的储能池的面积在3万~5万m²，横向尺寸将是其纵向尺寸的10倍。在该比例下，储热水池中不同温度水体的上下分层将变得十分困难。同一水平面的温度很难保证相同，而只要存在水平面不同位置的温差或者压力差，就会引起纵向的涡流。这种涡流还会横向扩散，从而形成更大的斜温层，导致不同温度之间的掺混，降低系统的㶲效率。因此，需要对大规模跨季节储热水体的水平温差导致的局部小涡流动及其扩散机理进行研究，建立储热、放热以及分层静置状态下储热水体的流动与传热模型，研究大型水体跨季节储热池储放热过程水体的温度变化和流动特性。

此外，还应研究无扰均布的布水装置和取水装置，使流入和流出储水池的循环水均匀分布于水平面各处，且尽可能减少对水体的扰动。当然也可以考虑纵向再划分很多隔断，使其分割为很多储热单元，再通过一些措施对每个储热单元的储放热进行单独的调控。这样有可能减少掺混现象，但可能会大幅度增加储能设施的投资。

除了斜温层控制之外，大规模储热水体的另一难题是保温顶盖的设计，保温顶盖的建造工艺对于减少储热水体的散热损失及建造成本都至关重要。目前大规模储热水池常用的保温顶盖形式是漂浮式，以两层防渗土工膜包裹保温材料，由于保温材料密度小，因此顶盖板可以浮在储水的表面。大面积保温顶盖还需要考虑防风、排水等设计。此外，防渗膜长时间使用的情况下，仍然会渗透一些水进入保温材料中，保温顶盖还需要考虑保温材料的排湿设计。因此，优化保温顶盖的工艺设计以降低顶盖建造成本并减少散热损失，也是大规模跨季节储热水体所需要研究解决的难题。

此外，储热水池的建造还涉及大幅度温度变化下储热水池结构材料的研究，以及耐高温防渗材料的研究。储热水体的建造成本在大型跨季节储热系统的投资中占主要比例，除了研究储热水体的建造工艺，减少单位容积储热水体的建设成本外，另一个影响成本的关键因素是储热密度。对于分层水储热而言，储热密度与储热体内的冷热水温差成正比，因而应采取措施增大储热温差。大型储热水体出于投资造价角度考虑通常为常压，热水温度应低于100℃，所以降低冷水温度成为提高储热密度的有效途径。这与当前热网降低回水温度的发展方向是一致的。通过吸收式换热大幅度降低热网回水温度，实现大温差供热模式，不仅有利于电厂余热回收利用、提高热网输送能力，而且还可以提高跨季节储热密度，降低储热成本。大温差模式正在我国集中供热中大规模推广应用，热网回水温度可以降低至20～30℃左右，这对于降低储热成本十分有利。

6.2 热量长距离输送技术

6.2.1 长距离经济输热的可行性

长输供热在过去长期没有规模化发展起来的一个重要原因是热网输送能力不

足，在传统小温差大流量运行模式下，热网长距离输送一定热量所消耗的泵功太大，导致供热成本过高。大温差换热技术实现了高供低回的供热新模式，拉大了供回水温差，大幅提升了热网的供热能力，使得热量长距离输送成为可能。而随着管网规模的增大，长输供热的经济性将会进一步得到改善。以管道粗糙度 0.5mm 为例，在既定的流速下，供热量与管径的平方成正比，比摩阻与管径的 1.23 次方成反比，泵耗与管径的 0.77 次方成正比，综合下来，单位供热距离、单位供热量的泵耗与管径的 1.23 次方成反比。图 6-5 展示了流速为 2m/s 时不同粗糙度下百千米单位泵耗随管径的变化规律。另一方面，在既定的保温条件下，相对热损（即绝对热损与供热量之比）与管径、供热温差均成反比。

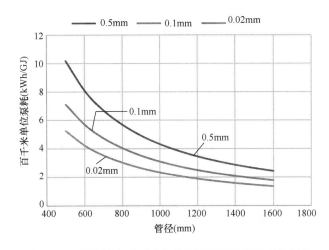

图 6-5　不同粗糙度下百千米单位泵耗随管径的变化规律

综上，提升供热经济性以保障热量长距离经济输送具备可行性需要从以下几个方面着手：

（1）加大供回水温差是提升供热能力最直接的手段，而且不增加泵耗。传统供热系统在一次网多采用 120℃/50℃ 供回水温度，而基于热泵的大温差换热技术可实现 10℃ 低温回水，从而能够充分回收电厂乏汽或其他低品位余热，热量输送能力提升 57%。低温回水还能降低管道散热损失，在供热量增加的情况下，相对热损大幅降低。

（2）供热规模需要足够大，以降低单位泵耗和相对热损。目前 DN1200 以上大口径管道在供热领域已有较多应用，而现行的《城镇供热直埋热水管道工程技术规程》CJJ/T 81—2013 尚停留在 DN500 以下，大口径管道需要在力学性能上寻求进一步突破，解决力-热耦合下的大应力和失稳问题，满足高温高压高速水流剪切条件下的承压、轴向稳定性、径向稳定性等要求。

（3）通过各种表面处理技术实现管道减阻，以降低泵耗。管道内衬涂层是减阻的主要手段，可将粗糙度从目前的 0.1mm 量级降至 0.01mm 量级，对于大口径管道而言阻力可减少 30% 以上。常见的减阻材料有双组分液体环氧涂料、环氧粉末涂料、环氧酚醛类涂料、环氧聚氨酯涂料等，减阻涂层要有很好的附着力、耐蚀性、耐磨性、耐热性，能够应对高温高压水流的长期高速冲刷而不失效脱落。

（4）加强管道保温，杜绝各种漏热热桥，以降低热损。保温成败的关键在于：一是材料本身要有足够低的导热系数并耐高温，常见的保温材料有聚氨酯泡沫、高压聚乙烯泡沫、橡塑、石棉、岩棉、珍珠岩、玻璃棉等，有机材料导热系数一般在 $0.02 \sim 0.05 \mathrm{W/(m \cdot K)}$，无机硬质材料一般在 $0.06 \sim 0.12 \mathrm{W/(m \cdot K)}$，无机纤维材料则跨度较大，一般在 $0.02 \sim 0.14 \mathrm{W/(m \cdot K)}$。二是保温材料还要具备长期稳定性，需要有高强度保护壳以抵御各种应力和机械损伤，并防止外界的雨水、地下水渗入保温层造成保温性能失效，同时也要避免管道漏水从内侧的渗入。

6.2.2　工程应用与研究现状

1. 工程应用

1959 年，随着北京第一热电厂的建成，北京铺设了第一条通向市中心的热力干管，全长约 10km，主要为长安街沿线公共建筑供热。1992 年，石景山电厂开始向北京城区供热，一期工程全长 21.5km，供热面积 530 万 $\mathrm{m^2}$。

现如今，我国已在太原、石家庄、银川等地建成实施了多项长输供热工程，另有济南、郑州、西安、乌鲁木齐等地正在实施或设计论证，这些工程的供热距离已大幅超过 20km，有些甚至在向 100km 级别迈进。

2016 年，太原市建成我国首个大温差长距离余热供热示范工程，如图 6-6 所示。该工程从古交市回收电厂余热，长距离输送至太原市，为太原 40% 的建筑供热，供热规模达 7600 万 $\mathrm{m^2}$。该工程热源为古交兴能电厂，设计供热能力 3658MW，其中抽汽供热量 1965MW，回热余热量 1693MW。设计供回水温度为 130℃/30℃，输送流量 30000$\mathrm{m^3/h}$。长输系统采用双供双回 $DN1400$ 管道，全长 37.8km，电厂首站海拔 1020m，末端中继能源站海拔 840m，首末高差 180m。长输系统共建设 3 座中继泵站和 1 座中继能源站，其中，1 号和 3 号中继泵站只设回水加压泵，2 号中继泵站同时设供水和回水加压泵，泵组均按 4 台并联布置。该工

图 6-6 太古长输供热工程

程总投资 67 亿元，每平方米供热面积初投资不到 100 元，综合供热成本仅 36 元/GJ，低于现有燃煤锅炉供热成本，只有燃气锅炉的一半，污染物排放不到燃气锅炉的 20%，具有显著的经济性和环保优势。

2018 年，石家庄鹿泉长输供热管网正式投运。该工程起点为石家庄市井陉县上安镇的上安电厂，终点为石家庄市鹿泉区，全长 20km。电厂位于高处，最高点海拔 273m，规划供热区域在低处，最低点海拔 76m，最大高差 197m，为当时全国之最。工程总投资 18 亿元，总供热面积 1 亿 m^2，基于吸收式换热热电联产技术，每年可减少供暖用标准煤 12 万 t，在有效缓解石家庄市供热能力不足的同时，也显著地控制了燃煤总量，降低污染物排放和碳排放。

2018 年，银川灵武电厂东热西送工程竣工。该工程热源为银川市东南方向的灵武电厂，采用双供双回 DN1400 管道，全长 46km，供热面积 7719 万 m^2，供回水温度 130℃/30℃。投运第一年即替代城区小锅炉 155 套，每年减少城区燃煤量 130 万 t、二氧化硫排放 1.2 万 t、氮氧化物排放 2 万 t、烟尘排放 3.5 万 t。2018 年，银川市空气质量优良天数同比增加 21 天，PM2.5 指数同比下降 21%，PM10 指数同比下降 18%，二氧化硫下降 44%，该工程在保障居民供热的同时，也显著改善了空气质量，环保效益突出，真正实现了清洁供热。

表 6-2 为目前国内已实施、正在实施、有待实施的长输供热项目。

我国长输供热项目 表 6-2

项目	供热面积（万 m^2）	距离（km）	高差（m）	管径	实施情况
太原南部热电联产	3000	42	30	2×DN1400	建成
古交厂至太原	7600	37.8	180	4×DN1400	建成
西柏坡电厂至石家庄	8500	27	50	4×DN1400	建成
上安电厂至石家庄	10000	20	197	4×DN1400	建成
灵武电厂至银川	7719	46	50	4×DN1400	建成
阳城电厂至晋城	3000	26.1	131	2×DN1400	施工
京隆电厂至大同	3500	36	132	2×DN1600	施工
京能电厂至银川	4000	37	150	2×DN1400	初设
托克托电厂至呼和浩特	9100	75	50	2×DN1600	初设
信发电厂至济南	10000	65	65	4×DN1400	初设
盘山电厂至北京	6000	81	40	2×DN1400	论证
登封电厂至郑州	6000	70	240	4×DN1400	论证
济莱长输	9000	83		2×DN1600	可研
邹平电厂至济南	9000	73	70	2×DN1600	可研
铜川和美鑫电厂至西安	7500	117	300	2×DN1400	可研
信发电厂至乌鲁木齐	6000	41		4×DN1400	可研

2. 关键技术问题

传统集中供热管网供热距离一般不超过 20km。大温差长输供热技术突破了传统热网的输送距离限制，供热距离通常超过 20km，将供热范围大大拓展。长输热网多采用 DN1200 以上大口径管道，供热面积通常在 1500 万 m^2 以上。

管道直径的增大（DN1200 以上）、输送距离的延长（20km 以上）、供热温度的提升（120～130℃）以及汽化点升高所带来的运行压力提升，使得长输供热系统复杂度大幅增加，如何在低初投资、低泵耗、低热损的同时保障运行安全，避免出现超压、汽化等水力事故，是长输供热必须要解决的难题。

长输供热系统通常都要根据地势高程特征，沿途设置多个中继泵站，通过多级加压来分段克服流动阻力，在保证总输送动力的前提下，有效降低各管段压力，避免超压事故。多级加压的另一个好处是可以将水力风险分摊，根据水击理论，瞬间停泵会在泵前和泵后分别产生＋1/2扬程和－1/2扬程大小的水击，通过将总扬程分摊至多个泵站，可减轻单个泵站停泵事故所造成的水击危害。

除了停泵，关阀也能产生水击，而且关阀往往是管道系统中最大的水击源，其水击大小与流量成正比。过去的管网常用闸阀，闸阀老化之后可能会出现阀芯脱落而迅速关阀的事故。目前，大口径管道已广泛使用蝶阀，不存在闸阀这种隐患，但无论是手动还是电动蝶阀，阀门误操作关闭的可能性仍然存在，需要加强人员培训、完善自动控制程序，尽量避免这种事故的出现。

在大温差长输供热系统中，供水温度往往超过100℃，甚至达到130℃，其对应的汽化压力也相应抬高，事故工况下发生汽化的概率也相应增大。实际上，汽化的危害最终仍是超压，当局部某处的水发生汽化后，其两侧液柱分离，而当压力恢复后水蒸气重新液化，两侧液柱瞬间合并，撞击过程会产生巨大的水击，称为溃灭水锤，其压力可达到5～10MPa，远超现有热力管道的承压极限，会造成严重的爆管事故。

消除水击的方法主要有定压塔、稳压罐、旁通管、泄压阀等，各自都有不同的水击响应特性，需要根据实际问题合理选取水击防护措施。值得注意的是，有些水击防护设备其本身也是新的水击源，会产生次生水击，应用不当的话可能会造成更大的危害。

一方面长输供热系统因其长距离特征往往需要设置多级泵站而增加了系统复杂度，但另一方面长距离带来了好处，可以有足够的时间来衰减水击波。泵站扬程和位置的合理选择，以及定压、稳压、泄压等安全防护设备的合理布置，可以有效利用水击波的叠加（这里指正负水击波的叠加）和衰减效应，将事故水击的影响降至最小，此为被动防护。而主动防护可以发挥光电信号传播速度远快于水击波速的特点，通过自动控制程序在水击波到达之前预先执行主动防护动作，如泵阀联动，提前消除水击可能造成的危害。

正是由于以上这些复杂的水力问题，长输供热工程在实施前必须要开展全面的动态水力计算，分析各种可能工况的水力特性，基于水力计算结果来设计被动或主动水力防护措施，确保系统全工况运行安全。动态水力计算的工作即是求解由连续方程和运动方程构成的水击方程组，最终得到压力和流量的时空分布。作为二元非线性偏微分方程，水击方程难以得到解析解，通常需要进行数值求解。目前常用的数值方法主要是特征线法，该方法将偏微分的水击方程变换成常微分的正、负特征线方程，再经过有限差分处理得到时间和空间网格节点的代数方程，在已知初始条件和边界条件后即可将水力过渡过程求解出来。其中，边界条件是由各水力元件的特性方程来建立的，用于封闭方程组。最复杂的边界条件是水泵的全特性曲线方程，其覆盖了水泵完整的四象限、八区域工作范围，以无量纲形式建立起了流量、扬程、转速、转矩四个物理量的关系。

除了水力，在热力方面，长输供热需要解决长距离高温管道的漏热问题，保温材料的低导热性和长期可靠性至关重要。目前，聚氨酯保温材料能达到与空气相当的导热系数，但需要特别注意高温老化和浸水都会造成材料保温性能大幅下降。根据《高密度聚乙烯外护管硬质聚氨酯泡沫塑料预制直埋保温管及管件》GB/T 29047—2021，硬质聚氨酯泡沫塑料保温层吸水率不应大于 10%，闭孔率不应小于 90%，老化前的聚氨酯在 50℃时的导热系数不应大于 0.33W/(m·K)。管道敷设方式决定了漏热过程的边界条件，架空敷设按第三类边界条件来计算漏热量，直埋敷设可按第一类边界条件，但需要结合周围土壤导热耦合计算。保温层厚度的选取要综合考虑热力性能和经济性。为避免雨水或地下水浸湿保温层，以及应对各种可能的应力，保温层外还要包裹高密度聚乙烯（HDPE）保护层。

6.2.3 未来可能的新技术突破

1. 取消隔压站

现有长输供热工程中高差最大的是石家庄上安项目的 197m，现行热力管道标准尚能满足其承压要求。而未来，更多的跨区域长输供热工程势必将面临更大的高差。在一些多山地区如陕西、山西，长输路可能要跨越 300m 甚至 500m 以上的巨大高差，加上定压和事故水击，系统全工况最高压力比高差带来的静压还要更大。传统解决办法是设置隔压站，利用隔压换热器将大高差管网分隔成多个小高差管段，从而降低各管段的压力水平。然而，隔压换热一方面造成初投资成本大幅增加，另一方面带来换热端差损失而使得供热能力下降，最终都折合到供热成本的增加。因此，取消隔压站将是大高差长输供热亟待突破的关键技术。

提升管道承压等级是最直接有效的办法，从目前热力管道通行的不超过 2.5MPa 提升至 4MPa 甚至 6MPa 以上，这可以参考油气领域的成熟经验，选用更高钢级和更大壁厚的管道。例如，中俄天然气东线工程采用了 X80 钢级的管道，外径 1422mm，壁厚 33.4mm，设计压力高达 12MPa。不过，热网输送的介质水毕竟没有油气那样高的经济价值，过度提升钢级和壁厚在经济性上无法接受。

减压是消除大高差不利影响的一种有效途径。相比于减压阀，涡轮机能够在减压的同时对压力能进行部分回收，驱动机械式增压泵，降低电动泵运行电耗。不过，无论是减压阀还是涡轮机，都只有在水流动时才能产生减压效果，一旦水流静止，水柱静压就会传递至低点。因此，除了动态减压，大高差长输供热系统还要有静态隔压措施。可控的隔断阀能起到与隔压站类似的隔压效果，在系统静置时将静压隔断。同时还要设置旁通阀，通过切换隔断—旁通阀组可实现系统在静置状态与运行状态之间过渡，以进行启动和停运操作。合理的工况点设计和动作时序将是保障切换过程平稳过渡的关键，避免开阀、关阀过程产生较大水击。

隔断阀的隐患在于，在闭式系统中，一旦隔断阀关不严或误操作打开，静压还是会传递至低处，造成超压。因此，取消隔压站的大高差长输系统需要突破传统热网的闭式结构，以开式结构来应对各种可能的事故工况，确保系统在任何时候都有可供泄水的出口，使系统始终都能维持一定流量，在流动中将压力沿程和局部消减，最终再通过阀组切换操作将系统平稳过渡到停运静置状态。

2. 管道减阻

大温差技术实现了大温差小流量运行模式，大幅降低了长距离输送泵耗，使长输供热成为可能。在此基础上，减小管道阻力可以进一步降低输送泵耗，提升长输供热经济性。

管道内壁粗糙度是决定流动阻力的主要参数。根据供热领域的经验，常年运行的热力管道其粗糙度可达 0.5mm，这属于中等腐蚀水平，而对于一些严重腐蚀的管道，粗糙度甚至超过 1mm。因此，管道内壁防腐是减阻的关键。由于水质控制往往难以保证，管道内衬防腐减阻涂层是最可行的手段，可以将粗糙度降至 0.1mm 以下，达到 0.01mm 量级。常见的防腐减阻涂层材料主要有双组分液体环氧涂料、环氧粉末涂料、环氧酚醛类涂料、环氧聚氨酯涂料等。对于长输热网特别是高温的供水侧而言，涂层的稳定性非常关键，需要保证涂层在长期高温高压冲刷条件下不发生失效、脱落，而目前常用的涂层在这方面的性能还比较欠缺，需要深入开展耐高温高压性能、抗剪切力学性能、化学性能等方面的研究。除了有机涂层外，内衬不锈钢也是一种选择。不锈钢材料本身就非常光滑，粗糙度低，不易驻留污染物，而且有很好的耐腐蚀性。

与降低表面粗糙度相反，管道减阻技术的另一个方向是仿生减阻，在表面构建非光滑的疏水结构，如沟槽、凹坑、凸起、波纹、刚毛等。这些微米级甚至纳米级的粗糙突触间断分布在表面，由于表面张力的作用，水流过时无法带走滞留在突触结构中的空气，于是在水和壁面之间形成一层极薄的气膜，产生涡垫效应，在流固边界产生速度滑移，因而能显著降低流阻。

3. 水热同送

水热同产同送是长输供热中的一个特殊领域，其利用蒸馏式或蒸发式水热同产技术将海水、河水、中水等低品质水淡化，生产出高温淡水，通过单根管道将高温淡水先后送至热用户和水用户，同时实现供热和供水，取代了供热双管加供水单管的传统三管模式，极大地提升了输配管网的利用率，降低了建设初投资成本和输送成本。

此外，水热同送技术涉及利用金属管道输送高温、高流速的高纯度淡水，如果使用常规碳钢管材会严重影响管道的使用寿命和运行安全，同时水质恶化，不满足饮水标准，如果使用不锈钢管材会严重降低水热同送的经济性。因此，专门针对水热同送技术，还需要研究这种特殊环境下的管道腐蚀特征及速率、管道腐蚀延缓与水质稳定性控制手段。具体包括：研究不同运行参数（包括温度、流速、压力等）和水质参数下的腐蚀特性，掌握腐蚀类型、腐蚀产物成分、腐蚀速率，确定影响腐蚀的敏感因素，提出以调质为主要手段的管道腐蚀延缓和水质稳定控制方法，建立水热同送管道寿命预测方法。

6.3　热量变换技术

未来的集中供热热网是多热源、多用户的跨区域供热网，如图 6-7 所示，区域供热热网有统一的供回水温度，90℃供水，20℃回水。各类余热热源与大网连接，各类用热用户与大网连接都要依靠各种热量变换技术。

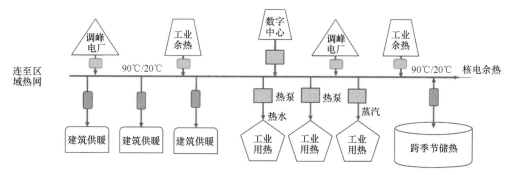

图 6-7　多热源、多用户的跨区域供热网

源侧与大热网之间、大热网与末端之间可能处在同一温度水平，且源侧平均温度高于大热网的平均温度，大热网的平均温度高于末端用户的平均温度，但是源侧、大热网和末端用户的循环温差不匹配，需要进行温差的变换。或者源侧平均温度低于大热网的平均温度，或者大热网平均温度低于末端用户的平均温度，此时需要用到热泵。由此，在热源、跨区域供热网、末端之间需要以下五类热量变换技术，以实现各类余热热源向建筑、各类工业用户以及跨季节储热装置之间的供热：

（1）热源平均温度高于大热网的平均温度＋换热温差，但热源侧小循环温差，大热网大循环温差，如图6-7中所示70K，利用第二类吸收式换热器实现热量变换；

（2）大热网的平均温度低于末端用户的平均温度＋换热温差，但大热网大循环温差（如70K），末端用户小循环温差，此时利用第一类吸收式换热实现热量变换；

（3）热源平均温度低于大热网的平均温度＋换热温差，此时需要利用热泵进行热量的品位提升；

（4）大热网平均温度低于工业用户的平均温度＋换热温差，此时需要利用热泵进行热量的品位提升；

（5）在热源、大热网与末端用户之间既存在循环温差不匹配问题，又存在品位不匹配问题，此时需要吸收式换热器与热泵相结合进行热量变换。

6.3.1　实现小循环温差热量变换为大循环温差热量的第二类吸收式换热器

当工业余热的循环温差小，但平均温度高于大热网平均温度时，将小循环温差的各类工业余热变换为大循环温差的热量输送到大热网上，需要用第二类吸收式换热器，其原理如图6-8所示。

利用第二类吸收式换热器，可以实现小循环温差的热量变换为大循环温差，从而将各类不同品位的工业余热变换为统一循环温差的热量输送到大热网上。利用第二类吸收式换热器，实现了两侧流量极不匹配的两股流体间的换热，且接收热量侧的小流量流体的出口温度高于工业余热的入口温度。利用第二类吸收式换热器进行热量变换需要具备两个条件：①热源侧与热汇侧之间的平均换热温差足够大（一般大于18K）；②热源侧与热汇侧的流量比足够大（一般大于2）。第二类吸收式换热器的性能一般用吸收式换热器效能来表示，参见国家标准《吸收式换热器》GB/T 39286—2020，吸收式换热器效能是小流量侧流体的进出口温差与两侧流体的进口温度之差的比值。吸收式换热器效能水平取决于两侧流体之间的平均温差和两侧流

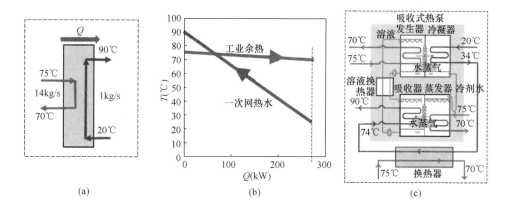

图 6-8　第二类吸收式换热器的原理

（a）外部换热性能；（b）从外部看的 T-Q 图；（c）内部过程原理

体的流量比。当给定了利用吸收式换热器实现热量变换的外部温度参数要求时，两侧流体之间的平均温差越大，两侧流体的流量比越大，外部温度变换要求越容易实现。

第二类吸收式换热器的内部是由第二类吸收式热泵和板式换热器所组成。根据外部热量变换的参数要求，内部的吸收式热泵可设置成多级、多段的流程，以与外部源侧的循环温差相匹配。目前第二类吸收式换热器已经研发成功，并具备成熟的研发制作工艺，用于所需的热量变换场景。

6.3.2　实现大循环温差热量变换为小循环温差热量的第一类吸收式换热器

当末端用户所需热量的循环温差小，且进出口平均温度低于大热网供回水的平均温度时，将大循环温差的大热网热量变换为小循环温差的用户所需的热量，需要通过第一类吸收式换热器来实现，如图 6-9 所示。

第一类吸收式换热器，实现的是大温差的一次网热水向用户所需的小循环温差的供热参数的变换，从而可以将大热网的热量变换成用户所需的循环温差的热量，向用户供热。利用第一类吸收式换热器，可以实现小流量侧热源的出口温度低于大流量侧热汇的进口温度。与第二类吸收式换热器类似，利用第一类吸收式换热器进行热量变换也需要两个条件：①小流量热源侧与大流量热汇侧之间的平均温差足够大（一般大于 18K）；②热汇侧与热源侧的流量比足够大（一般大于 2）。第一类吸收式换热器的性能也用吸收式换热器效能来表征，参见国家标准《吸收式换热器》GB/T 39286—2020。对于第一类吸收式换热器，吸收式换热器效能通过小流量侧

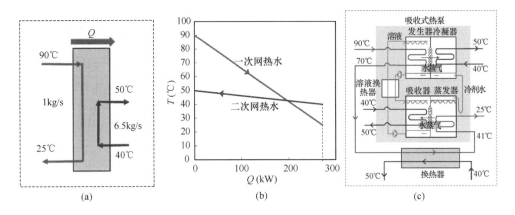

图 6-9　第一类吸收式换热器的内部原理

（a）外部流程；（b）T-Q 图表示热量变换过程；（c）内部过程

热源的进出口温差与热源和热汇之间的进口温差之比所得到。热源与热汇之间的平均温差大小与两侧的流量比决定了吸收式换热器效能水平，两侧流量比越大，平均温差越大，吸收式换热器的热量变换需求越容易实现。

由图 6-7 可知，第一类吸收式换热器一般用于大热网热量向各不同末端用户所需热量间的变换。末端用户包括建筑供暖、各类工业用户以及跨季节蓄热水库等。此时第一类吸收式换热器的应用场景包括：①利用第一类吸收式换热器将大热网热量直接变换为末端建筑用户所需的小温差热量；②利用第一类吸收式换热器将大热网热量变换为小循环温差热量，小循环温差热量再经过热泵提升品位满足各类工业用户需求；③利用第一类吸收式换热将大热网热量变换为城市热网所需的热量，城市热网为保证足够的输热能力，要求有足够大的循环温差，此时第一类吸收式换热器工作在小流量比下，接近吸收式换热器可应用的流量比下限，吸收式换热器效能较低。

第一类吸收式换热器由第一类吸收式热泵和水-水板式换热器所组成，根据外部热量变换需求，内部的吸收式热泵可以设计成多级或者多段的流程，内部的吸收式热泵和板式换热器之间也存在较佳的热量分配关系，以满足外部热量变换要求或者追求更好的经济性。目前第一类吸收式换热器已经在北方集中供热网大面积推广应用，总应用面积超过 2 亿 m²。

6.3.3　实现热量自热源的品位提升至大热网品位的热泵

当热源的平均温度低于大热网的平均温度，此时需要利用热泵进行热源热量的品位提升，以统一输送到大热网上，此时基本流程如图 6-10 所示。

利用部分工业余热首先对大热网回水进行加热，大热网升温的同时，回收部分工业余热；之后无法用直接换热实现的大热网升温过程通过多级电动热泵来实现。利用多级热泵，从工业余热提取热量，提高品位后逐级加热大热网的循环热

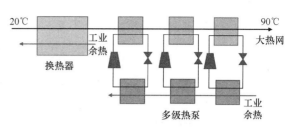

图 6-10   利用多级热泵提升热源品位，
输送热量至大循环热网

水，直至输出 90℃的热水。利用多级电动热泵，在大热网侧实现串联连接，可以实现大热网的梯级加热，减少加热过程的不匹配换热损失，最终节省热泵电耗。对

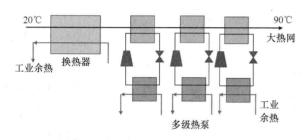

图 6-11   利用多级热泵提升热源品位，
输送热量至大循环热网

于多级电动热泵的低温热源侧，可根据工业余热的循环温差，确定连接形式，当工业余热的循环温差较大时，可采用图 6-10 的串联连接方式；当工业余热的循环温差较小时，可以采用并联方式，即工业余热分别进入多级热泵的蒸发器侧，如图 6-11 所示。

当工业余热的品位较低时，低于热网回水温度时，此时无法利用工业余热直接加热大热网回水，只能直接通过热泵进行热量的品位提升，如图 6-10 和图 6-11，取消工业余热和大热网之间的直接换热过程，仅通过热泵将工业余热输送至大热网。

6.3.4   实现热量自大热网提升至末端工业用户的热泵

当大热网的平均温度低于末端用户所需热量的平均温度，此时需要通过热泵将热量自大热网提升至末端用户，此时这类末端用户一般为工业用户。而末端工业用户需要的一般为高温高压蒸汽，也有部分工业用户需要高温热水。

将大热网热量用于制备工业用户所需蒸汽，其可能的流程如图 6-12 和图 6-13 所示。

如图 6-12，由于大热网热量的循环温差较大，首先利用吸收式换热器将大热

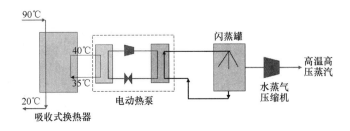

图 6-12　利用大热网热量制备工业用蒸汽的系统流程

网热量变换为小循环温差的热量，之后通过电动热泵提升品位，用于加热闪蒸用热水，被加热后的热水经过闪蒸罐闪蒸出一定品位的蒸汽，之后通过水蒸气压缩机再次提升品位，制备出工业用户所需的高温高压蒸汽。中间蒸汽的品位根据工业用户的蒸汽参数需求，同时以尽量降低系统电耗为目标而优化得到。

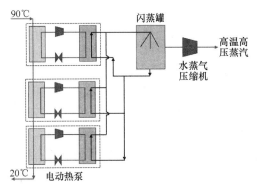

图 6-13　利用大热网热量通过多级
电动热泵制备工业用蒸汽

由于大热网热量的循环温差较大，当不采用吸收式换热器进行热量变换时，也可以采用多级电动热泵的方式，如图 6-13 所示，通过多级电动热泵，将大热网热量提升到统一的品位，之后通过闪蒸罐闪蒸出蒸汽，再通过水蒸气压缩机进一步将水蒸气压缩至工业用户所需的高温高压蒸汽。

若采用吸收式换热器，则通过单级电动热泵进行热量的品位提升，电动热泵系统变得简单，但是通过吸收式换热器会损失一定的品位，最终系统电耗比不采用吸收式换热器的流程要高，若不采用吸收式换热器，则需要通过多级电动热泵进行热量的品位提升，电动热泵系统变得复杂，成本也会升高，但是系统电耗相比较低。具体采用哪种流程，应根据实际的工业用户需求，做综合的技术经济分析而确定。

此外，对于上述系统中所用的水蒸气压缩机，为降低压缩过程所需电耗，在压缩过程中嵌入冷却过程，实现近似沿饱和线的压缩过程。并且，上述系统中采用的电动热泵，根据工业蒸汽用户的参数要求，一般冷凝温度会达到 90℃ 以上，属于高温热泵。目前该类高温热泵和水蒸气压缩机已经研发成功并完成工程应用，正待进一步推广和发展。

6.3.5 既存在循环温差不匹配、又存在品位提升需求的吸收式换热器与热泵结合的变换过程

当热源与大热网之间或者大热网与末端用户之间存在循环温差不匹配，且平均温差不够大以至于仅利用吸收式换热器无法满足热量变换需求时，这时也可以采用吸收式换热器与热泵相结合的方式完成热量变换过程。上述图 6-12 在满足工业用蒸汽需求的系统中，即采用了吸收式换热器和电动热泵相结合的方式。除此之外，图 6-14 和图 6-15 给出了吸收式换热器和电动热泵结合的另外两种系统形式，这主要用来应对热源和热汇的平均温差不足够大时，利用电动热泵作为补充，从而完成热量变换需求的场景。

如图 6-14 所示，当热源与大热网之间的平均温差较小时，第二类吸收式换热器与热泵相结合，实现了对大热网循环热水的梯级加热，首先通过第二类吸收式换热器将小循环温差的工业余热变换成大温差的大热网热量，之后通过电动热泵提升余热品位，进一步将大热网出口温度升至要求的参数。这类热量变换过程适用于工业余热品位较低，无法通过第二类吸收式换热器直接变换为大热网所需参数的情况。

如图 6-15 所示，当大热网与末端用户之间的平均温差较小时，第一类吸收式换热器与热泵相结合，实现了对大热网热水的逐级降温，以满足大热网回水温度的要求，同时满足用户对热量品位的要求。首先通过第一类吸收式换热器对大热网热水进行降温，将热量变换至用户所需参数，之后通过电动热泵将大热网热水降至要求的出口温度，同时将热量提升至用户所需参数。

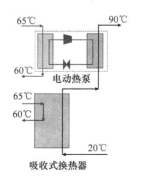

图 6-14　第二类吸收式换热器
与热泵相结合

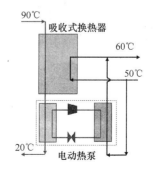

图 6-15　第一类吸收式换热器
与热泵相结合

6.3.6   热量变换技术的应用状况与应用效果

上述五类热量变换技术，其中吸收式换热器已经在集中供热系统中被广泛应用，高温热泵技术也开始应用，在制备工业蒸汽的热量变换过程中发挥重要作用。

1. 吸收式换热器的应用状况与应用效果

吸收式换热器，尤其是第一类吸收式换热器已经在集中供热领域大规模应用，总应用的供热面积已超过 2 亿 m^2。图 6-16 给出了实际研发出的 1～10MW 的吸收式换热器的照片，图 6-17 给出了实测的大型吸收式换热器的性能，机组能实现严寒期大热网 110℃（供）/20℃（回）变换到末端建筑所需的 40℃（回）/50℃（供），初末寒期大热网 80℃（供）/20℃（回）变换到末端建筑所需的 35℃（回）/40℃（供）。

图 6-16   实际研发出的第一类吸收式换热器

图 6-18 给出了实测大型吸收式换热器的效能，在测试期间流量比变化和负荷率变化的工况下，大型吸收式换热器效能在 1.2～1.4 变化。

除了大型吸收式换热器外，小型楼宇式吸收式换热器也已经研发成功，并在赤峰市成规模地应用，图 6-19 给出了实际研发出的楼宇式小型吸收式换热器，图 6-20 给出了实测楼宇式吸收式换热器的性能。

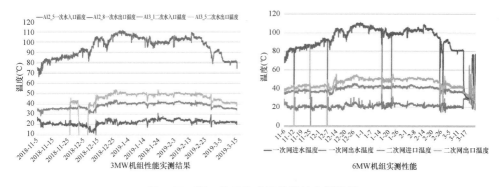

3MW机组性能实测结果　　　　　6MW机组实测性能

图 6-17　第一类吸收式换热器的实测性能

注：此图的彩色版可扫目录二维码查看。

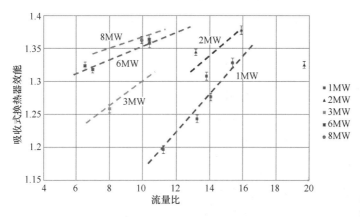

图 6-18　第一类吸收式换热器的实测效能

(a)　　　　　　　　　(b)　　　　　　　　　(c)

图 6-19　楼宇式小型吸收式换热器

(a) 单区两级机组；(b) 多分区三级机组；(c) 螺旋盘管机组

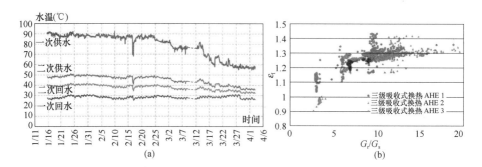

图 6-20　楼宇式小型吸收式换热器的实测性能

（a）实测一次网二次网的温度；（b）实测吸收式换热器效能

由图 6-20，楼宇式小型吸收式换热器实现了热量自一次网的 90℃（供）/30℃（回）变换到末端建筑所需的 40℃（回）/50℃（供），初末寒期一次网 60℃（供）/30℃（回）变换到末端建筑所需的 35℃（回）/40℃（供）。在测试期间，流量比变化和负荷率变化的工况下，楼宇式吸收式换热器效能在 1.1~1.4 变化。

2. 高温热泵和水蒸气压缩机的应用情况

目前用于制备工业蒸汽的高温热泵和水蒸气压缩机已经研发成功，相应的闪蒸罐和整体系统也已研发成功，用于工业高温高压蒸汽的制备。图 6-21（a）为所研发出的高温热泵的照片，图 6-21（b）为水蒸气压缩机的照片。

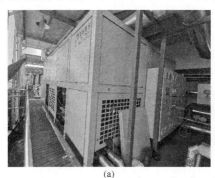

　　　　　　（a）　　　　　　　　　　　　　　（b）

图 6-21　所研发出的高温热泵和水蒸气压缩机

（a）高温热泵；（b）水蒸气压缩机

其中高温热泵可实现低温热水 50℃供/45℃回提升至 115℃回/120℃供的高温热水热量，设备容量从 200kW 到 3000kW 已形成系列产品。水蒸气压缩机首先将水蒸气自饱和温度 110℃提升至饱和温度 180℃，最大蒸汽压力 8MPa，容量从 200kg/h（水蒸气流量）到 3t/h（水蒸气流量）已形成系列产品。

第7章 城镇低碳供热技术

7.1 水热同产同送技术

7.1.1 水热同产同送系统原理

1. 水热同产同送系统的提出

随着城镇化的发展，我国北方沿海地区城镇供热需求持续增长，同时淡水资源越发匮乏。我国北方东部沿海目前已建成装机容量为 8000 万 kW 的核电和火电，未来还会将核电和调峰火电的规模扩大到 1 亿 kW。应对供热热源和淡水同时短缺的现状，清华大学江亿等提出水热联供的新理念，利用余热驱动海水淡化制备热淡水，单根管输送淡水，实现水热同产、水热同送和在用热末端水热分离，这可以有效解决北方东部沿海地区的淡水需求和供热需求。若驱动水热同产系统的余热来自于核电的抽汽余热，整个水热同产过程将成为几乎零碳的供热和制水过程。核能综合利用目前是核电发展的重要方向，也是"十四五"重点支持的方向，利用核电抽汽驱动水热同产同时解决城市的供热和供水问题，为核能综合利用提出了一条新的技术途径。

2. 水热同产同送系统原理

水热同产同送系统，其原理如图 7-1 所示，热源处利用高温抽汽驱动水热同产

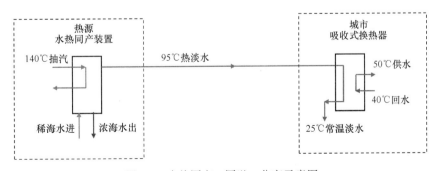

图 7-1 水热同产、同送、分离示意图

海水淡化过程制备高温（如 95℃）热淡水，热淡水经过单根管长距离输送至城市用户末端的吸收式换热器，经过吸收式换热器，实现水热分离，热淡水降温至常温淡水（如 25℃），将热量释放给建筑供暖用热水（如图中 40℃回水，50℃供水），常温淡水用于城市的淡水供应。

利用水热同产同送系统，利用单根管实现了淡水与热量的同时供应，替代了常规的三管系统——双管供热＋单管输送淡水，输配系统成本下降。水热同产同送系统的整体热效率取决于水热同产装置的热效率和最终水热分离过程输出的常温淡水温度。水热同产装置自身的热效率越高，系统输出常温淡水温度越低，则系统热效率越高。当系统可保证较高的热效率（高于 85％）时，和常规双管供热和常温海水淡化系统相比，若保证输送相同的供热量和供热的品位、相同的淡水量，水热同产同送系统将具备较大的优势，水热同产同送系统的制水能耗较低，输送电耗将显著降低。

7.1.2　水热同产过程原理与实际装置研发

1. 水热同产过程的基本原理

水热同产海水淡化过程的核心是用低品位余热通过热法海水淡化制备热淡水（如 95℃）。由于淡水为热量的载体，如果可以实现有效回收排出的浓海水的余热，就可使得整个系统输入热量的 90％以上都进入输送的淡水中，实现水热同产、水热同送，只有不到 10％的热量通过浓海水排入大海，此时若输入热量算作淡水被加热的投入的话，水热同产过程实现了近似"零能耗"制水。

定义整个系统的热效率为：热淡水带走的热量与整个系统输入的热量之比。而热淡水带走的热量等于输出淡水流量与输出淡水和进口海水温差以及水的比热的乘积。仍然沿用常规海水淡化的造水比的定义，整个系统的输出淡水的流量与输入热量相当的蒸汽量之比为过程的造水比。

根据整个过程的能量平衡关系，整个过程输入的热量主要被热淡水带走，剩下的由浓海水排掉，提高整个系统的热效率，应尽量减少浓海水带走的热量。

根据整个过程的能量平衡和质量平衡关系，根据过程的热效率和造水比的定义，可以得到水热同产过程的造水比等于系统的热效率与水蒸气汽化潜热的乘积除以热水供水温度与进口海水温度之差与水的比热的乘积。当系统热效率水平一定，热水供水温度要求也一定时，造水比就被确定。如海水进口温度 0℃，供水温度 95℃，系统热效率 90％，此时要求的造水比为 5.7 左右，远低于常规热法的海水淡化。常规热法海水淡化追求的是有限的热量制备最多的淡水，也就是追求较高的造水比，而水热同产过程追求的是热效率，也就是把热源提供的热量尽可能都传递到输出的热淡水中，从而要求的造水比被限定在较低的水平，装置所追求的目标成为单位制水量或输出的单位热量的成本最低。这就导致水热同产装置与常规热法海水淡化装置的要求有本质的不同。

图 7-2 给出了水热同产海水淡化过程和常规海水淡化过程的 T-Q 图的对比。从 T-Q 图上可以看出，如图 7-2（a）所示，水热同产海水淡化过程，其输入热量的大部分被热淡水带走，小部分被浓海水带走。对于常规海水淡化过程，如图 7-2（b）所示，由于输出常温淡水，追求较高的出淡水流量，输入热量的一部分被常温淡水带走，接近一半甚至更大比例的热量由浓海水排走，为了利用浓海水完成排热过程，往往需要在过程中增加海水流量。对比图 7-2（a）和图 7-2（b）可见，水热同产海水淡化过程制备出的淡水流量小，温度高，浓海水流量相对较小，期望带走较低的热量，整个制备热淡水的驱动源在 T-Q 图上为近似三角形的区域，如何在这样的区域中高效制备热淡水成为主要的目标；而常规海水淡化过程，其驱动源为图 7-2（b）中的近似矩形区域，如何在此近似矩形区域中尽可能多地制备常温淡水成为主要的目标。驱动源特征的不同和追求目标的不同，使得水热同产海水淡化的过程和常规海水淡化就有了较大的不同，有可能创造出新的水热同产海水淡化流程和新的过程。

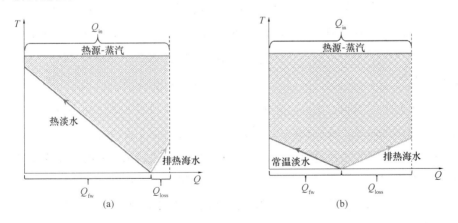

图 7-2　水热同产海水淡化过程与常规海水淡化过程在 T-Q 图上的表示
（a）水热同产海水淡化过程；（b）常规海水淡化过程

2. 水热同产海水淡化过程的流程设计

水热同产海水淡化过程的构建，目前仍然沿用了常规海水淡化的多级闪蒸和多效蒸馏过程的基本原理，但是为直接制备出高温热淡水，构建出了全新的结构和流程，图 7-3（a）给出了一种多级闪蒸水热同产海水淡化的流程设计，图 7-3（b）给出了一种多效蒸馏水热同产海水淡化的流程设计。

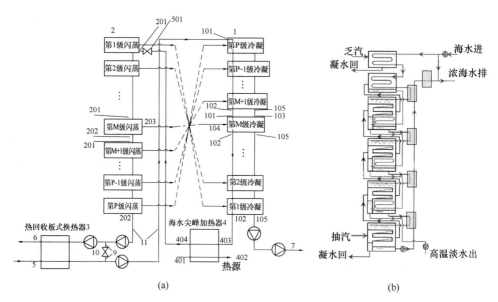

图 7-3 水热同产海水淡化的流程构建

（a）多级闪蒸水热同产过程；（b）多效蒸馏水热同产过程

图 7-3（a）所示的多级闪蒸水热同产海水淡化流程通过立式多级闪蒸结构设计，实现了海水在各级闪蒸腔之间依靠重力和压差流动，取消了常规卧式多级闪蒸海水淡化的多个级间海水泵，相应的立式多级冷凝过程设计，实现了淡水在各级冷凝器间依靠重力流动，取消了级间淡水泵，为了直接制备出热淡水，冷凝各级在垂直方向自上向下压力越来越高，而闪蒸各级在垂直方向自上而下压力越来越低，设置了专门的蒸汽通道，连接相同压力的闪蒸级和冷凝级，各级冷凝器制备出的淡水通过下一级冷凝器的蒸汽进行逐级加热，最终制备出热淡水，同时为了保证淡水的水质，闪蒸过程采用了垂直浸没闪蒸的方式，并设置三级挡板挡液。

图 7-3（b）所示的多效蒸馏水热同产海水淡化过程通过立式多效蒸馏的过程设计，取消了常规卧式结构的级间海水泵和级间淡水泵，海水和淡水在各级间依靠重力流动，也实现了直接制备出热淡水。图 7-3（a）和图 7-3（b）给出了水热同产海水淡化技术流程的设计案例，未来的流程还有待进一步优化和发展。

多级闪蒸与多效蒸馏过程相比，多效蒸馏过程内部从本质上看更容易实现匹配的传热传质过程，最终节省所需驱动热源的品位而节能。多级闪蒸过程存在不可避免地不匹配换热损失，相比多效蒸馏过程效率较低。从工艺上看，多效蒸馏过程的运行可靠性低于多级闪蒸过程，且多效蒸馏过程的结垢风险较大，其发生过程一般低于80℃，多级闪蒸可以应用的温度可以更高。因此，可根据驱动热源的条件选择不同的过程，在制备出热淡水满足需求的同时，实现节能和降低成本的目标。

3. 水热同产实际装置研发与实测性能：多级闪蒸水热同产装置实测性能

2020年底研发成功首台立式多级闪蒸水热同产海水淡化装置，如图7-4所示，用于海阳核电厂，在2021年供暖季成功进行示范，制备出高温（98.6℃）的高品质淡水，淡水流量1.5~3t/h，淡水电导率为1~3 μs/cm，完成106项指标的水质检测，远优于常规生活饮用水标准，装置通过总输入热量减去排放热量反算得到的热效率达到84%。同时首台立式多效蒸馏海水淡化装置也研发成功，用于海阳核电厂，实测也达到了较好的性能。2021年和2022年对研发出的多级闪蒸海水淡化装置进行了进一步的改进，装置在保证较好的产水水质的情况下，装置的热效率得到进一步提高。在海阳核电的应用和示范，使得对水热同产海水淡化过程的了解更加深入，指明了该技术的发展方向。

(a)　　　　　　　　　　　　　　　(b)

图7-4　已研发成功的立式多级闪蒸海水淡化水热同产装置

（a）装置照片；（b）装置内部照片

7.1.3　带跨季节蓄热水库的水热同产同送系统设计

对于上面所介绍的水热同产同送的系统，冬季制备热淡水送往城市同时实现供热和供淡水，但是非供暖季时由于城市不再需要热量但还有淡水需求，此时就出现了热量和淡水需求在时间上的不匹配。若要求水热同产装置在非供暖季可以制备常温淡水，这对水热同产装置的要求较高，装置切换变得复杂，如果水热同产装置非供暖季停止运行，首先不能满足全年连续供淡水的要求，同时装置年运行小时数太少，使得系统经济性较差，无法推广应用。若能实现跨季节蓄热，则可以使得水热同产装置全年运行，不仅可以全年平稳供水，还大大提高了系统的经济性。

带跨季节储热的水热同产同送系统的原理图如图 7-5、图 7-6 所示（该系统是本项目组为荣成市设计的利用石岛湾核电站抽汽驱动的水热同产同送供热系统）。

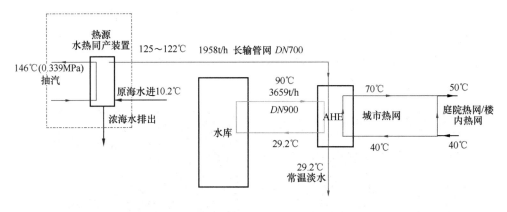

图 7-5　利用核电站抽汽驱动的水热同产同送系统（供暖季模式）

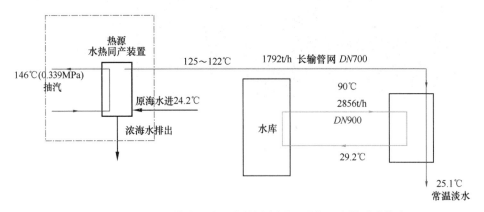

图 7-6　利用核电站抽汽驱动的水热同产同送系统（非供暖季模式）

如图 7-5、图 7-6 所示，在核电站安装水热同产装置，利用核电抽汽驱动水热同产过程，制备出高温（如 125℃）的热淡水，热淡水通过单管长距离输送到末端的吸收式换热器（AHE）中被降温从而实现水热分离，在整个系统中设计了跨季节蓄热的水库，用来实现非供暖季热淡水热量的蓄存，供供暖季用，实现了核电全年抽汽供热。在非供暖季，如图 7-6 所示，水热同产装置制备热淡水，热淡水长距离输送至末端的 AHE 中，通过 AHE 加热水库输出的冷水（自 29.2℃ 加热至 90℃），将热量储存在水库中，淡水自身降温为常温淡水（25.1℃）后满足工业、居民等的淡水需求，整个非供暖季结束时，水库蓄满 90℃ 热水，供冬季供热用。在供暖季，如图 7-5 所示，水热同产装置制备热淡水，将热淡水长距离输送至末端的 AHE 中，通过 AHE 将热淡水热量直接释放给城市热网的循环水（40～70℃），热淡水自身降温为常温淡水后满足工业、居民等的淡水需求。与此同时，水库蓄存的 90℃ 热水也输送至 AHE，释放热量给城市热网水，自身降温为 29.2℃，实现利用跨季节蓄热水库在非供暖季蓄存的热量用于供暖季城市供热。

上述核电抽汽驱动的带跨季节蓄热水库的水热同产同送系统，通过设置跨季节蓄热水库，实现了核电全年抽汽，避免工况切换，同时核电抽汽流量可根据核能发电过程自身工况要求在一定范围波动，不影响供热，这两方面都使得核电运行的安全可靠性增加。对于供热末端来看，跨季节蓄热水库可以可靠地实现供热调峰，从而可取消各类调峰装置，彻底实现利用核电的零碳供热，同时提高了城市供热系统的可靠性。此外，由于整个系统中的水热同产装置、管网均为全年一个模式运行，为冬季供应热量和淡水，水热同产装置和管网的规模可以大幅度降低，约降低至常规不考虑跨季节蓄热水库的系统的 1/5～1/3，降低了系统的总初投资。同时，水热同产装置、管网、跨季节蓄热水库、末端的吸收式换热器等均为全年运行，提高了装置的全年运行小时数，从而提高了系统总的经济性。该技术对缓解北方沿海地区的缺水问题，提供供热系统的零碳热源，提高核电综合利用的程度都有重大意义。对山东沿海核电 200km 范围内城市供热供水进行预测，到 2035 年，通过海阳核电厂、石岛湾核电厂和招远核电站驱动的水热同产同送系统，可以解决青岛、威海、烟台、潍坊等城市约 7.9 亿 m² 建筑的供热问题，满足胶州半岛 70% 的供热需求，同时每年为上述城市输送 6.5 亿 t 的淡水。该技术对解决连云港以北至辽宁半岛地区近 5000 万城镇人口的供热和供水问题有重要意义。

7.2　数据中心余热利用

随着社会信息化和智能化进程加快，数据的储存、传输和高性能计算需求量快速增加，数据中心作为数据处理的重要节点，其规模和能耗都在迅速增加。我国数据中心总电耗已经突破 2000 亿度，约占全社会总用电量 2.71%，数据中心耗电几乎都会以低温余热形式排放到环境中。对于北方城镇供暖，数据中心余热是值得关注的热源。将数据中心余热用于北方集中供暖，既提高了数据中心能源利用效率，又降低了供暖能耗和碳排放。

7.2.1　数据中心余热利用系统设计

现有的数据中心余热供热系统往往局限于数据中心园区内，方式是通过额外设置水源热泵提高数据中心余热温度。数据中心余热供热的经济性与规模有关，应用规模越大，系统的经济性可能就越好。数据中心功率密度与供热负荷的巨大差距使得数据中心余热供热系统会是大规模和长距离的，现有的数据中心余热系统设计已经不适应数据中心和清洁供热的发展趋势。

1. 系统设计

大规模数据中心余热供热系统需要同时考虑服务器负载和热负荷变化，通过在系统中设置储热装置保障数据中心和供热系统的安全性。增加热网供回水温差降低了大规模长距离数据中心余热供热的管网投资和输配能耗，同时减小了储热装置的体积。数据中心余热量充足，缺的是温度品位，系统需要在数据中心处使用电动热泵提升余热温度品位，在用户处使用电动热泵降低回水温度增加输送温差。因此，大规模数据中心余热供热应该是包含电动热泵和储热装置的大温差系统，电动热泵用于提升余热品位和拉大热网温差，储热装置用于保障数据中心和热网的安全性。

图 7-7 表示的是一种大规模数据中心余热供热系统的原理图，包含数据中心冷却系统、储热装置、供热管网和换热站。数据中心冷却系统在非供暖季使用蒸发冷却和制冷机进行排热，在供暖季使用电动热泵进行供热或使用蒸发冷却进行排热。热网回水在数据中心侧依次经过单个或多个数据中心的板式换热器和电动热泵进行升温，热网供水在换热站依次经过板式换热器和电动热泵将热量供给二次网。数据中心侧电动热泵冷凝器和换热站侧电动热泵蒸发器的温差较大，使用多级热泵串联形式可以提高效率（图 7-8）。储热装置同时储存冷水和热水，分别用于保障数据

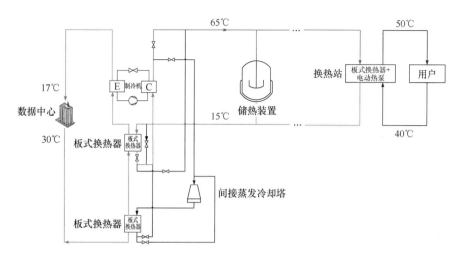

图 7-7　数据中心余热供热系统原理图

中心安全性和供热调峰。当数据中心供热量大于热负荷时，系统将多余热量储存起来，当数据中心供热量小于热负荷时，储热装置为用户补充热量。系统调控以流量控制为主，多级热泵台数控制为辅。

2. 蓄热水库规模设计

蓄热水库的规模影响了数据中心余热供热系统的供热能力和调节能力，同时保障数据中心和供热系统的安全性。数据中心可以通过原有冷源和余热供热系统进行排热，蓄热水库保障了原有冷源和供热的稳定性。供热系统需要应对室外温度的变化，进行供热调峰。现有的一些数据中心余热供热实践中没有设置储热装置，供热系统通过数据中心原有冷源排热或锅炉补热方式进行调峰。随着供热规模增加，原有冷源排热量不稳定可能会出现安全隐患如冷却塔结冰等，并且该方式浪费了数据中心余热并且限制了供热能力。锅炉补热方式进行调峰是可选的方式之一，系统调节简单并且初投资较少，但仍有接近一半的供热量需要使用化石能源，不符合未来清洁高效供热的目标。

蓄热水库提高了数据中心和供热系统的安全性，增加了数据中心供热能力，满足了未来清洁高效供热的需求。蓄热水库的体积设计决定了蓄热水库承担的功能和系统的经济性。设计较小体积的蓄热水库，仅承担供热系统调峰的功能，在初寒期将数据中心多余热量储存在水库用于严寒期供热。在末寒期时，系统已经不需要储存热量，可以改变运行模式减少数据中心供热量，将多余数据中心余热排放到环境中。随着蓄热水库体积增加，系统不仅可以储存供暖季多余热量，还可以储存部分非供暖季热量，需要在供暖季前就开始储热。最大的蓄热水库体积是将所有非供暖季热量都储存起来，此时数据中心供热能力最大。在相同负载情况下，数据中心供热能力会随着蓄热装置体积增加而增加，最大的供热能力是没有蓄热装置系统的3～4倍。

目前蓄热装置的成本还比较高，单位立方米蓄热体积成本范围约为100～1000元。大规模蓄热在经济性上有明显劣势，小规模和仅在供暖季蓄热可能是合理的选择。蓄热装置体积的选择需要考虑数据中心排热量和用户总热负荷两方面的影响。经过计算，比较合理的蓄热水库蓄热量约为总供热量的5%，其中接近一半的蓄热体积用于供热调峰，剩余蓄热体积用于应对数据中心服务器负载变化。以供热面积为818万 m^2，数据中心总排热量245MW的供热系统为例，其所需要配备的蓄热水库体积约为83万 m^3。

3. 多级电动热泵设计

数据中心供热系统的余热量充足，缺的是温度品位，故数据中心往往需要使用电动热泵提升温度。大规模数据中心余热供热要求增加供热管网温差，这促使着数据中心侧和换热站侧使用多级热泵方式提高系统效率。供热回水在数据中心侧依次经过板式换热器或串联多级热泵的冷凝器进行加热至供水温度供给末端换热站，热网供水在换热站经过板式换热器或串联多级热泵的蒸发器逐级降温并将热量供给二次网，如图7-8所示。一个数据中心冷却系统单元为电动热泵提供余热，保持全年数据中心冷却系统参数不变，实现稳定排热。数据中心侧多级热泵选用大型离心式热泵，换热站侧多级热泵当容量较小时可选用连轴小型螺杆式热泵。

是否使用非供暖季制冷机在供暖季运行热泵工况进行供热是系统设计的重要环节。在系统设计时，如果将数据中心冷却水或冷水引到冷却系统外，通过额外设置多级电动热泵的方式进行供暖季供热，该方式的供暖季和非供暖季模式转换简单，仅需要通过控制阀门即可，但重复投资热泵成本较高，还降低了冷却系统安全性。如果使用非供暖季制冷机进行供暖季供热，那么数据中心冷却系统设计需要兼顾两种运行模式。首先需要考虑冬季热水大温差而对系统结构的要求，需要采用串联多级热泵；此外需要考虑电动热泵压比的变化，电热热泵供暖季压比较大而非供暖季压比较小，系统需要选用压比变化范围较大的电动热泵。

图7-8给出了一种数据中心余热供热系统案例的参数设计，供热系统供回水温度为65℃/15℃，数据中心冷水温度为17℃/30℃，供热二次网温度为40℃/50℃，数据中心总排热量为18.3MW。系统设计数据中心侧采用板式换热器和8级电动

热泵串联加热热网水，在换热站侧使用板式换热器和 6 级电动热泵将热量输送给二次网，预测的余热供热系统数据中心侧、换热站侧各级电动热泵性能如表 7-1 和表 7-2 所示，该系统综合制热 COP（总供热量与系统总电耗之比）约为 5.22。

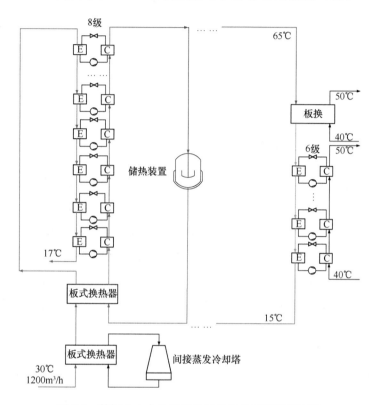

图 7-8　数据中心余热供热系统多级热泵设置原理图

余热供热系统数据中心侧各级电动热泵预测性能　　　　表 7-1

级数	制冷 COP	制冷量（kW）	用电量（kW）
1	3.731	1644	440.6
2	4.112	1677	407.8
3	4.572	1710	374.1
4	5.136	1745	339.7
5	5.845	1780	304.5
6	6.763	1816	268.5
7	8	1853	231.6
8	9.76	1891	193.8
板式换热器		4183	
合计	7.146	18300	2561

余热供热系统换热站侧各级电动热泵预测性能　　　　　　　表 7-2

级数	制热 COP	制热量（MW）	用电量（MW）
1	11.68	2381	203.8
2	9.879	2381	241
3	8.575	2381	277.7
4	7.59	2381	313.7
5	6.818	2381	349.2
6	6.199	2381	384.1
板式换热器		8344	
合计	12.79	22630	1769

7.2.2　系统运行调节性能分析

以小规模蓄热系统为例，整个供暖季的系统运行调节策略及其性能如下所述。首先，为保证蓄热系统较大的进出水温差，整个系统以流量调节为主，保证供热参数不变。在初寒期和严寒期，数据中心的供热量保持不变即数据中心输出热水的流量和温差均保持不变，而送往用户换热站的热水流量随着室外气温变化，从而实现供热调峰。当数据中心供热量大于热负荷时，数据中心侧输出热水流量大于供往用户换热站的总流量，蓄热水库储热环路水泵开启，当供热量小于热负荷时，数据中心侧输出热水流量小于换热站总流量，蓄热水库放热环路水泵开启。蓄热水库在末寒期将水库储满后减少数据中心供热量，将多余热量排放到环境中。

图 7-9 为一个小规模蓄热的数据中心余热供热系统案例中储热与放热过程以及

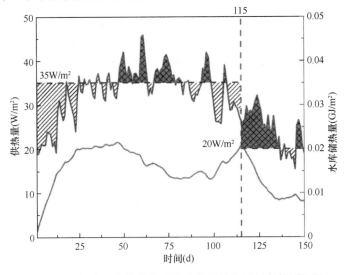

图 7-9　数据中心余热供热系统小规模储热运行条件原理图

蓄热水库中热水体积变化情况。案例系统位于河北省张家口市，供、回水温度为 65℃/15℃，蓄热装置体积为 0.1025m³/m² 供热面积。上方的曲线为热负荷变化情况，浅色阴影面积表示储热过程，深色阴影面积表示放热过程，下方的曲线表示蓄热水库中热水体积变化情况。在初寒期和严寒期，数据中心以 35W/m² 的基础负荷供热，多余热量储存在蓄热水库中，不足热量由蓄热水库提供。在末寒期，用户热需求下降，系统将水库储满热水后降低数据中心基础负荷至 20W/m²。在供暖季结束前，数据中心停止供热，供热量全部由蓄热水库提供，并将蓄热水库中热水全部置换为 15℃冷水。蓄热水库中储存的冷水可以作为数据中心应急冷源，也可以降低夏季极端工况下数据中心机械制冷量。

7.2.3 系统电耗性能

以河北省张家口市某数据中心余热供热规划为例介绍系统整体能耗和经济性分析，该案例使用 4 个共 245MW 的数据中心进行区域供热，总供热面积为 817.64 万 m²，尖峰供热量为 338.29MW。尖峰供热量大于数据中心额定排热量，本系统建设合理规模的储热水库进行供热调峰，水库体积为 83.81 万 m³。该系统采用前文提到的数据中心侧 8 级电动热泵和换热站侧 6 级电动热泵设计，性能模拟显示数据中心供暖额外耗电为 28.71kWh/GJ，换热站耗电 22.06kWh/GJ。

本系统的投资主要包括：数据中心供热板式换热器和管网投资、储热水库投资、换热站板式换热器和多级热泵投资以及供热管网和泵站投资，总投资约为 41050.63 万元，单位供热面积投资约为 50.21 元。完全建成后，数据中心运行能耗约为 14.36 元/GJ，换热站能耗约为 11.03 元/GJ，供热管网输配能耗约为 0.98 元/GJ，投资回收期约为 5.31 年。相较于燃气锅炉供暖，年减少碳排放约为 22.13 万 t。

7.2.4 数据中心余热供热系统的气候适应性分析

不同地区气候差别主要体现在两个方面：一是用户需求的供热参数不同；二是使用余热供热取代原有排热方式的额外能耗不同。对于处在北方严寒地区的数据中心，数据中心排热系统的自然冷却时间长，且冬季供热用户所需的供热参数可能较高。若利用数据中心余热通过热泵提升品位后蓄热用于建筑供暖，其额外增加的电耗相比原系统要显著增加，蓄热水库冬季的蓄冷也不能有效降低夏季数据中心排热系统的电耗，因此，应尽量缩短电动热泵的开启时间，此时不适合应用跨季节蓄热的数据中心供热系统，蓄热水库的设置应仅用于冬季供暖系统的调峰。对于处在北方偏中部的寒冷地区尤其是夏热冬冷地区的数据中心，数据中心排热系统自然冷却时间变短，夏季也有较长时间需要开启电制冷机，此时利用数据中心余热通过热泵提升品位后蓄热用于冬季供暖，且冬季蓄存的冷量能有效替代夏季数据中心的电制冷，降低电制冷电耗，其由于供暖额外增加的电耗与原系统可能相当甚至降低，此时带跨季节蓄热的数据中心余热供热系统就比较适合。

7.3   隔压站取消和高承压热网

跨区域的长距离供热系统往往不得不面临地势起伏所带来的大高差问题，这对管道和设备的承压能力提出很高的要求。为保障水利安全，传统的做法是在系统中设置一个甚至多个隔压换热站，通过隔压换热器将大高差带来的巨大压差分割成多段，从而降低每段的最大压力。然而，隔压换热一方面需要增设厂站从而大幅增加建设成本，另一方面不可避免存在换热端差损失从而导致供热能力大打折扣，最终都会造成长输供热成本上升。因此，取消隔压换热站是提升长输供热能力、降低长输供热成本、拓展长输供热技术适用范围的必要手段，这主要可从以下两个方面着手。

7.3.1   高承压管道和设备

现阶段热力管道设计标准最高承压等级为 2.5MPa，采用屈服强度最高的钢级为 Q355 和 L360，屈服强度分别为 355MPa、360MPa。当压力等级大幅超过 2.5MPa 时，可供选择的钢管标准有《水电站压力钢管用钢板》GB/T 31946—2015、《锅炉和压力容器用钢板》GB/T 713—2014、《石油天然气工业管线输送系统用钢管》GB/T 9711—2017。以天然气管道为例，西气东输以及中乌、中俄天然气输送工程大量采用了 X60、X65、X70、X80（强度依次与 L415、L450、L485、L555 相当）等高钢级的管道，管径达到 DN1400。

对于大口径管道高压关断情况，通常选用球阀，其密封面宽，可做双侧密封，在水电和天然气行业都有广泛应用。以水电行业为例，水轮机入口球阀最大口径可达 DN1600，最高承压 16MPa，能够应对水轮机甩负荷工况时快速关阀所带来的巨大水击。在天然气行业，56 英寸 900 磅（DN1400、15MPa）全焊接球阀已实现国产化并交付使用。

目前在供热领域广泛应用的可拆式板式换热器承压极限不超过 3.5MPa，其对冷、热侧压差的承受能力则更低，这将可能是限制大高差长输供热技术应用的一个关键短板。以牺牲一定的换热性能为代价，管壳式换热器则具有很高的承压能力，能够达到 6MPa 以上。

7.3.2 开式定压

供热管网水力安全的原则是不超压、不汽化，需要确保水力坡降线始终处于承压线和汽化线之间。隔压站的作用是在物理上将其高低两侧不等的压力隔开，而取消隔压站后，两侧连通，高侧压力径直传向低侧。为了避免这种压力传递，可在原隔压站位置设置局部减压元件，如减压阀或涡轮机，而静置状态下的隔压可通过隔断阀来实现，球阀具有很好的隔断效果。然而，最关键的问题是如何在静置与运行状态之间过渡的启停过程中仍能保证水力安全。如图 7-10 所示，一种开式定压思路提供了解决办法：通过在最高点和中间某个位置分别设置高位和低位开式水池，在泵启动之前和泵停运之后的无动力阶段，两个水池之间的高差为重力自流创造条件，高位水池向管网注水，低位水池接纳管网的泄水，使得管道中的水形成流动而减压（包括局部和沿程减压），再配合隔断阀的启闭操作，可确保系统启停过程中始终不超压。另外，在任何事故工况下，开式水池通过泄水和补水来消除瞬态的水击，管网中任何流量波动所导致的压力变化都能被开式水池很好地消解。

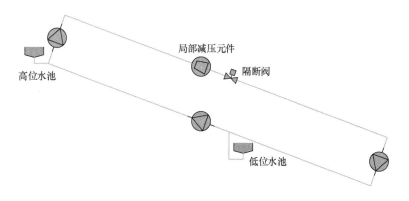

图 7-10　一种取消隔压站的大高差长输供热系统

以下基于该基本思路对其中的细节问题进行详细阐述。

任何水力系统原则上只能有一个定压点，多点定压必然会造成水池水位波动，一个水池水位上升而另一个下降。因此，在运行过程中，需要通过调节泵或阀门来调节流量进而控制水位，在长时间尺度上保持水位动态稳定。另外，由于供水侧是高温，甚至会超过 100℃，开式水池应设置在较低温的回水侧，一方面减少散热损失，另一方面避免高温水失压汽化。

水池容量取决于泄放流量和泄放时长。以图 7-10 中高、低位水池之间的泵发生停泵事故为例，原本由该泵打到高处的水此时由高位水池来补充，原本由该泵从低处抽上去的水此时泄入低位水池，只要补水和泄水顺畅，除了高、低位水池之间管段水流静止，其他管段水力工况并不发生变化，泄放流量就等于系统正常运行时的流量。泄放时长取决于允许的最大补救时长，补救措施如维修后重新启泵、系统停运等，要保证水池容量能够支撑这段时间内的补/泄水量。

局部减压与否及其幅度需要根据管道沿程阻力来定。若沿程阻力已足够消减大高差静压，则无需进行局部减压，若沿程阻力不足以完全消减大高差静压，则需要局部减压来消纳剩余水头。若剩余水头较小，采用减压阀即可。若剩余水头仍较大，可采用涡轮机，减压的同时还可进行能量回收。局部减压位置的选择取决于水力坡降线和高程线（承压线和汽化线均与高程线平行）的斜率关系，前者由沿程阻力决定，后者由管线路由的坡度决定，需要确保在到达局部减压点之前水力坡降线不与承压线和汽化线相交。多数情况下，水力坡降线的斜率都要小于高程线斜率，主要需要关注承压线，如图 7-11 所示，局部减压应设置在图中极限位置以左。

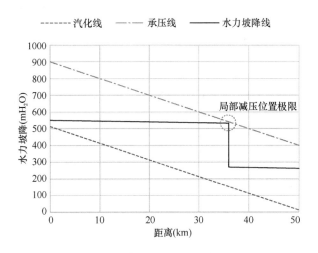

图 7-11 局部减压位置选取示例

涡轮机通过与机械增压泵联轴运行，可以将压力能回收，减少电动泵的电耗。不过，回收过程必然存在损失，目前大型涡轮机-增压泵的整体效率一般不超过

75%。也就是说，涡轮机减压越多，损耗就越多，需要电动泵来承担的扬程也就越大，这会造成设备初投资和运行费用的增加。此外，大扬程水泵的停泵水击也更大，会造成更大的水力风险。因此，需要综合全工况水力安全性，合理设计涡轮机水头，不一定要将水头全部消纳，并最好与汽化线之间留出一定余量，如图 7-11 所示。

无论是沿程减压还是局部减压，大高差长输都不得不面临小流量工况下减压能力下降的问题。通常而言，沿程和局部阻力均与流量的平方成正比，当流量减小时，沿程和局部阻力都将大幅度减小。为应对这种情况，涡轮机应多台并联布置以提升可调性，当系统小流量运行时，涡轮机减台数。考虑到涡轮机变台数比例不可能与流量变化比例完全一致，涡轮机还应并联减压阀，牺牲一部分回收能力，让小部分水流旁通经过减压阀，使得单台涡轮机的运行流量维持在设计流量附近，保证涡轮机减压能力基本不变，该技术在化工领域的压力能透平回收上已有成熟应用。通常，供热系统流量变化不会太大，在沿程阻力占总阻力的比例较小时，以上方案基本可满足水力安全设计要求。若沿程阻力占比较大，则需要在其他位置设置备用涡轮机，在小流量运行时增设局部减压点。

7.3.3　某大高差长输供热工程设计案例

某长输供热工程首站电厂标高 1328m，末端与市网连接的能源站标高 809m，高差达到 519m，长度 21.3km。相对于如此大的高差而言，管线并不是很长，在通常的比摩阻范围内（如 30～60Pa/m），承压线和汽化线的斜率远大于水力坡降线，单纯依靠沿程阻力将压力沿程消减的方式并不可行。同时，该工程路由主体都位于隧道内，泵站选址非常有限，无法设置多级中继泵站，全线只有两段隧道结合处可设中继站，此处距电厂 12.4km，标高 1030m，与电厂高差 298m，与能源站高差 221m。因此，若取消中间的隔压站，即使将承压等级从现行的 2.5MPa 提升至 4MPa，设计难度也非常大。

按照前面所述的开式定压思路，在电厂和中继站分别设置高位和低位开式水池，在中继站设置隔断-旁通阀组和涡轮机-增压泵，取消了中继站的隔压换热器，如图 7-12 所示。在静置状态时隔断阀将系统隔成上、下两部分，最大压力均在 3.5MPa，通过合理分配各泵扬程，可以将系统稳态运行时的最高压力限制在 4MPa，如图 7-13 所示。为应对停泵水击，系统中还设置了两个稳压罐。综合高、低位开式水池和稳压罐的水击防护作用，系统在各种事故工况（包括阀门误操作、

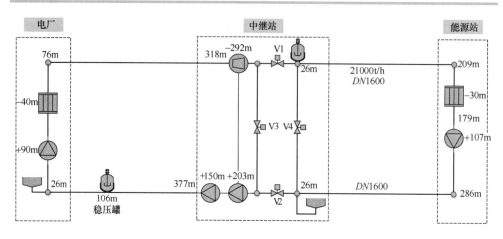

图 7-12　某大高差长输供热工程无隔压方案

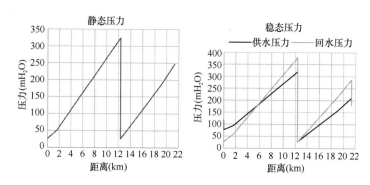

图 7-13　某大高差长输供热工程的静态和稳态压力分布

单个泵站停泵、组合停泵、全线停泵、涡轮机断轴等）下，都能确保全线不超压、不汽化，图 7-14 给出了最恶劣的全线停泵事故工况的压力包络线。各种工况下出现的最大泄放流量为 21000t/h，若按 1h 的最大允许补救时长，水池容量应不小于 21000m³。

通过启闭隔断阀 V1、V2 和旁通阀 V3、V4，系统可在隔断模式和直连模式之间进行切换。图 7-15 展示了该系统的启动流程。如图 7-15（1）所示，在系统静置时，隔断阀 V1、V2 处于关闭状态，旁通阀 V3、V4 处于打开状态，系

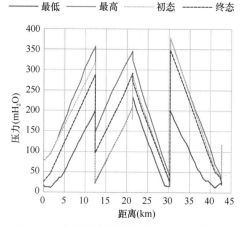

图 7-14　某大高差长输供热工程的全线停泵事故工况压力包络线（图中距离为供回全程）

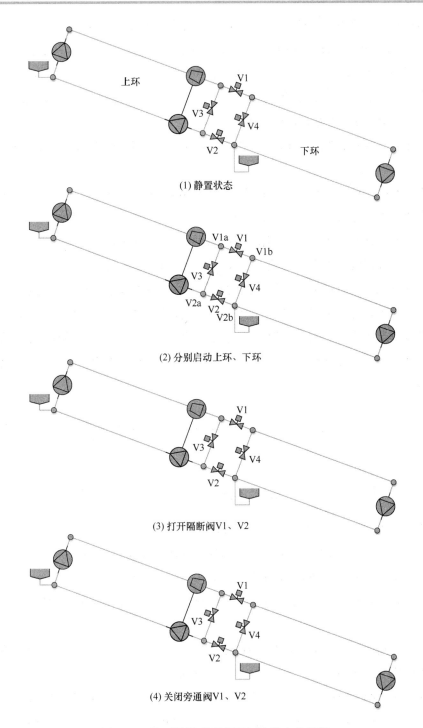

图 7-15 基于隔断-旁通阀组切换的启动流程

统被分隔成上、下两个环路，高差带来的巨大静压因此被隔断，确保静态不超压；如图 7-15(2) 所示，分别启动上、下两个环路，管道中的水流动起来直至设计流量，经过沿程和局部减压，V1a、V2a 压力下降至与 V1b、V2b 相等；如图 7-15(3) 和 (4) 所示，缓慢打开隔断阀 V1、V2，经一定延时后，缓慢关闭旁通阀 V3、V4，水流逐渐从旁通阀管路切换到隔断阀管路，系统从隔断模式过渡到直连模式，进入正常运行状态。以上为系统启动流程，停运流程与之相反，这里不再赘述。

由于在执行阀门切换动作之前 V1a 与 V1b 压力相等而 V2a 与 V2b 压力相等，因此在阀门切换过程中，水力工况能够平稳过渡，不会有水击问题。仿真表明，即使压力不相等而有较大压差，切换过程仍是安全的，压力波动不会太大。

另外，在静置状态下，即使隔断阀关不严，静压也不会传递下去，因为开式水池的存在确保了水可以流动，尽管此时流量很小，隔断阀仍能产生很大阻力。仿真和实验都表明，随着隔断阀 V1 开度逐渐增大，底部压力是逐渐上升的，也就是说，开度越小越安全，而只要保证隔断阀全开时底部仍不超压，系统就必然是安全的。而如前所述，隔断阀全开时，重力流形成的沿程和局部阻力是可以保证系统水力安全的。

7.4 楼宇式吸收式换热系统原理

7.4.1 楼宇式吸收式换热系统的提出

我国北方城镇住宅建筑多为高层多用户建筑，为保证楼内各用户的供热，要求楼内管网大流量小温差，而集中供热的热源距离末端建筑较远，一次管网要求大温差小流量，楼内管网参数与热网参数极不匹配，应对这种极不匹配的参数要求下、实现一次网热量高效传递到楼内管网，是集中供热系统末端发展的迫切需求。

目前我国北方城镇集中供热系统的末端多为小区供热模式，小区设置庭院管网，通过热力站将一次网热量传递给庭院管网，庭院管网再将热量输送给各楼栋。较大的小区总的建筑面积可达 30 万 m² 甚至更高。小区规模越大，庭院管网规模越大，不同楼栋间的热力失调严重，导致了过量供热，此外，庭院管网规模越大，庭院管网需要保证一定的输送温差以减少庭院管网输配电耗，但庭院管网输送温差越大，楼栋间的热力失调越严重，更无法解决楼内各用户的热力失调。应该缩小庭院管网的规模直至楼宇式供热。

与我国同纬度的北欧国家大多采用楼宇式供热的模式，每栋楼设置一个热力站，彻底避免了楼栋间的失调现象，楼内管网流量也可以增加，从而削弱楼内各用户之间的热力失调。但是楼宇式换热模式并没有解决一次网和二次网之间的流量极不匹配的换热问题，一次网回水温度较高，回收低品位余热的能力有限，如图 7-16 所示。

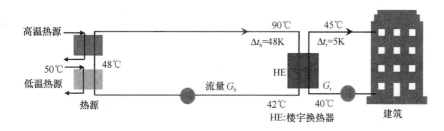

图 7-16　楼宇式换热的原理

图 7-16 中，若热源处存在低品位余热，则楼宇式换热的方式，一次网回水温度高，如图中参数，该系统回收低温余热的比例仅为 12.5%[(48－42)/(90－42)＝12.5%]。

利用吸收式换热器替代常规换热器，实现楼宇式吸收式换热，可以实现两侧流量极不匹配的换热，减少热量变换过程的损失，使得一次网的出水温度低于二次网进口温度，从而大幅度增加热源处回收低温余热比例，如图 7-17 所示。

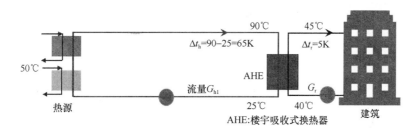

图 7-17　楼宇式吸收式换热的原理

图 7-17 中，相比大型热力站的小区供热模式，利用楼宇式吸收式换热器实现了单栋楼供热，单栋可调，取消了楼栋间的热力失调，并且可通过加大楼内管网流量减少楼内各房间的热力失调，取消了庭院管网，从而显著降低了二次网输配能耗，可以将一次网出水温度降低到二次网进水温度（25℃）之下，热源处低温余热

回收比例增加到 35.4%（即 $(48-25)/(90-25)=35.4\%$），相比楼宇式换热方式有显著提高。

7.4.2 楼宇式吸收式换热系统原理

1. 系统原理

楼宇式吸收式换热系统如图 7-18 所示，每栋楼前安装楼宇式吸收式换热器，一次管网直接铺设至楼宇前，利用吸收式换热器将一次网的大温差热量（如 $90℃$ 供/$25℃$ 回）变换为小温差热量（如 $50℃$ 供/$40℃$ 回）实现楼宇供热。楼宇式吸收式换热器采用立式结构，单台出力为 $160\sim800kW$，占地面积 $1.5\sim3m^2$，可放置于地下车库，大致占用 $1\sim2$ 个车位的占地，应用灵活。取消了庭院管网，一次网直接铺设至楼前，单栋楼二次网水温与流量均可独立调节，实现单栋可调、单栋计量、二次泵耗大幅度降低。同时由于每栋楼是独立的二次网系统，使得传统系统中的偷水、漏水问题易于排查、监控，将大大减少二次网补水量，二次网的水质问题也相应易于解决和处理。

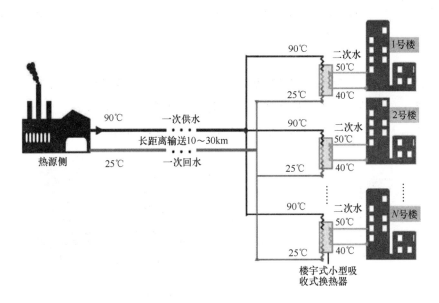

图 7-18 楼宇式吸收式换热系统

2. 补水定压方式、水温与负荷调节方式

如上所述，采用楼宇式吸收式换热器后，二次网的补水量将会随着楼内偷水、漏水现象的减少而降低，此时最佳的二次网补水方式是通过一次网向二次网定压补水，如图 7-19 所示。一次网一般为软化后的水，通过一次网向二次网补水，保证了二次网补水的水质，取消了常规大型热力站的补水箱和水处理装置，进一步减少了楼宇式吸收式换热站的占地，同时减少了相应的运行维护工作量。

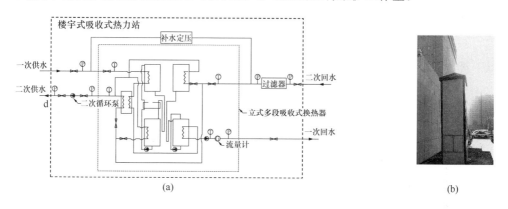

(a)

(b)

图 7-19　楼宇式吸收式热力站

(a) 楼宇式吸收式热力站系统图；(b) 置于楼旁的楼宇式吸收式热力站

采用一次网向二次网补水时，一次网的压力可能比二次网的压力高，此时仅采用电磁阀和压力开关即可实现一次网向二次网的补水和定压，如图 7-20 所示。若一次网压力比二次网的压力低，则需要在补水管路上安装补水泵，通过开启补水泵进行补水定压。

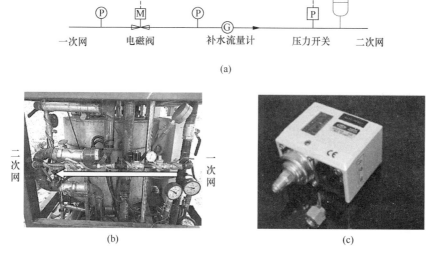

图 7-20　新型补水定压方式

(a) 补水系统原理；(b) 补水管路；(c) 压力开关

7.4.3　楼宇式吸收式换热器流程设计与装置研发

1. 多段与多级的楼宇式吸收式换热器的流程

楼宇式吸收式换热器，实现了小流量大温差的一次网向大流量小温差的二次网之间的热量变换，其内部的吸收式热泵的发生器和蒸发器的源侧进出口温差较大。对于蒸发器，当采用常规的单级的流程时，仅有一个蒸发压力和一个蒸发温度，此时外部热水与内部蒸发温度之间的换热为极不匹配的三角形换热，存在较大的不匹配换热损失，使得需要耗费较大的换热面积或者要求的一次网出水温度根本无法实现。为此，提出了多段立式吸收式换热器和多级立式吸收式换热器，如图7-21所示。通过多段流程和多级流程，实现了蒸发压力梯度，减少了不匹配换热损失，使得外部要求的热量变换参数更容易实现。

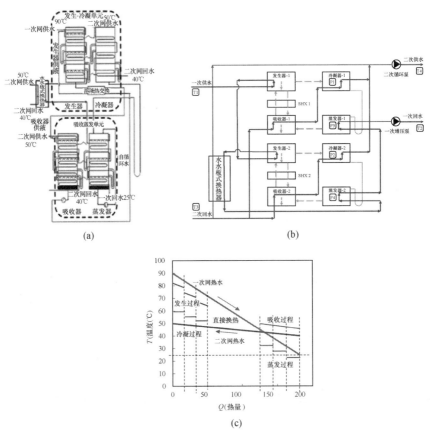

图 7-21　楼宇式吸收式换热器的内部流程

（a）多段流程；（b）多级流程；（c）内部 T-Q 图

2. 多分区楼宇式吸收式换热器流程

为应对高层住宅分区供热的问题，提出了实现多分区供热的片式吸收式换热器，通过三级对称的吸收式热泵和换热器的设计，实现了一台机组同时为一栋楼的高、中、低三区供热。如图 7-22 所示，给出了三分区片式吸收式换热器的流程，每个分区由一级吸收式热泵和一台水水板式换热器在二次网侧并联实现供热，一次网在三级吸收式热泵的发生器之间串联，之后并联进入三台水水板式换热器，出口混合之后串联进入三级吸收式热泵的蒸发器，最终成为一次网出水。该片式多分区吸收式换热器可以实现三区对称的供热，单个区的调节对其他两个区的影响最小，实现了相对独立的三个区的热负荷的分别调节。

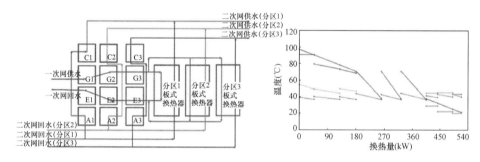

图 7-22 多分区片式吸收式换热器的流程

3. 楼宇式吸收式换热器的装置研发

自 2011 年起对楼宇式吸收式换热器进行研发，在 2013 年建成首个楼宇式吸收式换热的工程，之后对楼宇式吸收式换热器的装置研发逐步改进，至今，楼宇式吸收式换热器装置可以做到 3m 左右的高度，结构变得更加紧凑，已经实现规模化的生产（图 7-23、图 7-24）。

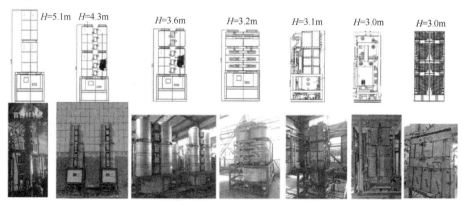

图 7-23 楼宇式吸收式换热器的研发

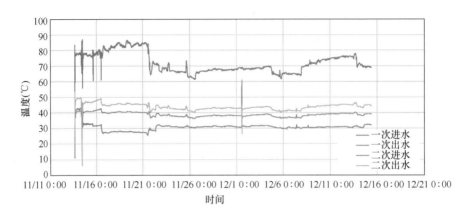

图 7-24　实测楼宇式吸收式换热器的性能

注：此图的彩色版可扫目录的二维码查看。

实测楼宇式吸收式换热器的性能良好，一次网供水温度在 90～60℃变化，一次网出水温度稳定在 28～30℃，二次网的进水温度在 36～40℃变化，二次网的供水温度在 40～50℃变化。楼宇式吸收式换热器的效能随着流量比和负荷率在 1.1～1.4 变化，实现了较好的温度变换性能。

7.4.4　楼宇式吸收式换热系统示范工程

1. 赤峰新希望小区示范工程

楼宇式吸收式换热器已经在赤峰市成规模地推广，目前总应用面积超过了 60 万 m²。比较典型的工程是赤峰新希望小区，如图 7-25 所示，整个小区实现了楼宇

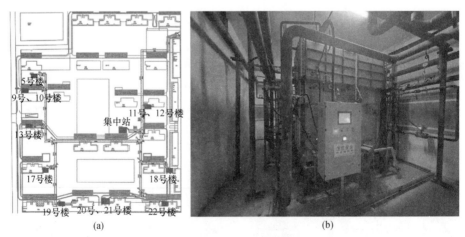

(a)　　　　　　　　　　　　　　　(b)

图 7-25　赤峰新希望小区楼宇式吸收式换热器示范工程

（a）地下车库装置分布；（b）楼宇式吸收式换热站照片

式吸收式换热，将楼宇式吸收式换热器安装在小区的地下车库。由单台楼宇式吸收式换热器负责单栋楼或者两栋楼的供热，较好地实现了单栋供热、单栋计量和单栋调节。

2. 实测楼宇式吸收式换热器运行效果

图 7-26 给出了新希望小区不同楼栋多分区吸收式换热器的实测性能，由图中可见，22 号楼安装的三分区楼宇式吸收式换热器实测一次网供水 100℃，一次网出水 22.4℃，三个分区的二次网供回水独立为三个区供热，二次网回水温度在 38～39℃，二次网供水温度在 44～46℃变化。11 号楼安装的两分区楼宇式吸收式换热器实测一次网供水 90℃，一次网出水 24.5℃，两个分区的二次网供回水独立为相应区域供热，二次网回水温度在 36～37℃，二次网供水温度在 39～43℃。可见，机组运行良好，较好的实现了楼宇式吸收式换热，且新希望小区的建筑供暖末端多为辐射地板，二次网供回水温度比常规散热器末端降低，进一步降低了吸收式换热器的一次网出水温度。

7.4.5 楼宇式吸收式换热系统的经济性分析

楼宇式吸收式换热站系统，取消了庭院管网，取消了集中的热力站，避免了由于楼栋间不均匀供热导致的过量供热损失，降低了二次网的泵耗。仅是吸收式换热器的成本相比传统板式换热器增加了。表 7-3 以 17 万 m² 的一个小区为例，给出了楼宇式吸收式换热站相比传统小区集中的热力站的经济性分析。从分析结果可以看出，楼宇式吸收式换热站的总投资相比传统集中热力站的总投资有所增加，但是供暖季运行热耗和电耗都相应降低，整个系统的投资回收期约为 3.4年。上述分析还没有计算降低一次网回水温度在热源处回收低品位余热所带来的好处。

如果考虑楼宇式吸收式换热器降低一次网回水温度回收电厂或者工厂的余热的收益，电厂与热力公司之间结算热费时，热量按照清华大学江亿教授提出的（流量×比热×（供水温度－40℃））来核算的话，电厂和热力公司之间的热价按照 20 元/GJ 核算的话，楼宇式吸收式换热机组比常规热力站集中供热每年能节省的热费约为 3 元/（m²·年），这样 1 年左右就能回收所有的投资，之后每年都会有 4 元/（m²·年）的运行费用的节省。

可见，采用楼宇式吸收式换热器具有较高的经济性。

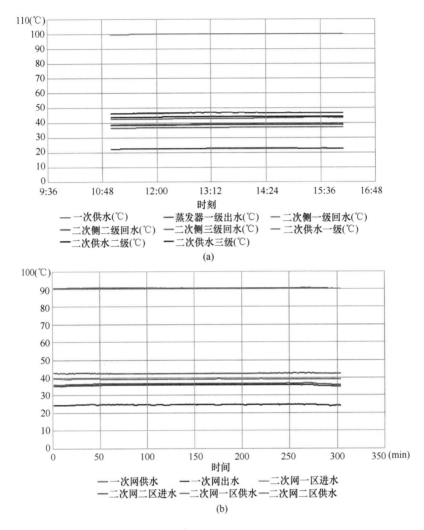

图 7-26 新希望小区楼宇式吸收式换热器实测性能

(a) 22 号楼楼宇式吸收式换热器实测性能；(b) 11 号楼楼宇式吸收式换热器实测性能

注：本图的彩色版可扫目录二维码查看。

楼宇式吸收式换热器的经济性分析 表 7-3

	集中热力站供热	楼宇式吸收式换热站
供热面积（m²）	170000	170000
供热量（kW）	8500	8500
一次供水（℃）	90	90
一次回水（℃）	45	25

续表

	集中热力站供热	楼宇式吸收式换热站
二次供水（℃）	50	50
二次回水（℃）	40	40
庭院总流量（m³/h）	732	113
管网平均直径（mm）	250	100
庭院管网长度（m）	1000	1000
初投资		
庭院管网材料＋铺设（万元）	153	63.1
换热站建设成本（万元）	52.9	0
换热机组成本（万元）	133.7	0
吸收式换热站成本（万元）	0	340
吸收式换热站成本（元/W供热量）	0	0.4
总初投资（万元）	339.6	403.5
运行费		
整个供暖季耗热量（GJ）	62900	56610
热价（元/GJ）	22	22
整个供暖季热费（万元/年）	138.4	124.5
电耗（kWh）	170000	117504
电价（元/kWh）	0.8	0.8
电费（万元/年）	13.6	9.4
投资回收期（年）	—	3.4

7.5 中深层地埋管井下换热热泵供热技术

近年来，一种利用超长同轴套管间壁换热方式提取地下 2～3km 岩层中的热量，结合地面循环水泵及热泵机组实现向建筑供热的技术在我国得到推广应用。这一技术曾被称为"干热岩取热技术""中深层地热无干扰取热技术"等，以示与传统钻井取地热水的水热型地热能利用方式的区别。不论名称如何，这一技术的实质是，通过钻机向地下 2～3km 的岩层钻孔、固井，随后在钻孔中安装封闭的套管结构换热器，外管采用不锈钢金属套管，内管采用绝热材料的保温内管，构成中深层地埋管换热装置，并在地面配置强制循环水泵和热泵机组，如图 7-27 所示。系统运行时，在水泵驱动下水作为换热媒介从外套管向下流动，通过外管壁与周围岩层换热并不断升温，到换热装置底部后再从内管向上流动，即以间壁换热的形式提取地下中深层自然蕴藏的地温热量。20 世纪 90 年代德国、瑞士、美国等地的大学和科研机构曾尝试利用类似的超长地埋管间壁换热装置提取地下热量，但由于自然循环水量不够、地下换热后从内管到达地面的水温尚不能满足供热的水温要求，因此后续未有实际工程或商业利用。我国重新发展了这一理念，并且在地面结合高效电驱动热泵系统，一方面可提升用户侧供水温度满足建筑供热需求，同时还可降低进入地埋管的进水温度，实现地埋管更大的取热能力，以及根据供热需求灵活调节地下取热量的能力。可以看到，该技术通过间壁式换热提取地下中深层的地热能量，真正实现"取热而完全不碰地下水"，避免了地热水直接利用可能带来的地下水污染等环境问题。通过近年来实际工程测试与验证，发现该技术在具体的成孔工艺、周期成本控制，以及实际换热能力等方面与当地的地热、地质条件相关，也不能盲目应用，而需要精心勘察和设计。

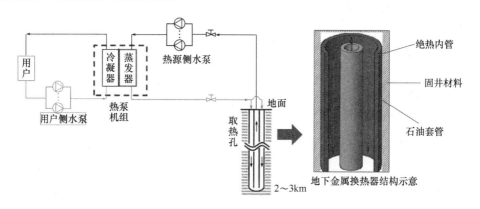

图 7-27   中深层地埋管热泵供热系统示意图

在工程实践方面，中深层地埋管热泵供热技术在我国发展迅速，截至 2022 年年底，推广应用供热面积接近 3000 万 m²。特别是在陕西省得到了较为普遍的应用，在北京、河北、山东、山西、安徽、吉林等地的工程应用也表明其有很广的适用范围。目前看，制约其发展的关键制约因素仍是取热和供热的成本即性价比，这与光伏发电技术、电动汽车技术等清洁能源技术在 20 世纪 80～90 年代的情况类似。清华大学建筑节能研究中心从 2015 年开始，持续对应用该技术的多个工程项目开展了实测研究与分析，获取了实际应用效果的宝贵数据，总结出技术关键运行特性，并推进该项技术的迭代更新，期待以更低成本、更加高效、更为合理的方式应用于清洁低碳供热领域，助力"双碳"目标实现。相关实测数据读者可查阅《中国建筑节能年度发展研究报告 2019》第 8.9 节。随着该技术的推广应用，业界对如何用好这一技术提出一系列关键问题，例如该技术的热量究竟是从哪里来的？长期运行是否稳定？地温梯度小（例如小于 2.0℃/hm）是否就意味着地下换热量小？可应用的建筑规模以及系统设计调控方法等，希望通过深入研究与广泛讨论，形成对这一技术更加科学的认识，实现中深层地热能稳定、灵活、高效、低碳供热利用。

7.5.1　长期运行稳定是该技术应用的关键基础

1. 中深层地埋管长期运行在单向取热工况

在地热热流密度的作用下，地层 200m 以下的岩层存在一定的温升梯度，越往深处岩层温度越高，形成了可利用的地热能资源。中深层地埋管管深通常为 2～3km，以地表温度 10℃，平均地温梯度 3℃/hm 估算，地下 2km 岩层温度可达 70℃，使得中深层地埋管可以通过间壁式换热提取更高品位的热量，在冬季实现中深层地热能的高效供热。但同时需要明确的一点是，地下高温岩层使得中深层地埋管无法像传统的浅层地埋管一样在夏季利用土壤进行排热制冷。因此中深层地埋管本身不具备制冷能力，但地上的热泵机组可以实现冷热两用，结合冷却塔等排热设备实现夏季制冷。另一方面也表明中深层地埋管长期运行在单向取热的工况。

那么中深层地埋管取出的热量到底从何处而来，构建如图 7-28 所示的控制体进行分析：①对于控制体底部，全年受到稳定的地热热流密度补热（Q_d）；②对于地表，全年受到周期性的太阳辐射及空气对流传热影响；③对于径向远边界，考虑到实际工程多为管群耦合，径向远边界实际为相邻地埋管中间位置土壤，由于各地埋管换热量基本相同，由热量传递对称性分析可得此时相邻地埋管中间位置土壤热流密度为零，故取为绝热边界条件。

（1）对于地热热流密度补热量，我国地热热流密度基本集中于 50～80mW/m² [1]，以 60mW/m² 估算，即使取热半径 R 达到 100m

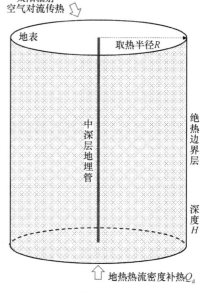

图 7-28　岩层控制体热量平衡示意图

（即管间距 200m），补热功率也仅为 1.9kW，全年累计补热量仅为 59.4GJ，可以说是微乎其微，以单位面积供热量 0.2GJ/m² 估算，也只能承担不到 300m² 建筑供热需求。（2）对于地表及近地面的温度场，主要受太阳辐射的影响，由太阳辐射、地表及云层的得热、反射热量平衡所决定[2]。而太阳辐射量级通常在数百瓦每平方米，远大于地热热流密度，因此地球内部释放的热能对地表温度场影响基本可以忽略，而太阳辐射对浅层土壤的影响一般作用深度不足 200m，无法给中深层岩层控制体带来影响[3]。

因此对于中深层地埋管长期运行的取热量，主要来自岩层控制体自身热容所蓄存的热量。如图 7-29 所示，中深层地埋管在供热季取热和非供热季停机恢复时，均是径向热流占主导地位，热量主要来自于周围高温岩层自身蓄存的热量。该技术实际上是通过降低周围岩层温度，提取岩层中的热量，而地热热流的补热微乎其微。因此对于中深层地埋管这一单向取热（无人工补热）的过程，供热季累积取热量直接决定其长期运行的稳定性。

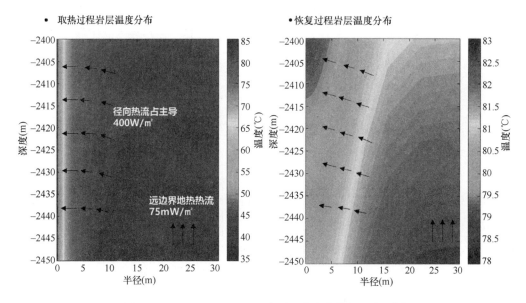

图 7-29　地下 2400～2450m 岩层温度变化模拟示意图[4]

注：此图的彩色版可扫目录的二维码查看。

2. 供热季累积取热量决定长期运行稳定性

以一年为周期，通过中深层地埋管及其周围土壤控制体每年热量累积收入与支出平衡情况分析其长期取热可行性。以全年累积取热量 3000GJ，承担 1.5 万～2 万 m² 建筑

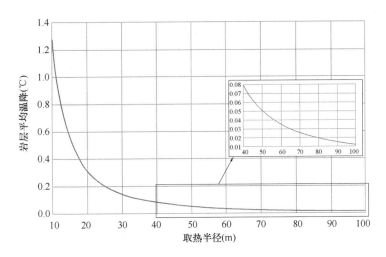

图 7-30　岩层控制体年平均温降随取热半径变化情况

供热需求为例。考虑到地热热流密度补热剩余热量需要从岩层中直接提取，由此可以得到中深层地埋管周围岩层控制体年平均温降随取热半径的变化关系。

以管深 2500m，岩层平均密度 3000kg/m³，平均热容 1000J/(kg·℃) 为例，如图 7-30 所示，当取热半径仅为 10m，即两孔间距仅为 20m 时，岩层年均温降达到 1.27℃，连续运行 10 年后岩层累积平均温降将达到 12.7℃，对中深层地埋管长期运行造成不利影响。当取热半径大于 50m，即管间距大于 100m 时，岩层年均温降小于 0.05℃，连续运行 100 年后岩层累积平均温降不到 5℃，基本上能保障中深层地埋管长期运行的持续性与稳定性。

上述内容从岩层控制体整体热平衡的角度分析了中深层地埋管维持长期运行稳定的所要求的管间距。那是否意味着管间距越大，供热季累计取热量就越多？这一点又受到了中深层地埋管本身取热能力的限制。由于中深层地埋管与周围岩层换热面积有限，实际换热过程中周围岩层存在明显的温度梯度，越靠近地埋管位置的岩层温降越大，温度越低。相关研究表明[5]，考虑到中深层地埋管本身的稳定性，运行过程中进水温度不宜低于 5℃，因而即使在取热半径大于 50m（管间距大于100m）时，供热季累积取热量也建议维持在 3000～4000GJ，具体数值受地热条件、管材物性等因素影响。

当前实际工程应用中，由于缺乏针对性设计，中深层地埋管管间距普遍处于15～20m，单根地埋管取热半径不足 10m，如此密集的排列将导致中深层地埋管长期运行性能衰减幅度的增大。因此在实际工程应用中，应该根据施工场地情况，尽量分散地设置中深层地埋管，避免梅花桩式的密集排布，同时尽可能增加管间距，避免局部形成冷堆积，从而缓解长期运行性能的衰减幅度。

7.5.2　中深层地埋管瞬态取热功率具有大范围调节能力

1. 中深层地埋管取热是温差与热阻决定的换热过程

中深层地埋管通常采用套管结构换热器（图 7-31），热源水通常从外管向下流动、随后由内管向上流出。图 7-32 给出了 2500m 深中深层地埋管某换热瞬间的沿程水温分布模拟结果。可以看到，外管水向下流动过程中通过外管壁与周围高温岩层换热，温度逐渐上升。随后被加热的热源水在内管向上流动过程中，由于内管通常采用 PE 管，导热系数为 0.4W/(m·℃) 左右，内外管水之间也通过内管壁存在换热过程，使得内管水被逐渐降温。

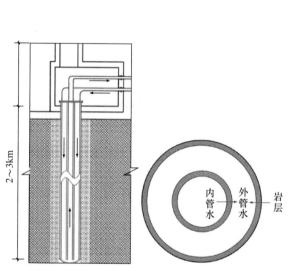

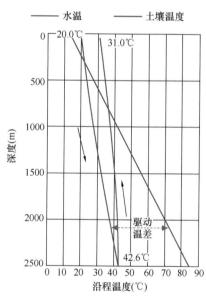

图 7-31　中深层地埋管套管结构换热器示意图　　图 7-32　中深层地埋管换热瞬间沿程
水温分布模拟结果[4]

由此可见，区别于水热型直接利用方式，中深层地埋管的取热性能受到了岩层与外管水的传热驱动温差，以及岩层与外管水传热热阻的共同影响。前者由岩层温度和外管水温共同决定，而内管不绝热导致热量从内管水向外管水传递实际是影响了外管水温分布，进而影响了外管水与岩层的传热温差。后者由岩层、外管导热系数以及外套管换热面积共同决定。根据上述分析，笔者对中深层地埋管换热性能影响因素进行了总结，并根据影响因素自身属性，将其归纳为外因、内因与运行调节，结果如图 7-33 所示。

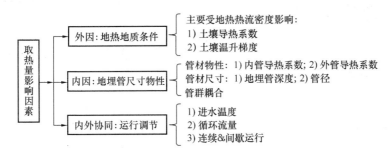

图 7-33　中深层地埋管换热性能影响因素

2. 换热型地热能利用方式受岩层温度、导热能力共同决定

对于影响中深层地埋管换热性能的外在因素，即地热地质条件，主要受当地地热热流密度影响，体现为岩层温升梯度与导热系数（两者乘积即为热流密度）。具体而言，当导热系数一定时，地热热流密度越大表明当地地温梯度越大，岩层温度越高，使得外管水与周围岩层换热驱动温差越大，从而增强换热性能。而当温升梯度偏小时，换热型地热能利用还能换出预期的热量么？

对于传统水热型利用方式，由于直接开采利用地热水进行供热，地温的高低直接决定了地下热储的容量和地热水供热量。因而对于地温梯度较低的地区，往往地热水开发利用的经济效益不高。但由于地温梯度与岩层导热系数的耦合特性，在热流密度一定的地区，地温梯度较低通常表征着岩层具有较大的传热能力，使得通过换热过程提取中深层地热能的方式具有应用的可行性。以北京通州副中心为例，从地热温度水平而言，通州地区地温梯度低（不足 2℃/hm），但相对应的岩层导热能力较强［以白云岩为主导热能力接近 3.5W/(m·℃)］。相关团队在通州副中心成功建设一根 2745m 中深层地埋管，通过搭建现场测试平台，实测得到该中深层地埋管连续运行瞬时取热能力达到 400kW 以上（图 7-34）。研究结果表明换热型地热能利用方式受岩层温度、导热能力共同决定。地温梯度低不代表换热取热量也不行，在相同的热流密度下，地温梯度越低，代表着岩层导热能力越强，因此中深层地热能换热利用，是一种"温差驱动、导热强化"的热量交换方式。在通州地区的新认识让中深层地热能在全国范围的利用迎来了新的机遇，换热方式更具有普遍适用的意义，但换热方式很难达到水热型地热的取热量。

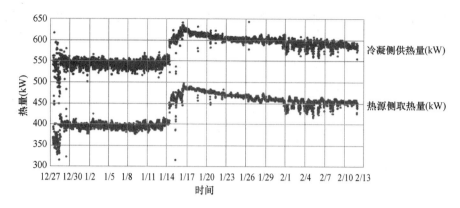

图 7-34　中深层地埋管连续运行 47 天监测数据

3. 运行调控实现瞬时取热能力大范围调节

对于已建成的项目，地热地质条件、管材物性已经确定，在实际运行过程中通过调节中深层地埋管进水温度、循环流量以及运行模式，也能实现其瞬时取热能力的大范围调节。如图 7-35 所示，以陕西省西安市地热条件为例，对于一根 2500m 中深层地埋管，随着进水温度的降低与循环流量的增大，中深层地埋管外管水与周围岩层的换热温差增大，使得其连续运行取热能力可以在 100～500kW 大范围调节。

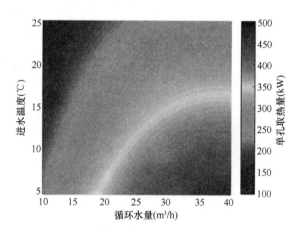

图 7-35　中深层地埋管瞬时取热能力随运行参数变化情况[4]

注：此图的彩色版可扫目录二维码查看。

与此同时，在间歇运行模式下，中深层地埋管相当于一个小型蓄热水箱。系统停机时，地埋管中的热源水仍然不断地从周围高温岩层吸热，水温不断升高，使得下一阶段开机时，出水温度相比于停机前明显升高，进而使得瞬时取热量大幅度增加。

图 7-36 给出了天津市某项目 2800m 中深层地埋管在严寒期（1/15～1/19）间

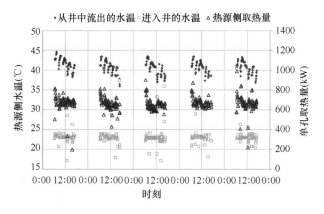

图 7-36　中深层地埋管间歇运行取热性能

歇运行换热特性。该项目工作日系统运行时间为 6：00～17：00，其余时间停机。可以看到，得益于间歇运行，系统开机时出水温度接近 45℃，相比于前一天停机时的 36～38℃大幅度上升。进而使得瞬时取热功率同样也得到大幅度提升，由前一天停机时的 600kW 提升至超过 800kW。随着开机后连续运行，热源侧出水温度及取热量逐渐降低，典型周平均出水温度达到 41.0℃，平均取热量达到 667kW，相比于连续运行得到了大幅度的提升。

结合 7.5.1 节对于长期运行稳定性的分析可看到，对于中深层地埋管，传统以尖峰负荷选型的设计方法不再适用，应该以供热季累积取热量为基准开展系统设计，确定中深层地埋管数量。而针对实时变化的供热需求，通过运行参数和模式的调节，可在短期大范围调节中深层地埋管瞬时取热功率，使其适应建筑物供热负荷的变化与柔性用能的需求。只要热泵系统供热装机容量足够，中深层地埋管自身即可起到很好的调峰作用，无需加装其他调峰热源。与此同时，间歇运行特性与光伏发电、市政清洁电力的生产与输配规律相匹配，结合用户侧蓄热装置或充分利用建筑自身的热惯性，使得该技术可以通过间歇蓄热运行与电网充分协同，起到显著的平衡电网负荷、消纳清洁电力的作用。

7.5.3　多工况变化的运行特征对热泵系统提出关键要求

由于中深层地埋管为热泵供热系统提供了更高品位的低温热源，使得热泵系统实际运行工况与常规浅层地埋管热泵供热系统存在较大差别。但由于目前整个技术处于发展应用的初期，大多数重点放在了中深层地埋管的研究和优化上，对地上热泵供热系统运行性能的分析较少，使得中深层地热能作为低温热源的高品位优势没有被充分利用和发挥，热泵系统运行性能仍然存在较大的提升空间。

1. 热泵机组运行特性分析

表 7-4 给出了 8 个系统热泵机组的运行工况及运行性能，其中 MG1～MG5、MG8 是技术在初期开展的项目应用，由于缺乏针对性的设计，仍然沿用了传统浅层地埋管热泵供热系统的设计思路。而 MG6、MG7 根据中深层地埋管实际应用特性开展了针对性的热泵机组设计。

中深层地埋管热泵供热系统供热季运行性能　　　　　　　　　表 7-4

项目	$T_{c,o}/T_{c,i}$ （℃）	$T_{e,o}/T_{e,i}$ （℃）	T_c（℃）	T_e（℃）	COP	COP_{th}	压缩机效率
MG1	42.0/38.4	26.9/18.9	44.0	16.9	5.64	11.70	0.48
MG2	39.5/35.7	29.8/19.3	41.5	17.3	4.71	13.00	0.36
MG3	38.3/33.9	20.0/9.7	40.3	7.7	4.15	9.62	0.43
MG4	40.6/36.5	23.3/19.3	42.6	17.3	4.75	12.48	0.38
MG5	38.7/35.3	29.1/18.4	40.7	16.4	4.45	12.92	0.34
MG6	42.2/37.1	28.9/20.0	44.2	18.0	6.68	12.11	0.55
MG7	44.7/37.6	34.0/20.2	46.7	18.2	7.80	11.22	0.70
MG8	41.0/36.5	41.0/23.0	43.0	21.0	6.62	14.37	0.46

可以看到，得益于高品位低温热源，实测 8 个项目热泵机组平均蒸发温度达到 16.6℃，相比于浅层地源热泵机组提高了 10℃以上，大幅度提升其理论逆卡诺循环运行效率（COP_{th}）。与此同时，由于中深层地埋管深度达到 2～3km，为降低循环阻力，热源侧采用小流量大温差运行，8 个项目平均蒸发侧进出水温差达到 10.5℃。可以看到，中深层热泵机组运行在高蒸发温度（小压缩比）、大蒸发侧温差（小流量）的工况。且随着供热季供热负荷的变化，热泵机组运行的负荷率以及压缩比也出现较大范围的变化。因此就需要针对性地开展热泵机组压缩机、蒸发器的研发，使其更加适应于这种运行工况。

相比之下，MG1～MG5、MG8 中采用的传统定频螺杆机就不适用于这样一个高蒸发温度、小压缩比、多工况变化的特征，导致其压缩机效率仅为 0.34～0.48，远低于当前压缩机技术水平，导致中深层地埋管提供的高品位低温热源的优势没有得到充分发挥。而项目 MG6、MG7 针对中深层热泵运行的高蒸发温度（小压缩比）、大蒸发侧温差（小流量）、多工况变化的特征，采用了无级变频离心式压缩机，同时优化了热泵机组蒸发器换热流程，使得热泵机组压缩机效率（$DCOP$）达到了 0.55 与 0.70，进而大幅度提升了运行 COP。

2. 热源侧水系统运行特性分析

如前所述，由于中深层地埋管深度达到 2~3km，为降低循环阻力，热源侧采用小流量大温差运行。笔者对上述 8 个项目中深层地埋管循环压降进行实测分析。中深层地埋管虽然循环流量较小，但热源侧循环阻力仍然较大，实测 8 个项目中深层地埋管循环压降平均值达到 389kPa。为进一步探究中深层地埋管循环压降随流量及地埋管深度的变化关系，笔者对项目 MG3、MG5 供热季变工况运行参数进行了统计分析，结果如图 7-37 所示。

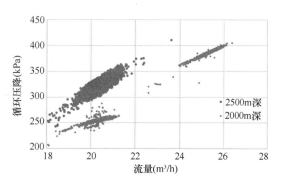

图 7-37　中深层地埋管循环压降
随流量及深度变化情况

可以看到，随着地埋管深度的增加，其循环压降有明显的上升。同时循环压降受流量影响显著。以 2000m 深地埋管为例，随着循环流量由 18m³/h 增加至 26m³/h，中深层地埋管循环压降由 200kPa 大幅度增加至 410kPa。由此可见，中深层地埋管具有小流量、大扬程，且随着流量变化阻力大幅度变化的阻力特性。因此热源侧水泵的选型就应该适应该阻力特性，并且采用变频水泵在变工况下维持高效运行。

7.5.4　总结与展望

中深层地埋管热泵供热技术以其运行高效、灵活、经济的特征，短短几年内在我国获得了良好的发展与推广。为实现该技术更加科学、客观、稳定、高效应用，仍需重点关注以下内容：

（1）中深层地埋管通过间壁式换热的方式提取高品位地热能，有助于热泵系统高效供热。但地下高温岩层使得中深层地埋管无法像浅层地埋管一样在夏季利用土壤进行排热制冷，因此中深层地埋管本身不具备制冷能力。但地上的热泵系统可以实现冷热两用，结合冷却塔等排热设备实现夏季制冷。

（2）中深层地埋管长期运行在单向取热（无人工补热）的工况，地热热流补热量微乎其微，因此中深层地埋管实际上是通过降低周围岩层温度，提取岩层中的热量。因此中深层地埋管管间距与供热季累积取热量成为系统关键设计参数。为实现中深层地埋管长期稳定运行，建议分散设置中深层地埋管（管间距大于 100m 为佳）。对于 1 根 2500m 中深层地埋管，结合 1 套额定制热量 600kW 左右模块化热泵系统，就能承担 1.5 万～2.0 万 m^2 节能建筑供热需求。同时充分利用中深层地埋管横向占地面积小的特点，构建分布式供热系统，还能起到减少供热管网漏热损失、缓解水力失调等关键作用。

（3）中深层地埋管取热是温差与热阻决定的换热过程，其瞬时取热能力受到地热条件、管材尺寸及物性、运行参数及模式等多因素影响，也使得中深层地埋管在短期具备大范围调节瞬时取热功率的能力。只要热泵机组供热装机容量足够，其自身即可起到很好的调峰作用，无需加装其他调峰热源。在此基础上，结合用户侧蓄热装置或充分利用建筑自身的热惯性，使得该技术可以通过间歇蓄热运行与电网充分协同，起到显著的平衡电网负荷、消纳清洁电力的作用。

（4）中深层地埋管热泵机组运行在高蒸发温度（小压缩比）、大蒸发侧温差（小热源流量）以及负荷率、压缩比大范围变化的工况。针对这一特征，无极变频热泵机组更适合与中深层地埋管匹配运行，从而充分发挥中深层地埋管提供的高品位低温热源优势。此外，中深层地埋管深度通常为 2～3km，具有小流量、大扬程，且随着流量变化阻力大幅度变化的阻力特性，因此热源侧水泵的选型就应该适应该阻力特性，并且采用变频水泵在变工况下维持高效运行。

7.6　低碳蒸汽供应技术

工业生产过程中存在大量需要蒸汽加热的过程，目前最常见的工业蒸汽供应方式为燃煤或燃气锅炉。锅炉内化石燃料的燃烧导致了巨大的碳排放，因此未来采用低碳节能的蒸汽供应技术替代传统燃煤或燃气锅炉显得十分重要，这对减少工业碳排放及减缓全球气候变暖有重要作用。常见的低碳蒸汽供应技术包括电直热蒸汽锅炉和高温热泵等方式。

7.6.1　电蒸汽锅炉

电蒸汽锅炉是将电能转换为热能并产生蒸汽的能量转换装置，根据加热原理的不同可以分为电阻式锅炉和电磁感应锅炉。电阻式蒸汽锅炉的原理是利用电热管等金属电阻，或者电极式水介质电阻，将电能转换为热能，直接或间接将水加热，直至汽化。目前国内电锅炉制造厂生产的绝大多数为电热管式电热锅炉[6]，该种电锅炉设计技术要求不高、生产制造方便。电极式电热锅炉根据水流与电极的接触方式不同而分为浸没式和喷射式[7]，两种形式虽然结构不同但加热原理相同。锅炉内筒中的三相电极通电后，具有一定电导率的炉水在电流的作用下被迅速加热并产生蒸汽。电磁感应锅炉的原理是电磁感应线圈通过变频交流电产生感应磁场切割电磁感应锅炉，使电磁感应锅炉产生感应交变电流，产生的大量热量被炉内水经过沸腾换热产生蒸汽带走[8]。

上述几种电蒸汽锅炉虽然加热原理、设备结构不同，但从能源转换的角度它们是一致的，即都将电能以极高的效率（超过 98%）转换为热能并产生蒸汽。与传统的燃煤、燃气蒸汽锅炉相比，电蒸汽锅炉可以非常快速、精确地对负荷变化做出反应，每次启动后可在数秒内达到最大功率且没有最小负荷。因此电蒸汽锅炉更适用于间歇式和末端分散的蒸汽需求，如医院及食品、医药行业的灭菌过程等。

7.6.2　热泵蒸汽系统

热泵是以消耗少量的电能或者热能为代价，将低品位热能转换为中高品位热能的一种节能装置，目前各国学术界和产业界普遍认为热泵是实现零碳热量供给的最有希望的方式。

未来的低碳热网以电厂、工厂的工业余热为热源，向用热末端输送热量。工业园区及医院等有大量蒸汽需求的用热末端可采用高温热泵从热网中提取热量，并将热量温度提高至高于 100℃的水平，可以满足大部分工艺的用热需求。若使用高温热泵后的温度水平仍未达到工艺用热的需求温度，可在高温热泵后串联蒸汽压缩机或蒸汽喷射器进一步提高蒸汽的压力及冷凝温度。

近年来市场上高温热泵产品逐渐增多，有文献[9]总结了现有的冷凝温度高于90℃的工业高温热泵的产品型号，如表 7-5 所示。由于工业应用的高温热泵具有温度高、温升大的特点，压缩机必须在高压比的条件下运行。对于小加热容量的工艺场景，主要使用的压缩机种类为并联活塞压缩机；对于大加热容量的工艺场景，主要使用的压缩机种类为单螺杆或双螺杆压缩机。

供热温度高于90℃的工业高温热泵				表 7-5
装备制造商	工质	最大供热温度（℃）	制热量	压缩机种类
公司 A	R134a/R245fa	165	70～660kW	双螺杆式
	R245fa	120	70～370kW	
	R134a/R245fa	90	70～230kW	
公司 B	R1336mzz(Z) R245fa	150	28～188kW	活塞式
公司 C	R134a/ÖKO1	130	170～750kW	螺杆式
	ÖKO(R245fa)	130	170～750kW	
	ÖKO(R245fa)	95	60～850kW	
公司 D	R717(NH3)	120	0.25～2.5MW	活塞式
公司 E	R744(CO$_2$)	120	65～90kW	螺杆式
	R744(CO$_2$)	90	45～110kW	
公司 F	R245fa	120	62～252kW	活塞式
	R1234ze(E)	95	85～1301kW	
公司 G	R744(CO$_2$)	110	51～2200kW	活塞式

蒸汽压缩式热泵根据蒸发/冷凝温度的不同 COP 变化较大，且高温热泵产品实际运行的 COP 仅为对应蒸发/冷凝温度下逆卡诺循环 COP 的 35%～60%。以维＊公司 S4[10] 为例，其系统形式如图 7-38 所示，为带中间回热器的单级压缩循环。

其各工况下实测 COP 如表 7-6 所示。当热源温度为 100℃，热汇温度为 140℃时，热泵具有较高的能源效率，COP 为 4.7。当热源温度降低至 80℃ 而热汇温度仍为 140℃时，COP 降低至 2.8。可见 COP 随着热泵温升的增大而急剧减小。

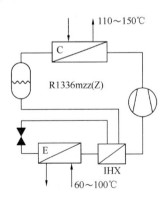

图 7-38　维＊S4 热泵循环

维＊S4 不同工况 COP　　　　表 7-6

T_{LT}	T_{HT}	ΔT_{Lift}	COP
100	140	40	4.7
80	120	40	4.3
100	150	50	4.1
90	140	50	4.0
70	120	50	3.6
90	150	60	2.9
80	140	60	2.8
60	120	60	2.1

由于热网为 20～90℃ 的变温热源，在热泵取热过程中低温蒸发侧存在极大的温度变化，若使用

单级热泵会导致较大的不可逆损失，进而降低系统的能源效率。故根据不同蒸发温度，设计一多级取热流程（图 7-39）。

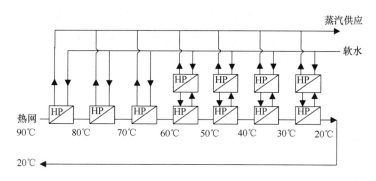

图 7-39 热网多级取热制蒸汽示意图

其中高温热泵 COP 参考表 7-7，低温热泵 COP 取对应蒸发/冷凝温度下逆卡诺循环 COP 的 60％。计算得到当蒸汽供应温度为 120℃时，图 7-39 中热网制蒸汽系统的 COP 为 2.7，当蒸汽供应温度为 130℃时，热网制蒸汽系统的 COP 为 2.4，当蒸汽供应温度为 140℃时，热网制蒸汽系统的 COP 为 2.0。从结果可知系统的综合能效较高，有望成为蒸汽供应的新形式。

当工艺需求的加热温度较高（例如大于 150℃）时，仅使用热泵提高热网热量的温度会导致热泵温升过大，导致热泵 COP 较低或超出热泵的温升能力。此时可以将热泵产生的蒸汽再通过水蒸气压缩机，提高蒸汽的压力及温度后再输送至用热末端，从而使整个蒸汽供应系统实现更高的能源效率。不同形式的水蒸气压缩机[11]的流量、压比及效率见表 7-7。

不同形式的水蒸气压缩机对比 表 7-7

形式	入口容积流量（m³/min）	压比	效率（％）
离心式	100～10000	1.1～2.4	59～87
螺杆式	0.34～430	1.2～9	50～75
罗茨式	0.7～14.1	1.2～2.4	30～67

高温热泵产蒸汽可显著减少工业供热过程中的化石燃料燃烧及相关碳排放。尽管目前市场上高温热泵产品的种类及型号逐渐增多，但更广泛地推广应用仍存在较大障碍，包括工业用户、投资者、工厂设计师、热泵生产商等对高温热泵的技术可能性及经济可行性认识不足，设备昂贵导致投资回收期较长，一般超过 3 年，化石能源价格较低导致竞争的加热技术（燃煤、燃气锅炉）短期内经济优势明显，缺乏

适用于高温循环的全球变暖潜能值（*GWP*）低的制冷剂，缺乏试点项目及示范系统。

　　作为展望，学界及产业界普遍认为冷凝温度低于 150℃ 的高温热泵将在未来几年在市场中发展成熟。尽管目前高温热泵产蒸汽由于上述限制导致未能广泛应用，但在未来碳中和情景下上述限制会极大程度地减弱，高温热泵会占据更大的供热市场份额并承担更大的供热容量。

本章参考文献

［1］　姜光政，高堋，饶松，等 . 中国大陆地区大地热流数据汇编［J］. 4 版 . 地球物理学报，2016，59（8）：2892-2910.

［2］　朱颖心 . 建筑环境学［M］. 4 版 . 北京：中国建筑工业出版社，2016.

［3］　王维勇，黄尚瑶 等译选 . 地热理论研究基础［M］. 北京：地质出版社，1982.

［4］　J. W. Deng，Q. P. Wei，M. Liang，S. He，H. Zhang. Simulation Analysis on the Heat Performance of Deep Borehole Heat Exchangers in Medium-Depth Geothermal Heat Pump Systems［J］. Energies，13. 3（2020）：754.

［5］　J. W. Deng，W. B. Qiang，C. W. Peng，Q. P. Wei，W. L. Cai，H. Zhang. Can deep borehole heat exchangers operate stably in long-term operation? Simulation analysis and design method［J］. Journal of Building Engineering，62（2022）：105358.

［6］　叶承勇 . 浅谈电热管式电热锅炉的设计［J］. 现代制造技术与装备，2015（2）：28-29. DOI：10. 16107/j. cnki. mmte. 2015. 0053.

［7］　郭锋，夏青扬，刘杨 . 浸没式电极锅炉原理及应用［J］. 能源研究与管理，2012（2）：65-67.

［8］　张子昌 . 基于电磁感应技术的蒸汽发生器的设计与研究［D］. 青岛：青岛科技大学，2018.

［9］　Arpagaus C，Bless F，Uhlmann M，et al. High temperature heat pumps：Marketoverview，state of the art，research status，refrigerants，and application potentials［J］. Energy，2018，152：985-1010

［10］　NILSSON M，RISLA H，KONTOMARIS K. Measured performance of a novel high temperature heat pump with HFO-1336mzz-Z as the working fluid［Z］. 12th IEA Heat Pump Conference. Rotterdam. 2017：1-10

［11］　吴迪，胡斌，王如竹，江南山，李子亮 . 水制冷剂及水蒸气压缩机研究现状和展望［J］. 化工学报，2017，68（8）：2959-2968.

第8章 低碳供热最佳实践案例

8.1 山东海阳市核能供热工程

8.1.1 前言

伴随着我国城镇化快速发展，城镇供暖能耗迅速增加。我国北方城镇供暖以燃煤为主，主要由燃煤锅炉或燃煤热电厂供暖，另有少量燃气和其他形式的供热热源。随着国家能源结构调整，供暖清洁化、低碳化需求更加迫切。国家发展和改革委员会等部门在 2017 年发布的《北方地区冬季清洁取暖规划（2017—2021）》明确了核能是清洁取暖的能源形式之一，国家"十四五"规划明确了"开展山东海阳等核能综合利用示范"，中共中央、国务院于 2021 年 10 月印发的《关于完整准确全面贯彻新发展理念做好碳达峰碳中和工作的意见》也明确提出"积极安全有序发展核电""积极稳妥推进核电余热供暖"。海阳核电厂积极响应国家能源结构调整和清洁取暖要求，根据核电机组特点在国内率先开展了核能供热实践。

海阳核电厂所在的海阳市集中供热以燃煤为主，海阳核电厂为满足周边地区清洁取暖需求，在国内率先开展了大型压水堆核能供热商用示范项目的关键技术研究和工程实践。自 2019 年以来，海阳核电厂按照"一次规划，分步实施"的原则，逐步开发出满足"园区级""县域级""区域级"三种场景需求的核能供热技术，逐步推进工程落地，并推出了"暖核一号"核能综合利用品牌。

"暖核一号"一期工程作为国内首个核能对外商用供热项目已于 2019 年正式投产，"暖核一号"二期工程已于 2021 年正式投产并使海阳市成为国内首个"零碳"供暖城市，"暖核一号"三期工程作为跨区域核能供热项目将于 2023 年供暖季投运。

8.1.2 "暖核一号"一期工程

1. 工程概况

"暖核一号"一期工程是在核电厂厂区抽取辅助蒸汽系统的蒸汽作为加热热源，

加热热网循环水后供至厂外换热站。该工程于 2019 年 4 月开工建设,同年 11 月正式投运,主要为核电施工生活区、专家村及周边市政 70 万 m² 热用户供热,是国内首个核能供热商用示范工程,被国家能源局授予"国家能源核能供热商用示范工程"。

本工程作为国内首个对外供热项目,先后解决了项目审批、安全评审、环评等方面的问题。为消除公众对核电厂放射性的误解,采用冗余的安全设计、多道隔离回路、放射性出厂前的辐射监测等技术手段,并通过有效的公众沟通,取得了居民、政府及监管部门的认可。本工程开创了"核电厂+政府平台+供热企业"的联合运行商业模式,搭建了各方互惠互利的合作平台,有力保障了项目落地实施。

2. 系统设计及运行情况

"暖核一号"一期工程供热面积 70 万 m²,平均供暖热指标 45W/m²,供暖期设计热负荷 31.5MW,平均热负荷 22.4MW,供暖季全年供热量 26.5 万 GJ。抽取辅助蒸汽系统的蒸汽作为加热热源,加热热网循环水后对外供热。

辅助蒸汽系统的汽源包括海阳核电 1 号机组、2 号机组和辅助电锅炉。当核电厂有 1 台及以上核电机组正常运行时,辅助蒸汽系统的汽源来自 1 号机组或 2 号机组的主蒸汽,此时辅助电锅炉可作为供热应急热源。辅助蒸汽压力为 1.1MPa,温度为 185℃,"暖核一号"一期工程设计最大蒸汽流量为 48.2t/h。热网循环水设计供回水温度分别为 130℃和 70℃,设计压力为 1.6MPa。热网循环水侧的压力高于辅助蒸汽系统压力,即使热网加热器泄漏也不会导致辅助蒸汽系统的蒸汽进入热网循环水回路。

2019—2020 年度供暖季"暖核一号"一期工程稳定运行共计 136 天,累计供热量 28.7 万 GJ,累计抽汽量 11.49 万 t,全厂热效率由 36.69% 提升至 37.17%,每个供暖季可节约标准煤 1.1 万 t,可减排 107.2t 烟尘、184.1t 二氧化硫及 2.7 万 t 二氧化碳,环保效益显著。

8.1.3 "暖核一号"二期工程

1. 工程概况

"暖核一号"一期工程建成后,经济社会效益和环保效益突出,海阳市政府要求海阳核电厂为海阳市主城区提供清洁取暖热源,而辅助蒸汽系统的供热能力已无法满足大范围供热需求。海阳核电厂结合 AP1000 核电机组的技术特点,研究了循环水余热回收供热方案、汽轮机乏汽利用供热方案和抽取高压缸排汽供热方案，经方案比选和综合分析，确定采用抽取高压缸排汽作为加热热源的供热方案，并在海阳核电 1 号机组实施。"暖核一号"二期工程核能供热原理如图 8-1 所示。

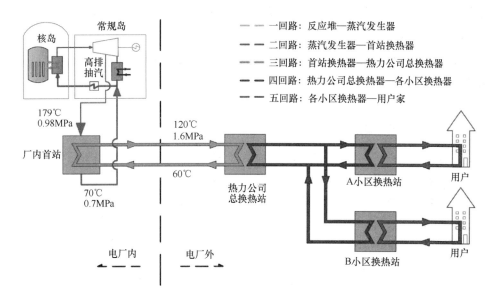

图 8-1 "暖核一号"二期工程核能供热原理图

注：此图彩色版扫目录二维码可查看。

"暖核一号"二期工程于 2020 年 11 月开工，2021 年 11 月正式投运，供热面积 450 万 m^2，设计热负荷 202.5MW，供热范围覆盖海阳市主城区。该工程已完成首个供暖季安全稳定运行，海阳市成为全国首个"零碳"供暖城市。

2. 安全评估

"暖核一号"二期工程需对汽轮机高压缸排汽管进行改造，必须全面评估高压缸排汽管改造对核岛设备安全、汽轮机安全、堆机控制、辐射防护措施等方面的影响，保障核安全及核能供热系统的安全。

在堆机控制方面，"暖核一号"二期工程开发了可靠的运行控制策略，堆机控制方案由反应堆热功率与汽轮机发电功率匹配转变为反应堆热功率与汽轮发电机电功率＋对外供热功率匹配，并研发了防止反应堆超功率的控制策略。

在辐射防护措施方面，设置了电厂与热用户之间的多重隔离回路、热网循环水回路压力高于加热蒸汽回路压力、热网循环水供热管线设置辐射监测装置等多重保障措施，确保居民用热安全。

3. 系统设计

(1) 系统主要设计参数

"暖核一号"二期工程主要为海阳市主城区供热,供热面积 450 万 m^2,平均供暖热指标 45W/m^2,供暖季设计热负荷 729GJ/h,平均热负荷 530GJ/h,供暖季全年供热量 173 万 GJ。

海阳核电 1 号机组高压缸排汽管(冷段)上的抽汽作为加热热源。图 8-2 是"暖核一号"二期工程抽汽供热系统示意图。

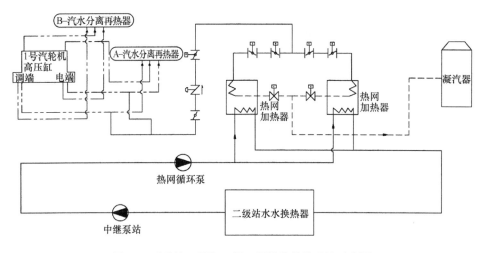

图 8-2   "暖核一号"二期工程抽汽供热系统示意图

"暖核一号"二期工程额定工况抽汽量 346t/h,平均抽汽量 251t/h。额定工况抽汽量 346t/h 占汽轮机高压缸排汽量的 6.3%,占主蒸汽量的 5.1%,因供热减少的发电量占原额定发电量的 3.9%。"暖核一号"二期工程抽汽供热系统主要设计参数如表 8-1 所示。

"暖核一号"二期工程抽汽供热系统主要设计参数   表 8-1

项目		参数
加热蒸汽	设计压力	1.15MPa.g[①]
	设计温度	186.5℃
	介质流量	额定抽汽量 346t/h
热网循环水	设计压力	1.6MPa.g
	设计温度	120℃/60℃
	介质流量	额定循环水量 2902t/h

续表

项目		参数
疏水	设计压力	1.15MPa.g
	设计温度	80℃
	介质流量	额定抽汽量346t/h
热网补水	设计压力	0.75MPa.g
	设计温度	正常补水105℃，危急补水20℃
	介质流量	正常补水量29t/h，危急补水量116t/h

① MPa.g 为绝对压力。

"暖核一号"二期工程主要包括核电厂内的供热首站、换热器间和核电厂外的供热管网工程。厂外供热管线从供热首站至海阳新老城区最末端用户，路由长度超过40km，管道材质为碳钢。本工程厂外建设2座中继泵站（实际投用一座），1处综合调度中心，沿途为11座换热站供热。图8-3是"暖核一号"二期工程供热系统示意图。

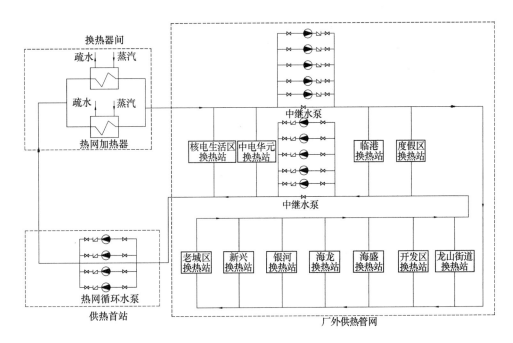

图 8-3 "暖核一号"二期工程供热系统示意图

（2）热网加热蒸汽系统

热网加热蒸汽系统设置两台卧式U形管、双流程表面式热网加热器，每台加热器带 50% 热网负荷，当一台加热器故障时可保证不低于 60% 的热负荷。海阳核电 1 号机组为四缸六排汽、单轴、湿冷凝汽式核电汽轮机，高压缸六根排汽管道，顶部两根、底部四根，两根抽汽支管在高压缸右侧（从调端看）下方两根 OD1016mm×17.48mm 排汽管上接出，抽汽支管规格为 OD559mm×12.7mm，两根抽汽支管在汽机房合并为一根规格为 OD711mm×12.7mm 的母管。在母管上设置手动隔离阀、气动止回阀及液动快关调节阀，手动隔离阀具有隔离蒸汽的作用，气动止回阀及液动快关调节阀具有防止汽轮机超速、进水的功能，供热抽汽量由液动快关调节阀及加热器入口电动蝶阀共同调节。抽取的蒸汽的疏水利用热网加热器与机组凝汽器之间的压差输送回机组凝汽器热阱，保障 1 号机组二回路水平衡。图 8-4 是"暖核一号"二期工程抽汽改造示意图。

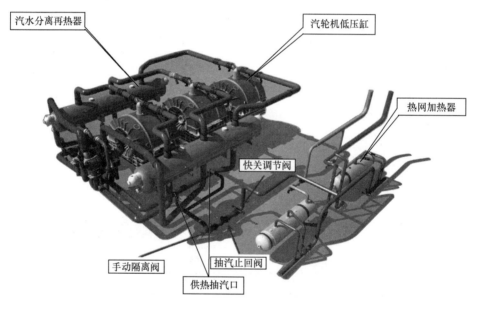

图 8-4 "暖核一号"二期工程抽汽改造示意

（3）热网循环水系统

热网循环水系统的回水通过热网循环水泵加压后送至热网加热器，被从高压缸排汽管道上抽取的蒸汽加热升温后供至厂房换热站。该系统主要包括热网循环水过滤器、热网循环水泵、管道、阀门、仪表等设备。

热网循环水系统设置 4×25% 容量的变频循环水泵，水泵为卧式、单级、双吸离心泵，水泵流量为 800t/h，扬程为 115m，不设备用。

（4）热网补水和定压系统

供热首站设置一套热网补水定压系统，包括正常补水管路和危急补水管路。正常补水管路兼做定压管路。正常补水进入除氧器除氧后，经补水泵注入热网循环水系统，给热网循环水系统补水定压。

热网补水定压系统的正常补水量为 $29m^3/h$。在核电厂水厂的二级泵房设置两台供水量为 $30m^3/h$、扬程为 $50m$ 的离心泵，一用一备，实现热网补水定压系统的正常补水。

启动或事故补水采用工业水，事故补水量为 $116t/h$。在热网事故工况下，正常补水无法满足要求时，开启危急补水阀，将工业水注入热网循环水系统。

为防止可能带有放射性的加热蒸汽进入热网循环水中，热网补水除氧器采用表面式除氧器。加热蒸汽来自厂区辅助蒸汽系统，经调压阀调压后进入除氧器。

4. 运行情况

（1）年耗热量和热负荷曲线

"暖核一号"二期工程 2021—2022 年度供暖季，稳定运行供热 143 天，实际供热面积达到 460.05 万 m^2，累计供热量 197.6 万 GJ。根据供暖季气象统计数据，全年供暖季热负荷曲线如图 8-5 所示。

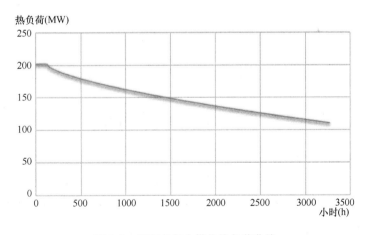

图 8-5　海阳市集中供热热负荷曲线

（2）供热首站运行情况

高压缸排汽为非调整式抽汽，抽汽参数为 $346t/h$、$0.98MPa$、$179℃$，实际运行疏水温度范围为 $50\sim60℃$。为保证核电机组安全运行，当机组反应堆功率调整时，对外供热量应做相应调整。机组反应堆功率在 90% 及以上负荷时，允许抽汽量346t/h,机组反应堆功率在75%及以上负荷时,允许抽汽量259t/h,机组反应堆功率在50%及以上负荷时,允许抽汽量196t/h。

供热首站最大循环水流量为2902t/h,设计供回水温度为120℃/60℃,设计最大供热量为729GJ/h。运行期间,调度中心要求供水温度原则上不超过100℃,原设计温度和流量将无法满足供热量需求。为保证对外供热量,海阳核电结合循环水泵的流量特性,将最大热网循环水流量调整为3500t/h,可根据室外气温和用户热负荷需求,对循环水流量进行适应性调整。

根据首个供暖季运行数据分析,供暖季初末寒期,实际运行循环水流量在设计流量2902t/h上下浮动。12月下旬至供暖季结束,循环水流量基本维持在3500t/h,该流量大于设计流量,主要是由于厂内设计循环流量对应的温差参数与厂外实际供回水温差不匹配导致,系统必须加大循环流量,以输出设计供热能力。中继泵站供暖季瞬时流量如图8-6所示。

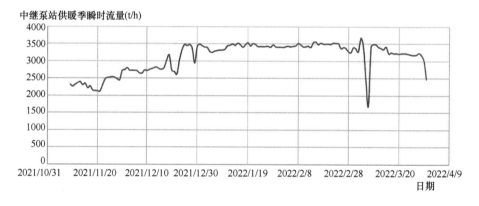

图8-6　供热首站循环水流量曲线

（3）厂外供热管网运行情况

热网循环水系统的供水温度需根据室外温度进行调节,因为供热面积大,供热管线长,必须提前预判用热计划量。2021—2022年度供暖季,厂外供热管网实际运行温度供水温度范围为90～100℃,回水温度范围为40～50℃,供回水温差约50℃。图8-7是供热首站供暖季运行供回水温度曲线。

该供热系统采用中继泵站加压,依据运行数据分析,中继泵站进口压力约0.95MPa,出口压力约0.5MPa,加压泵扬程约45～50mH₂O,运行参数达到设计要求。运行期间,并未发生断电、停泵等故障。图8-8是供暖季中继泵站供回水压力曲线。

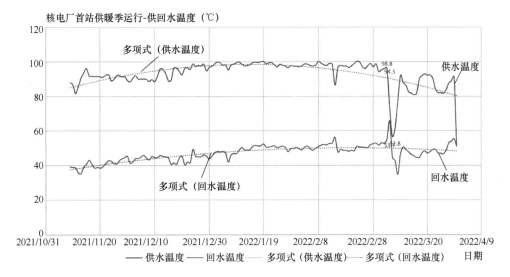

图 8-7 供热首站供暖季运行供回水温度曲线

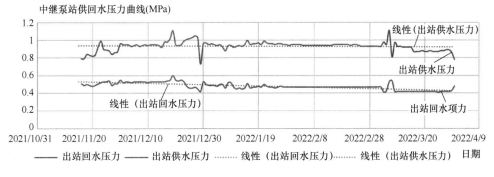

图 8-8 供暖季中继泵站供回水压力曲线

（4）经济社会效益

"暖核一号"二期工程投产后，代替了海阳市 12 台区域供热燃煤锅炉，首个供暖季供热面积近 500 万 m²，稳定运行供热 143 天，居民取暖费用每平方米减少了 1元，经济效益和社会效益显著。表 8-2 是"暖核一号"二期工程替代燃煤锅炉后的减排效果，供暖季空气中 PM2.5 下降了 16%，天气优良率上升了 17%，环保效益十分显著。

"暖核一号"二期工程替代燃煤锅炉后的减排效果　　　　　　表 8-2

项目	单位	数值
折算节约原煤量	万 t	18
CO_2	万 t	33

续表

项目	单位	数值
NO$_x$	万 t	2021
SO$_2$	万 t	2138
烟尘	万 t	1243
环境排放热量	万 GJ	150

8.1.4　推广应用情况

海阳核电成功投用国内首个核能供热商用示范项目，解决了核能供热"技术开发"和"项目落地"两大难题，公众、行业和政府切切实实看到了核能供热的优越性，为核能供热技术应用赢得了良好的政策和舆论氛围。

为满足更大范围、更远距离核能供热需求，海阳核电厂正在对海阳核电 2 号机组开展"暖核一号"三期工程（设计热负荷 900MW）改造相关工作，工程投运后，可实现向烟台、威海等地跨区域核能供热。海阳核电厂结合胶东半岛清洁取暖需求，在确保安全的前提下，在后续核电机组积极布局核能供热项目，3 号、4 号机组正在开展核能供热相关初步设计，5 号、6 号机组也已将核能供热项目纳入规划。

继海阳核电投运"暖核一号"一期工程之后，2021 年，秦山核电与海盐县共同建设并投运了浙江海盐核能供热示范工程。2022 年 11 月，红沿河核电正式投运东北地区首个核能供热项目，实现红沿河镇清洁取暖。可以预期，今后一段时间，大型压水堆核电机组核能供热技术将得到进一步发展。

编者评论：

（1）这是国内第一个规模化实施的核供热项目，从 20 世纪 90 年代开始提出的核供热工程到现在终于迈出了这最重要的一步！通过实际工程，在核能是否能够供热，居民能否接收核供热，核供热是否具有经济性等问题上，给出了基于实际工程的具体答案。

（2）这是直接把核岛输出的源蒸汽经过汽水换热器对外供热的方式，如果对于源蒸汽来说发电效率为 40%，那么这个项目等效于电动热泵的话，其等效 $COP=$ 2.5。这就是说，即使是没有利用高品位热量发电，其能源利用效率也接近目前常见的热泵方式。而如果利用经过高压缸发电之后的低压蒸汽换热，其等效 COP 会增加到 5 以上。

（3）通过调整源蒸汽抽汽量和进入汽轮机用于发电的蒸汽量，可以有效调整瞬间热电比。对于这样规模的供热系统，由于其巨大的热惯性，并不要求恒定供热，而只要保证一天内供热总量满足供热负荷需求即可。这样就可以根据电力供需平衡变化，快速调节核电机组输出的电功率，而堆功率不变。核电供热机组可以参与一天内的电力调节。

8.2　赤峰市降低回水温度实践

8.2.1　背景

赤峰市集中供热系统目前（截至 2022 年年底）供热面积 6200 万 m^2，供热热源主要由热电联产电厂、背压机电厂和调峰锅炉组成，其中热源如表 8-3 所示。根据城市发展规划，到 2030 年前后供热面积将增加到 8900 万 m^2，即使加大建筑的节能改造力度，建筑综合热指标由目前的 38W/m^2 降低到 33W/m^2（耗热量 0.35GJ/m^2），仍存在严重热源短缺问题，而目前的京能热电厂和赤峰热电均为 2×135MW 机组，且面临运行期限较长和达不到超低排放要求的问题，属于按照政策需关闭的热电厂，而赤峰市又不可能再建设新的热源，这就使得未来的热源短缺成为赤峰市供热必须面对的严峻问题。面对国家低碳发展的大形势，如何挖掘利用各种可能的余热资源解决热源不足问题，成为赤峰市集中供热必须选择的道路。

首先摸清周边有哪些可开发利用的余热资源。表 8-3 中列出了经调查得到的目前的热源状况和未来可以开发利用的余热资源，并描述了回收余热所需的回水温度条件。

可能增加的供热热源潜力与条件　表 8-3

热源名称	热源情况简述	现状供热能力（MW）	远期供热能力（MW）	增加供热能力的回水温度条件
远联钢铁厂	钢铁产能 300 万 t/年	94	94	
东山园区工业余热	铜产能 66 万 t/年，氧化铝产能 650 万 t/年	—	1300	回水温度<25℃，循环流量达到 25000t/h
东山园区电厂	2×350MW 空冷	580	810	回水温度<40℃
京能热电厂	2×135MW 水冷	300	387	回水温度<35℃
赤峰热电厂	2×135MW 水冷	250	250	
新城热电厂	2×300MW 空冷	600	786	回水温度<35℃

续表

热源名称	热源情况简述	现状供热能力（MW）	远期供热能力（MW）	增加供热能力的回水温度条件
富龙背压机	50MW	300	250	
松山背压机	50MW	275	300	
合计		2399	4177	

通过改造能够增加供热能力的热源主要有两类：

（1）燃煤热电机组。目前供热方式下，仍有 25％左右热量从冷端排出。如果回水温度降低，就可以进一步回收冷端余热，直至回收全部余热。图 8-9 为 300MW 纯凝机组余热回收的基本流程。在供水温度 100℃的条件下，不同回水温度对应的热量输出能力如图 8-10 所示，可以看出，供热能力提高的关键是降低热网回水温度。

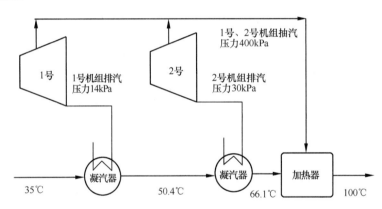

图 8-9　热电厂乏汽梯级串联回收工艺

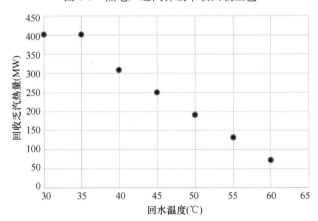

图 8-10　回收乏汽热量随热网回水温度的变化

（2）冶金和有色金属产业的余热回收利用。以铜冶炼为例，赤峰市原来成功回收金剑铜厂余热作为集中供热热源，现该铜厂迁址入驻赤峰东山园区。铜厂大量余热产自矿渣冷却、多种工艺冷却、烟气热量回收以及作为产品的铜锭冷却。图8-11为铜冶炼过程的余热资源类别及其温度分布，可以看出，大部分热量集中在30~70℃，随回水温度降低，可直接回收的热量如表8-4所示，由此可知随回水温度降低可回收余热量迅速增加。

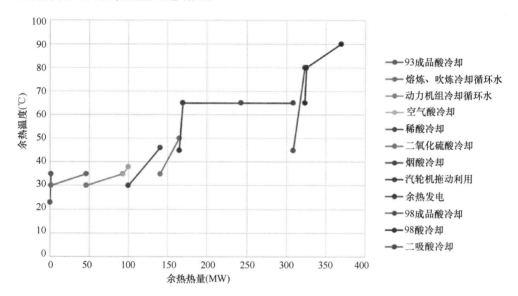

图8-11　铜厂余热分布情况

注：本图的彩色版可扫目录二维码查看。

铜厂余热回收率随热网回水温度的变化　　　　表8-4

回水温度（℃）	余热回收量（MW）	直接换热余热回收率（%）
20	297.1	80%
30	228.8	62%
40	204.4	55%
50	126.8	34%

经测算，若中心城区热网回水温度降低到35℃，将可回收工业余热1333MW（其中东山园区铝厂及铜厂余热1239MW，远联钢厂余热94MW）。再协同热电联产对中心城区进行供热，则在2030年以前可满足全市建筑面积继续发展带来的热源增长需求。

2030年赤峰热负荷需求为3110万GJ，回收工业余热及电厂乏汽余热1510万

GJ，热电联产提供 1600 万 GJ。按照低碳发展规划，2030 年以后赤峰中心城区的背压机，135MW 小容量及水冷热电机组将逐步关停，规模为 300MW 及以上的燃煤机组也逐渐由主力电源转型为配合赤峰市新能源发电的调峰机组，年运行小时数大幅减少，必然要出现一部分弃风、弃光电力（预计占全年风、光发电总量的 7%～8%）。按照赤峰风、光电的加权平均年利用小时数 2000h 计算，当风、光电规模达到 3000 万 kW 后，年弃风、弃光量可达 44 亿 kWh，折合热量 1600 万 GJ。由于弃风、弃光主要发生在春季，此时供热需求较小或者已经停止供热，因此为了利用这部分能量，有必要建设跨季节储热设施，将这部分弃风、弃光电力转化为热量储存起来，供暖季予以释放利用。此外，跨季节储热设施同时还可以储存非供暖季产生的工业余热和电厂余热，从而大幅度提高余热回收设备、厂内管网和长距离输送管线的运行小时数，可有效缩短投资回报期。东山园区各工业冷却设施也可以全年获得热网水对其稳定的散热作用，避免不同季节之间的工艺转换，并显著减少冷却用水量的消耗。

因此，未来随着跨季节储热设施的建成和规模随着需求而逐步扩大，就可以仅仅依靠工业余热、"热电协同"运行电厂的乏汽余热和少量抽汽热量、跨季节储热的热量，实现零碳供热。假设 2035 年赤峰中心城区热量总需求是 3500 万 GJ（对应 1 亿 m² 供热面积），非供暖季储存弃风、弃光转化热量和工业余热 1300 万 GJ，将储热水池水温提高至 90℃（工业余热仅可以将水温加热至 70℃，为达到合适的储水温度，必须依靠弃风、弃光提升水温），供暖季由工业余热、燃煤调峰电厂乏汽余热和少量抽汽承担基础负荷，共计 2200 万 GJ。由储热池在严寒期承担调峰负荷，共释放 1300 万 GJ 跨季节储存的热量（表 8-5、表 8-6）。

2035 年非供暖季储热热量构成　　　　　　　　　　表 8-5

储热热量来源	储热量（GJ）	占比
弃风、弃光转化热量	370	28%
工业余热	930	72%

2035 年赤峰中心城区预计全年供热量构成　　　　　　表 8-6

热源类别	全年供热量（GJ）	占比
跨季节储热（包括弃风、弃光转化热量和非供暖季工业余热）	1300 万	38%
供暖季工业余热	1100 万	31%
供暖季电厂乏汽和抽汽（电厂按热电协同模式运行，深度电力调峰）	1100 万	31%

采用开式蓄水池储热，最高温度不能超过90℃，储热量正比于高低温之差。当回水温度为20℃时，储热温差可达70K，而如果回水温度为55℃时，储热温差仅为35K，储存同样的热量需要的热水池体积相差一倍。因此跨季节储热的关键也是降低回水温度。

根据上面分析，实现热源挖潜的关键就是把一次网回水温度降低，根据热源的变化，可分为三步：近期从目前的45℃降低到35℃，2025—2030年间进一步降低到25℃，到2030年以后逐步使其降低到20℃以下。这就成为赤峰实现集中供热热源低碳发展的主要任务。综合考虑城市发展需要和能源革命大势，赤峰市政府于2021年出台了降低热网一次回水温度的政策。

8.2.2 中心城区实施大温差供热方案的推进过程

1. 大温差供热方案实施的必要性

基于上节分析，2019年10月内蒙古自治区供热工程技术研究中心（以下简称"工程中心"）向赤峰市政府作了《关于赤峰中心城区低品位余热供热的必要性与可行性初步研究》的报告，标志着大温差供热项目启动，后续在政府的主导下有序推进（图8-12）。

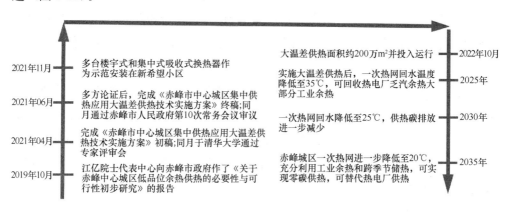

图 8-12　方案实施进度时间轴

2. 项目实施过程

（1）实施方案形成

政府会议听取工程中心汇报后统筹由工程中心作为技术团队深入调研中心城区范围内热力单位、热源现状并获取了大量基础信息，经多次由政府统筹，热力单位、热源单位和技术团队参与的技术方案讨论会，多方达成一致后逐步形成实施方案初步材料。

2021 年 4 月 1 日赤峰市人民政府第四次常务会上审议了"关于中心城区集中供热推广应用大温差供热技术有关事宜"的议题，会议指出"随着赤峰市经济社会的快速发展，中心城区供热能力将不能满足未来的需求。鉴于热源项目建设周期长，投入大，同时考虑到赤峰市能耗双控形势严峻，应尽早谋划新型供热技术用于热源建设。大温差供热技术节能环保、时间可控、供热成本低，符合赤峰市实际需要"。会议原则同意市住房和城乡建设局关于在中心城区应用大温差供热技术的建议，聘请第三方专业机构对具备资质的大温差供热技术企业进行综合性评估，形成相关报告，在评估报告的基础上，制定严谨周密的中心城区大温差供热项目实施方案，提交市政府审议。

根据赤峰市人民政府第四次常务会会议的决议，赤峰市住房和城乡建设局委托中国城镇供热协会于 2021 年 4 月 20 日在北京组织召开对技术团队服务能力和实施方案的评审论证会。与会专家一致认为，工程中心编制实施方案的技术能力及长期为赤峰市中心城区推广应用大温差供热技术提供技术咨询服务的能力。另外，专家一致认为实施方案充分利用周边热电联产电厂和工厂的余热，契合国家"碳达峰、碳中和"的目标，环境社会效益突出，经济效益良好，技术路线先进合理。方案做到了因地制宜，充分考虑了赤峰本地的各方面因素，符合相关要求，具备较强的可实施性，能够解决未来 10 年新增建筑用热需求，且投资少，供热成本低，节能环保，时间可控。

在政府整体统筹推动下，技术团队深入调研分析并严谨翔实制定实施方案，热力、热源单位参与，经多方评审后于 2021 年 6 月 25 日提请至赤峰市人民政府 2021 年第 10 次常务会。会议审议并原则同意了"关于中心城区集中供热推广应用大温差供热技术评审论证及有关事宜"的议题，经此次会议后实施方案在中心城区范围内得到实施。

（2）实施措施

《实施方案》以政府统筹，企业参与，方案编制团队技术指导的方式实施，根据政府会议内容包括热源、热网、热力站、供热规划及技术指导等方面：

1）会议原则通过实施方案，实施所需资金以企业自筹和政府补助相结合的方式予以解决。

项目概算投资约 5.93 亿元，其中热源侧投资约 1.44 亿元，由热源企业（热电联产电厂）自筹，热网侧投资约 3.94 亿元，按政府补助和热网企业自筹相结合的方式解决，包括新建供热管线和既有换热站改造费用。其中新建热力站全部采用大温差供热技术。

2）政府组织热源、热网企业重新议定热量结算方式，提交市政府审议。通过实施大温差供热，降低热网回水温度回收低品位余热，热源单位和热网单位同时受益，调动了企业的积极性。采用单一来源采购方式，聘请技术团队做 5 年技术指导服务。

3）尽快启动修订中心城区供热专项规划（2021—2030 年），启动东山园区工业余热利用项目，加快推进东山园区热电厂部分区域供热管网建设。

（3）围绕降低回水温度的改造方案

降低回水温度主要依靠：①采用吸收式换热器，使一次、二次网的温度从目前的 90℃/45℃ 与 55℃/40℃ 降低到 90℃/25℃ 与 50℃/40℃；②通过建筑节能改造和终端换热装置的改善，使二次网温度降低到 45℃/35℃，从而一次网温度进一步降低到 90℃/20℃。

回水温度降低分三个阶段进行，分别为：①近期一次热网回水由当前 45℃ 降低至 35℃ 回收电厂乏汽余热满足新增负荷需求；②2025—2030 年一次热网回水进一步降低至 25℃，回收工业余热满足 2030 年城区建筑供热负荷需求并替代区域锅炉房；③2030—2035 年热网回水温度逐步降至 20℃，开始建设跨季节储热设施，储存非供暖季低品位余热和弃风、弃光转化热量，逐步替代规模相对较小的热电厂。2035 年随着规模较大的电厂的功能逐渐转变为电网调峰（模式转变为"以电定热"或"热电协同"），需建设较大规模的跨季节储热装置以补偿大型电厂供热能力的下降，最终实现零碳供热。具体阶段如下：

1）近期（至 2025 年热网回水由 45℃ 降低至 35℃）对于新建建筑，在建设时就安装吸收式换热机组，从而使一次网回水温度降低到 25℃ 以下，这时可以采取楼宇式换热方式，每座建筑配置一台换热机组，也可以直接在热力站安装吸收式换热机组，替代原有的换热器。对于既有建筑，由于各种原因很难一次性全面完成改造。这样，就只能靠增大热力站换热能力并调节一次网流量，尽可能降低其一次网回水温度，力争回水温度不高于 40℃。新建项目的 25℃ 的低温回水与既有热力站的 40℃ 回水混合，在新建项目比例小的情况下，到热源厂的温度为 35℃。近期新城电厂和东山园区电厂供热流程如图 8-13、图 8-14 所示。

2）热网水降至 25℃（2025～2030 年）

在前期的基础上随着新增项目的增加，总的回水温度将进一步降低。当进一步

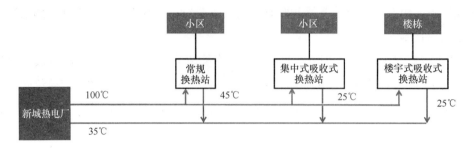

图 8-13 新城电厂供热区域一次管网回水温度

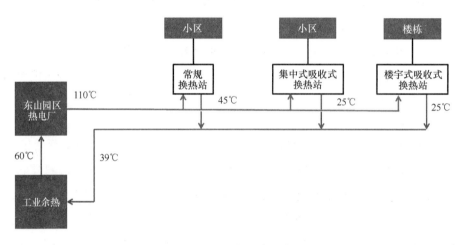

图 8-14 东山园区热电厂及工业余热供热区域一次管网回水温度

对既有热力站进行改造,把换热器改为吸收式换热或取消热力站转为楼宇式吸收换热后,就可以逐渐把总的回水温度降低到 25℃。2030 年赤峰热负荷需求为 2800MW(集中供热面积 8900 万 m²),可回收的工业余热超过 1100MW,工业余热作为基础热源并替代区域锅炉房,热电联产作为调峰热源。

3)远期(2030 年以后)

通过建筑节能改造、改善优化终端换热装置及智慧供热等技术,使二次网温度由 50℃/40℃降低到 45℃/35℃,从而一次网温度进一步降低到 90℃/20℃,2035 年以后实现一次网回水温度 20℃。在此温度下,风光弃电、工业余热等热量等都可作为储热热源,为实现零碳供热提供了可行性。例如当风电场规模达到 1000 万 kW 后,年弃风量可达 20 亿 kWh,折合热量 700 万 GJ,可满足 1/5 的城区供热需求(满足 2000 万 m²),未来赤峰风光电发电规模将达到 3000 万 kW,对应弃电量约 44.55 亿 kWh(最大可满足 4500 万 m²)。此阶段,逐步关闭小燃煤电厂,减少拟保留大电厂的运行小时数，跨季节储热规模也不断增长，同时工业余热供热能力由 1000MW 扩大至 1400MW。最终依靠跨季节储热协同工业余热和调峰电厂的热量就能满足未来赤峰中心城区的供热需求。

8.2.3　中心城区实施大温差供热后收益及热量结算方式

大温差供热实施主要参与方分别为富龙热力有限公司、新城富龙热力有限公司、新城热电厂、东山园区电厂和工业余热工厂。降低热网回水温度能够回收电厂乏汽余热和工厂工业余热，其中工业余热可通过计量购买商业行为解决，而电厂乏汽余热部分涉及多方共同技术改造和投资，以参考回水温度和利益分配解决。

1. 参考回水温度法

方法：电厂与热力公司之间的热量结算设定一个参考温度，参考温度以上热量为正常计费的结算热量，参考温度以下的热量不计费用。

2. 电厂优先回收投资后，余热收益协商比例分配

方法：按比例分配乏汽余热回收所产生的效益，不同占比经济性如表 8-7 所示。

不同占比对应经济性　　　　　　　　　　　表 8-7

分配比例（热力公司/热电厂）	1∶1	6∶4
对应热价（元/GJ）	10.64	8.512
全年余热量（万 GJ）	395.28	395.28
电厂收益（万元）	4205.78	3364.62
电厂成本（万元）	2693	2417
电厂利润（万元）	1512.78	947.62
电厂初投资（万元）	8500	8500
电厂回收年限（年）	5.62	8.97
热力公司收益（万元）	4205.78	5046.94
热力公司成本（万元）	1675	1951
热力公司利润（万元）	2530.78	3095.94
热力公司初投资（万元）	28058	28058
热力公司回收年限（年）	11.09	9.06

余热全年供热量为 395.28 万 GJ，不分摊情况下电厂每年收益 4460 万元，2 年内收回成本（电厂初投资 8500 万元）。电厂投资回收后，按照比例对余热热价进行调整，例如热力公司与电厂余热分配比例 1∶1、6∶4 分别对应余热计价为 10.8 元/GJ、8.6 元/GJ。

目前在政府的主导下，热力公司与电厂正积极推动以参考回水温度法进行利益

分配，参考回水温度由政府组织各方协商确定。

8.2.4　中心城区实施大温差供热远期效果及示范效果

2020—2021 年供暖期中，20 台楼宇式吸收式换热器机组用于赤峰市中心城区范围内 5 个小区热力站进行供热，供热面积共计 221758m²，机组规格 200～600kW 不等，11 台集中式吸收式换热机组用于 9 个小区，供热面积 748916m²，全部采用大温差热力站供热面积约 100 万 m²。

1. 楼宇式吸收式换热机组

2021—2022 年供暖季典型楼宇式吸收式换热机组运行工况选用赤峰市中心城区某新建楼宇式大温差热力站运行工况（图 8-15）。

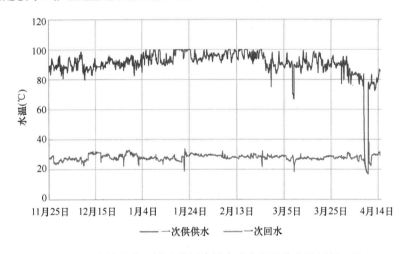

图 8-15　赤峰市中心城区某新建楼宇式大温差热力站运行工况

数据采集时段为 2021 年 11 月 25 日至 2022 年 4 月 15 日，运行时段一次网回水温度能够稳定地保持在 30℃以下（除特殊情况如切换热源）。整个供暖季时段内在一次热网平均供水温度为 90.6℃条件下，一次热网平均回水温度为 27.9℃。对应二次网平均供水温度为 45℃，满足热用户冬季供暖供热需求。

2. 集中式吸收式换热机组

2021—2022 年供暖季典型楼宇式吸收式换热机组运行工况选用赤峰市中心城区某新建楼宇式大温差热力站运行工况（图 8-16）。

数据采集时段为 2021 年 11 月 25 日至 2022 年 4 月 15 日，运行时段内一次网回水温度基本维持在 30℃以下（除个别调节工况外）。整个供暖季时段内在一次热

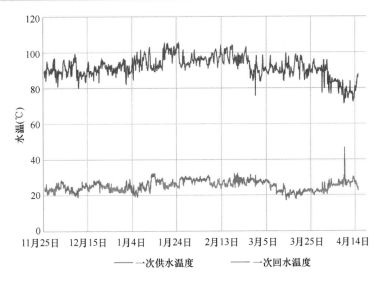

图 8-16　赤峰市中心城区某新建集中式大温差热力站运行工况

网平均供水温度为 91.6℃ 条件下，一次热网平均回水温度为 25.4℃。对应二次网平均供水温度为 42.5℃，满足热用户冬季供暖供热需求。

统计 2021—2022 供暖季全部大温差换热站运行工况数据如表 8-8 所示：

2021—2022 供暖季大温差热力站运行工况统计　　　　表 8-8

机组类型	供暖期平均一次供水温度（℃）	供暖期平均一次回水温度（℃）
集中式大温差机组	90.3	25.6
楼宇式大温差机组	91.7	26.7

新城热电厂热源中采用大温差供热技术供热面积 433011m²，严寒期一次回水温度较使用常规换热方式下降低 0.6℃。

3. 既有热力站改造

对新城热电厂和东山园区电厂供热区域内热力站进行改造，对 90 座热力站换热器进行增加换热器换热面积的措施，增加换热器面积后热力站投入使用后，严寒期时段板式换热器端差小于 5℃ 且一次热网回水温度低于 45℃。

8.2.5　综合效益

《赤峰市中心城区集中供热应用大温差供热技术实施方案》的实施产生了多方面的效益，包括解决提升中心城区管网调节输配能力，解决城区未来 10 年供热需求，具有较好的经济效益，环境效益等。

　　方案实施后通过新建大温差站或大温差改造，2022—2023 年供暖季相较于 2019—2020 年供暖季，赤峰市中心城区回水温度已有小幅降低，其中新城热电厂供热区域严寒期回水温度已由 45℃以上降低到 43.5℃。其中楼宇式吸收式换热机组回水温度已稳定在 25℃左右，未来通过建筑节能改造、改善优化终端换热装置及智慧供热等回水温度可逐步降低至 20℃。

　　楼宇式吸收式换热器的使用，取消了常规间连系统的二级网，一级网直接敷设至楼栋口，由于一级网运行供回水温差较大，因此减少了这部分管网的投资。分散的楼宇式吸收式换热器取代集中式换热器，降低了楼栋间由于供热不平衡造成的热损失（占供热量的 5%～10%）。楼宇式吸收式换热器还可以实现热量的按楼栋计量，同时由于各楼栋均可以实时监控，对应二级网的补水量显著减少。

　　规划至 2030 年（对应 8900 万 m² 供热面积）赤峰中心城区供热能源结构为工业余热及电厂乏汽余热 1720 万 GJ，热电联产提供 1530 万 GJ。从表 8-9 可知，相较于现状热电联产供热模式节约燃煤 34.47 万 t/年，减少颗粒物排放 62t/年，二氧化硫排放 217.2t/年，氮氧化物（以 NO_2 计）排放 310.2t/年，规划至 2035 年（对应 1 亿 m² 供热面积）赤峰市中心城区供热热量来源于非供暖季储存弃风、弃光转化热量和工业余热 1300 万 GJ，供暖季由工业余热、燃煤调峰电厂乏汽余热和少量抽汽 2200 万 GJ（承担基础负荷），相较于热电联产节约燃煤 68.74 万 t/年，减少颗粒物排放 123.6t/年，二氧化硫排放 433.1t/年，氮氧化物（以 NO_2 计）排放 618.6t/年。

<table>
<tr><td colspan="5" align="center">节约燃煤减排量表　　　　　　　　　　　　　　　　表 8-9</td></tr>
<tr><td>年份
（年）</td><td>减碳量
（万 t/年）</td><td>颗粒物排放
（t/年）</td><td>二氧化硫排放
（t/年）</td><td>氮氧化物（以 NO_2 计）排放
（t/年）</td></tr>
<tr><td>2030</td><td>96.3</td><td>62</td><td>217.2</td><td>310.2</td></tr>
<tr><td>2035</td><td>192</td><td>123.6</td><td>433.1</td><td>618.6</td></tr>
</table>

8.3　海阳核电厂水热同产同送的工程示范

　　为开展水热同产同送系统的工程示范，2020—2021 年在海阳核电厂建成了小型水热同产同送的示范工程，是首个水热同产同送技术的示范工程。

　　水热同产同送系统原理已在第 7.1 节进行过介绍，整个示范工程的系统原理即如图 7-1 所示，整个系统由水热同产装置、水热同送单管系统和末端的水热分离装置所组成。

　　示范工程的水热同产装置由一台多级（16 级）闪蒸水热同产海水淡化装置和一台多效（14 效）蒸馏水热同产海水淡化装置所组成，多级闪蒸水热同产装置和多效蒸馏水热同产装置的设计产水量均为 3t/h，两台装置总的额定产水量为 6t/h。两台装置均为立式结构，安装在一起，如图 8-17 所示。

图 8-17　水热同产装置照片

（a）装置照片；（b）水热同产装置位置（临近首站）；

（c）多级闪蒸装置局部照片；（d）多效蒸馏装置局部照片

　　水热同产装置位于海阳核电供热首站的旁边，其驱动源为核电机组的辅汽，蒸汽压力为 0.7MPa。

　　水热同产装置的实测性能以多级闪蒸水热同产装置为例，实测多级闪蒸水热同产装置的热淡水产量为 1.5～3t/h，热淡水温度 85～100℃，装置耗电量 1.3～1.4kWh/m³ 淡水，通过总输入热量减去排热量反算得到的装置热效率 84.5%。所研发出的装置可连续稳定运行。多级闪蒸水热同产装置产水电导率稳定在 $1\sim5\,\mu s/cm$ 之间变化，如图 8-18 所示，产出高品质淡水，远优于常规生活饮用水水质。经过水质检测单位检测，106 项指标全部满足生活饮用水标准，并且远优于生活饮用水的标准。多效蒸馏水热同产装置的实测性能也较好，106 项水质指标也全部满足生活饮用水标准，实测热效率也达到设计水平。两台水热同产海水淡化装置较好的满足了制备高品质热淡水的需求。

图 8-18　多级闪蒸水热同产装置水质检测报告和实测产水电导率

　　由水热同产装置制备出的热淡水通过单管输送至核电的专家村，输送距离为 10km，单管管径为 80mm。该管径选型偏大，导致热淡水流量偏小时，降温幅度较大，未来的工程应选择合理的管径以避免过大的热损失。

　　热淡水输送至专家村后，通过吸收式换热器实现水热分离，如图 8-19 所示，

图 8-19　位于核电专家村的
水热分离装置

为专家村的接待中心供暖，接待中心的建筑面积约为 1 万 m^2。经过水热分离装置，高温热淡水能降低到末端二次网回水温度之下（25℃），将热淡水热量用于末端建筑供暖，而水热分离后的常温淡水送往专家村接待中心的淡水箱，水箱与饮水机相连，为饮水机提供直饮水。

　　该水热同产同送的示范工程于 2021 年初建设完成，于 2021 年 4 月首次运行，成功实现了利用水热同产装置制备的热淡水经过 10km 的单管淡水输送管路输送至专家村为接待中心供暖。该系统在 2021 年冬季和 2022 年冬季再次运行，在 2022 年冬季实现了连续送水至专家村。该示范工

程成功完成了水热同产同送系统的初试，同时提出了系列问题，对水热同产装置未来的优化和产品研发以及未来水热同产同送技术的发展都提供了重要的工程基础。

8.4 青岛顺安热电厂供热与污水净化协同案例

8.4.1 背景

国家标准对环保要求日益严格，2017 年 1 月发布的《火电厂污染防治技术政策》鼓励火电厂实现脱硫废水不外排。同时，电厂用水效率需要提升。2015 年 4 月《水污染防治行动计划》（简称《水十条》）要求电力行业发展再生水利用，提高水资源利用效率。2017 年 1 月《节水型社会建设"十三五"规划》提出限制火电厂发电水耗。

青岛顺安热电有限公司现有 $2 \times 75t/h$、$1 \times 130t/h$、$2 \times 116MW$、$1 \times 168MW$ 共计 6 台燃煤锅炉，其中前 3 台为蒸汽锅炉，后 3 台为热水锅炉。168MW 热水锅炉采用独立烟囱，采用一套单独的石灰石－石膏法脱硫系统，另外 5 台锅炉共用一套氧化镁法脱硫系统。6 台锅炉只有供暖季运行，非供暖季停运。

两套湿法脱硫系统都会在运行过程中产生一定的脱硫废水，现状是经过物理沉淀进行初步地脱除废水中的固体物质之后直接排放。排放的废水中仍然有大量的各色离子，具有一定的生物毒性以及难以降解，会对水资源环境造成一定的影响。

镁法脱硫废水中主要成分为硫酸镁，硫酸镁溶解度较大，因此经过压滤之后的废液中，主要成分为 Mg^{2+}、SO_4^{2+}，此外还包含大量的 Cl^- 和一定量的 Pb、Hg、Fe、Cu 等金属离子，以及一定量的 HCO_3^-，年排放废水约 35000t，供暖季 140天，平均排水量为 10.4t/h。本项目对镁法脱硫系统产生的脱硫废水进行处理，目标是将废水处理成可利用的净水和固态盐。该技术同样适应于石灰石-石膏法脱硫系统的废水净化。

本项目根据青岛顺安热电有限公司冬季供暖期运行的现实条件，提出了基于吸收式热泵和多级闪蒸冷凝相结合的技术路线，以蒸汽驱动的吸收式热泵回收末级闪蒸余热用于供热，并将净化水用于热网补水。根据上述思路研发制作了专用设备，建设了净水产量 8t/h 示范工程，运行结果证明，本项目实现了低能耗、低成本废水净化的目的，既能满足环保要求，还可以回收利用废水，提高电厂水资源利用效率。

8.4.2 技术路线确定

1. 路线比选

传统的废水处理技术依照浓缩方法的不同，可以分为热法和膜法[1-3]。

膜法工艺主要利用了膜的选择透过性，通过改变两侧渗透压/电位差实现废水浓缩。只能作为浓缩减量工艺应用，浓缩后废水含盐量最高为 15%～20%。该工艺对预处理要求严格，加药成本高，流程复杂，占地面积大。

热法工艺利用加热蒸发的方式对废水进行浓缩，可以采用蒸汽、电、烟气热量作为热源。既可以用于废水浓缩，也可以用于固化结晶，且水质适应性强，预处理费用低。缺点是建设投资大，运行能耗高，占用场地大，采用烟气热量时还影响锅炉烟风系统的运行。

本项目在传统热法工艺的基础上进行了改进，增加了吸收式热泵余热回收系统，将热法工艺产生的低温冷凝热回收用于加热热网水，同时将产生的净水作为热网补水，一定程度上克服了传统热法工艺能源利用效率低、运行费用高等缺点。

2. 工艺流程

本项目基本工艺流程如图 8-20 所示，主要由六级闪蒸/冷凝器、汽/水加热器、吸收式热泵、污水箱、涡旋分离器、沉淀池（室外）等部件组成。来自脱硫系统压滤机的含盐污水首先进入污水缓冲箱，与来自室外沉淀池的浓盐水混合，再与最末一级闪蒸器出来的再循环液混合后进入各级冷凝器逐级串联加热，再进入汽/水加热器被汽轮机抽汽加热到要求温度，然后顺次进入各级闪蒸器闪蒸浓缩，随着液体浓度增加、温度降低，后面两级闪蒸器中会有固态硫酸镁晶体析出，形成结晶悬浊液，最后一级闪蒸器流出的液体一部分作为再循环液返回系统再次加热浓缩，另一部分悬浊液进入涡旋分离器浓缩，浓悬浊液流入室外的沉淀池（或分离机），其中

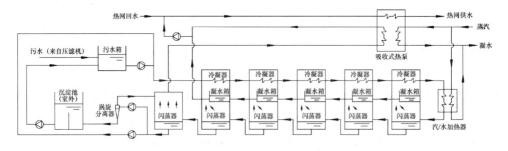

图 8-20　基本工艺流程示意图

的固态硫酸镁晶体沉淀析出，产生的清液（浓盐水）返回污水箱，与来自压滤机的污水以及再循环液混合后返回系统进一步闪蒸结晶，各级闪蒸器蒸发出来的水蒸气进入对应的冷凝器预热盐水，水蒸气冷凝，凝水落入下面的凝水箱，最后一级闪蒸器蒸发出来的低压低温水蒸气进入吸收式热泵蒸发器，在蒸发器管内冷凝放热，其凝水与各级冷凝器的凝水汇合后作为补水由补水泵送入热网回水中，来自电厂汽轮机的抽汽作为加热源分别进入吸收式热泵发生器和汽/水换热器，凝水汇合后经疏水泵返回电厂热力系统，热网回水进入吸收式热泵的吸收器和冷凝器加热，然后进入电厂供热首站热网加热器进一步升温后供给市政热网。

由图 8-20 热平衡可以看出：来自汽轮机抽汽的热量一部分进入吸收式热泵发生器并最终输出到热网水中，另一部分进入汽/水加热器后变为最末级闪蒸器的低压蒸汽余热，被吸收式热泵蒸发器回收后也最终输出到热网水中。因此，从供热的角度看，本系统仅仅是利用了热电厂原有换热过程（汽轮机抽汽直接加热热网水）中的温差作为驱动力，除了少许散热损失外，蒸汽热量几乎全部传递给热网水，与原过程相比基本没有额外热量损失。

8.4.3 关键设备研制

1. 闪蒸/冷凝器

闪蒸/冷凝器的性能直接决定了废水中水与盐分的分离效果。如图 8-21 所示，

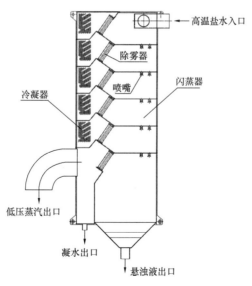

图 8-21 闪蒸/冷凝器结构简图

本项目中将每一级的闪蒸器和冷凝器平行布置在一个壳体中，中间设置除雾器，组成闪蒸/冷凝器。闪蒸/冷凝器共 6 级，从上到下逐级排列，封装到同一个壳体中。传热管材质为钛，其他部分的材质均为不锈钢 316L。高温盐水首先进入最上级闪蒸器，然后通过喷嘴逐级往下流动闪蒸，温度、压力逐级降低，盐水浓度逐级升高，最后一级闪蒸器浓缩后的悬浊液从最下面出口流出。上面五级闪蒸器产生的水蒸气通过除雾器除去液滴后进入对应的冷凝器，最后一级闪蒸器产生的水蒸气通过蒸汽出口进入吸收式热泵蒸发器。各级冷凝器产生的冷凝水汇集于底部储液箱，并通过凝水出口流出。

2. 吸收式热泵

本项目应用了一台蒸汽驱动的单效溴化锂吸收式热泵，设计蒸汽压力为 0.3MPa，制热量 5MW。为了适应项目工况，对吸收式热泵蒸发器结构进行了特殊设计：

（1）为了防止腐蚀，延长机组使用寿命，蒸发器传热管采用钛管、管板采用钛复合板；

（2）针对末级闪蒸的水蒸气压力低、比容大的特点，蒸发器传热管采用横向布置的方式，如图 8-22 所示，低压蒸汽从侧面进入热泵蒸发器，通过增大流通面积和减少传热管长度，有效降低蒸汽流动阻力。

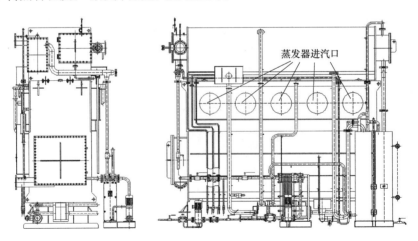

图 8-22 吸收式热泵外形图

3. 机组整体布置

机组采用了两层结构的紧凑化布置，如图 8-23、图 8-24 所示。吸收式热泵布置在一层地面，六级闪蒸/冷凝器布置在二层平台，汽/水加热器布置在吸收式热泵上面。如此布置的优点是结构紧凑，大幅减少了占地面积，同时管路连接简单，减少了介质的流动阻力，降低了泵耗，另外运行操作也比较方便。

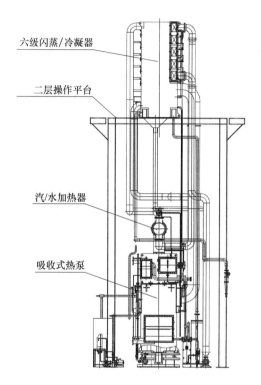

六级闪蒸/冷凝器

二层操作平台

汽/水加热器

吸收式热泵

图 8-23 机组侧面视图

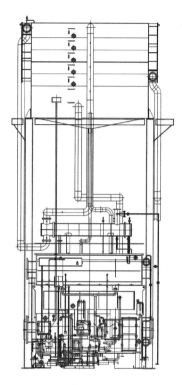

图 8-24 机组正面视图

8.4.4 工程建设

本项目总工期约 90 天，包括工程设计、关键设备研制、设备安装、系统管路连接、机房施工等，于 2021 年 2 月初建成投产（图 8-25）。总投资约 627.5 万元，如表 8-10 所示。

图 8-25 施工现场

工程投资	表 8-10
项目	费用（万元）
设备费	364.2
建设费	169.4
试验化验费	93.9
合计	627.5

8.4.5 运行与分析

项目于 2021 年 2 月建设完成并成功投运。图 8-26 为某一日从开机至运行基本稳定的实测数据，系统稳定后废液出汽/水加热器（进第一级闪蒸器）温度在 96℃左右，产净水量稳定在 8.4t/h 左右，系统测试期间的平均性能如表 8-11 所示。

在调试及运行过程中，对系统的耗电量同时进行了计量统计，如表 8-12 所示，总耗电功率约 29.6kW，折合吨水耗电约 3.5kWh/t。因为本项目是第一个示范工程，水泵等耗电设备的功率还有进一步优化的空间，随着技术的不断成熟，吨水耗电量应该还可以有较大幅度降低。

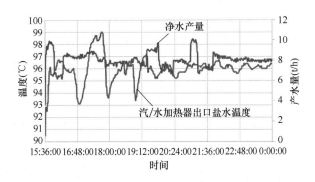

图 8-26 开机至稳定运行的实测性能

所产净水水质与原污水的对比分析如表 8-12 所示，净水水质符合热网补水要求。

系统测试期间的平均性能 表 8-11

项目	单位	实测平均值	设计值
闪蒸前温度	℃	96	95
闪蒸前流量	m^3/h	121	126
平均产水量	m^3/h	8.4	8.0
系统总耗电功率	kW	29.6	—

水质分析表 表 8-12

项目	pH	密度（g/ml）	Ca^{2+}（ppm）	Mg^{2+}（ppm）	盐度（%）	电导率（μs/cm）
待处理废水	6.4	1.011	117	4159.3	1.3	37751
所产净水	7.55	1.001	7.1	8.2	0.00	86.2

涡旋分离器出口的浓悬浊液流入室外的沉淀池，其中的固态硫酸镁晶体沉淀析出，如图 8-27 所示。经过对沉淀池中的固态盐取样分析，发现其成分主要为七水硫酸镁（53.4%）和六水硫酸镁（46.6%）。

图 8-27　室外沉淀池中的析盐情况

8.4.6　总结

（1）本项目利用热电厂供热抽汽驱动吸收式热泵，将热法污水净化工艺产生的低温冷凝热回收并用于供热，同时将产生的净水作为热网补水，从而使污水净化与集中供热整合为一体，具有能源利用效率高、运行费用低的优点。

（2）实际运行数据证明，本项目净水产量达到设计值 8t/h，净水水质满足热网补水水质要求，而吨水耗电仅为 3.5kWh/t。

（3）本项目利用室外沉淀池获得了高纯度的硫酸镁晶体。

编者评论：

（1）本工程巧妙地把热法处理高浓度污水与热量回收利用的需求相结合，使得污水分离为可利用的净水和盐晶体，而作为动力驱动分离过程的蒸汽又全部回收用于热网的循环水加热，由此实现了零能耗的污水净化、分离。这种热法处理高浓度污水，并回收利用最终产出的热、净水和盐晶体，实现了无任何排放的全部循环利用，这种方法是综合实现污水处理的新途径。

（2）通过对各个蒸发冷凝环节进行优化，可能进一步强化传热传质过程，提高分离效率，从而降低装置投资。

8.5　永城市龙宇煤化工工业余热利用案例

8.5.1　项目背景

河南省永城市位于河南省最东部，地处豫鲁苏皖四省接合部，华北平原腹地，地势由西北向东南微倾，高差 9m，平均海拔 31.9m，除东北有方圆 16km² 的芒砀山群外，大部分为平原地区。这里总面积 2020km²，常住人口 125.5 万人。永城全境属湿润的暖温带季风气候，冬季寒冷干燥，夏季炎热多雨，四季分明，光照充足。年均日照时数 2049h，年平均气温 14.34℃，月平均气温以 7 月份最高，1 月份最低，最低温度−15℃。2021—2022 年供暖季市政集中供暖入网面积约 998.61 万 m²，其中缴费实供供暖面积约 733.44 万 m²，未来 3 年规划供暖面积为 1200 万 m²。

当前，永城市市政集中供暖主要采用"燃煤热电联产、燃煤锅炉集中供热"，均以煤炭为热源、冬季抽蒸汽加热供暖水进行供暖。2021—2022 年供暖季，供热约 311.96 万 GJ（折合蒸汽 112.97 万 t/h），折标煤消耗 11.83 万 t、增加 CO_2 排放量约 29.48 万 t，热源为商丘裕东发电有限公司（以下简称"裕东电厂"）、河南神火发电有限公司（以下简称"神火电厂"）、河南龙宇煤化工有限公司（以下简称"龙宇煤化工"）三家企业的燃煤锅炉蒸汽。

河南龙宇煤化工有限公司隶属河南能源集团，位于全国七大煤化工基地之一河南省永城市，是河南能源重点发展建设的大型化工园区之一。河南龙宇煤化工有限公司总投资 110 亿元，占地 2000 亩（1.3333km²），现有员工 1634 人，年可生产 50 万 t 甲醇、20 万 t 二甲醚、50 万 t 醋酸及 40 万 t 乙二醇，化工产品总产能达 160 万 t，企业年产值超过 40 亿元。先后被认定为国家级高新技术企业、河南省企业技术中心、河南省节能减排科技创新示范企业、国家级双预控试点企业、一级安全标准化示范企业、河南省智能工厂，并被河南省列为受政策支持的四个现代精细煤化工基地之一，也是河南能源集团国企"双百"改革试点企业之一。

永城市宏诚供热有限责任公司（以下简称"宏诚供热"），公司成立于 2004 年，目前累计投资 4.6 亿元，固定资产 2.8 亿元。共敷设供热主管网 130km，自建小区换热站 38 座。宏诚目前总供暖面积约 300 万 m²，未来 3～5 年总供暖面积约 500 万 m²。

1. 热源问题

河南龙宇煤化工有限公司（以下简称"龙宇煤化工"）是"宏诚供热"的热源提

供商之一，2020—2021 年供暖季提供约 97t/h 蒸汽，为宏诚供热承担约 150 万 m^2 供暖面积。

永煤天龙热电厂（以下简称"永煤电厂"）是"宏诚供热"的热源提供商之一，2020—2021 年供暖季，同样提供约 97t/h 蒸汽，为宏诚供热承担约 150 万 m^2 供暖面积。

但按照规划，2021—2022 年供暖季，"永煤电厂"不再为宏诚供热提供热源，宏诚供热按现有 300 万 m^2 供暖面积，将出现 90～100t/h 蒸汽的热源缺口，考虑未来 3～5 年供热需求，宏诚供热面临 210～230t/h 蒸汽热源缺口，将面临热源严重不足。

2. 能源、经济及社会问题

目前，我国城市和工业园区供热形式，以"燃煤热电联产和大型锅炉房集中供热"为主，"分散燃煤锅炉和其他清洁（或可再生）能源供热"为辅。"燃煤热电联产和大型锅炉房集中供热""分散燃煤锅炉供热"，均以煤炭为热源加热供暖水进行供暖，其中，"燃煤热电联产集中供热"，是冬季抽蒸汽加热供暖水进行供暖。"燃煤热电联产、燃煤锅炉集中供热""分散燃煤锅炉供热"，均要耗能、增加排放，随着国家"节能减排""碳达峰、碳中和"等相关政策的出台，国家提倡"工业余热清洁供暖"。"工业余热清洁供暖"的核心工作为停用燃煤锅炉，利用工业余热进行城市集中供暖。

按照目前宏诚 300 万 m^2 供暖面积核算，直接消耗燃煤约 5 万 t，后续随着供暖面积增加，如果依然按当前的形势继续供暖，燃煤耗量将持续增加，CO_2、NO_x、SO_x、粉尘等污染物将持续排放，不仅降低经济效益，也有违控制碳排放、实现碳中和、节能减排及可持续发展的政策。

8.5.2　项目问题解决方案

经调研，"龙宇煤化工"工业余热资源丰富，回收其工业余热用于永城市市政集中供暖，提升能效，降低能源消耗，减少 CO_2、NO_x、SO_x、粉尘等污染物的排放。

煤气化在煤化工产业中占有重要地位，被称为煤化工产业的"龙头"。煤气化是以煤炭为原料，在气化炉内特定条件下生产以 H_2 和 CO 为主要成分的粗合成气，经过变换、净化后作为合成甲醇、醋酸、乙二醇等的原料气。煤气化过程中，气化炉气化温度一般为 1400～1600℃，水煤浆和氧气进入高温气化炉后，水分迅速蒸发为水蒸气、煤粉发生裂解并释放出挥发分。裂解产物及挥发份在高温、高氧浓度下迅速完全燃烧，同时煤粉变成焦油，放出大量的反应热。形成了 230～260℃的高温气化废水。高温废水不能直接排放，需通过高压、低压闪蒸工艺降温至约 130℃，再经真空闪蒸工艺降温浓缩至约 90℃，最后通过循环冷却水降温至 60℃以下进入沉降槽进行澄清处理，然后循环利用。闪蒸蒸汽可汇总收集用于化工装置其他工艺系统热源，而 90℃以下的余热则通过利用开始冷却塔强制冷却，将热量排放到环境中，此过程不仅造成热能浪费，还消耗了大量的冷却水，冷却过程也增加了电耗。

本项目采用全通量余热装置，解决了固含堵塞、磨损和离子腐蚀问题，取代"真空闪蒸、冷却器＋凉水塔"，实现气化炉低温余热回收，工艺系统简单，系统压力降低，无新增水泵、过滤、排渣等设施，解决了闪蒸工艺路线中存在的固废处理、能耗、检修维护等一系列问题。

龙宇煤化工现有两套煤气化装置，每套装置可单独运行，每套装置满负荷生产时，低压闪蒸后每小时可产生 300m³ 的高温废水。本项目是回收煤化工行业中煤气化装置中余热，在供暖季替代真空闪蒸系统和冷却塔系统，实现工艺介质冷却，除满足工艺系统要求，还降低了气化装置电耗，节省了冷却塔水耗，并且回收余热用于市政集中供暖，一举多得。汽化废水余热回收系统流程图如图 8-28 所示。

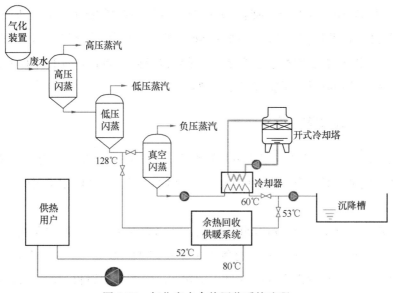

图 8-28　气化废水余热回收系统流程

8.5.3 余热回收清洁供暖项目简介

1. 供热方案

现供暖及计划供暖区域内非居民建筑约占总供暖面积 8%～10%，而居民建筑内有部分自建房及老旧建筑，建筑结构大部分为非节能建筑。分析 2018—2019 年供暖季、2019—2020 年供暖季、2020—2021 年供暖季的供热情况，方案考虑一定的热源调节量，极寒期综合热指标设计取值 45W/m²。

本项目供热系统主循环泵为蒸汽驱动型循环水泵，汽轮机排汽进入热网加热器预热供暖水。预热后的供暖水再通过蒸汽调峰加热器二次加热再输送到用户供热。

驱动蒸汽量为 40t/h，蒸汽调峰加热器蒸汽量约为 150t/h。

2. 气化装置余热回收方案

本项目利用供暖水回收气化炉的余热，将供暖水升温后输送至市政供热管网，连同汽轮机排汽，作为基础热源初末寒期可承担约 260 万 m² 供暖面积。

本项目供热系统流程图如图 8-29 所示。

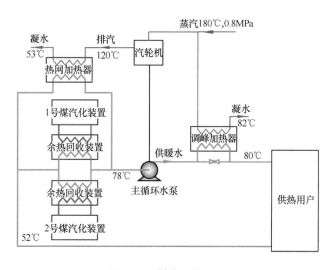

图 8-29 供热系统流程

3. 项目实施

永城市龙宇煤化工工业余热清洁供暖项目，自 2021 年 9 月开始动工，2021 年 12 月完工并投入运行，项目余热回收站现场照片如图 8-30 所示。

图 8-30　项目余热回收站

8.5.4　运行效果

项目于 2021 年 9 月 12 日开始动工,2021 年 12 月 10 日建设完成试运行,12 月 12 日 15 点正式投入运行,2022 年 3 月 5 日 14 点停运。2021 年 12 月 12 日之前采用锅炉蒸汽供暖。项目连续正常运行天数达到 83 天,运行期间,汽化炉余热热源温度 129.3℃、余热热源出口温度 53.1℃,两座汽化炉相同,如开启两台汽化炉余热回收系统回收热负荷可达 53.4MW(图 8-31)。

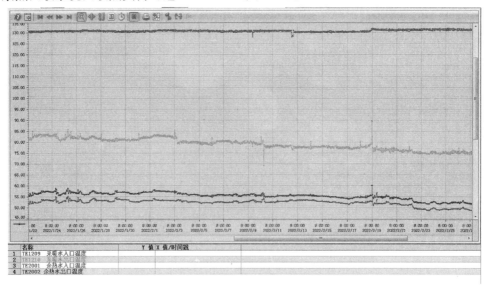

图 8-31　项目运行数据曲线

项目运行期间，因供热公司供暖面积切换问题，余热回收装置未满负荷运行，2021—2022 年供暖季余热回收数据如下：

(1) 回收余热总量：277727.9GJ；

(2) 节约标准煤量：10528.73tce；

(3) 减少 CO_2 排放量 26242.86t。

本项目两套煤气化装置满负荷运行时余热量为 52.9MW，每个供暖季（供暖时间按 115 天计算）产生的节能效益如下：

(1) 回收余热 52.56 万 GJ；

(2) 节约标准煤量 19926.17tce；

(3) 减少 CO_2 排放量 49665.97t；

(4) 减少冷却塔蒸发耗水量 20.86 万 t；

(5) 减少冷却塔循环水量 7586.05t/h；

(6) 冷却塔风机和水泵电耗、水耗的节省费用合计 418.75 万元/供暖季。

8.5.5 总结

本项目供热区域范围较广，建筑结构大部分为非保温建筑，供暖水回水温度较高，平均回水温度约 50℃，较高的回水温度导致工业余热回收不充分。因此后续项目可通过改造建筑结构的保温形式＋热泵技术，在提高建筑结构保温性能的同时，最大限度降低回水温度，充分回收工业余热。若按照回水温度降低至 30℃ 计算，汽化装置余热可回收量达到 65MW，通过建筑节能改造将综合供热指标降至 30W/m²，则不经蒸汽调峰补热即可满足 310 万 m² 的供热，若作为基础热源，通过调峰补热，可满足 450 万 m² 的市政供热。

龙宇煤化工甲醇装置、醋酸装置、乙二醇装置等也存在大量工业余热没有回收利用，余热回收利用空间巨大。

2022 年 2 月 11 日，国家发展改革委、工业和信息化部、生态环境部、国家能源局联合发布《现代煤化工行业节能降碳改造升级实施指南》，制定了煤化工行业成熟工艺普及推广和有序改造的方向，明确了煤化工能量系统优化、余热余压利用、公共和辅助设施改造等与节能降耗相关的技术升级改造。煤化工过程工业装置系统节能优化、工业余热回收利用节能改造，对于"碳达峰、碳中和"的"十四五"发展规划具有重要意义，符合国家相关产业政策的鼓励扶持要求，具备推广利用价值和市场空间。

8.6　用友软件园地埋管和水储热区域供热供冷案例

8.6.1　项目背景

北京用友产业园是用友集团总部所在地,位于北京市自贸区科技创新示范区——海淀区永丰产业基地。园区总建筑面积 47 万 m²,分两期建设。其中二期园区规划建设 28 万 m² 的建筑。为了给二期园区建筑供热供冷,以地源热泵技术和水储能技术为核心建设了能源中心(图 8-32)。

图 8-32　用友软件园

8.6.2　能源中心系统工艺介绍

本文介绍的是用友软件园二期园区的能源中心。冬季设计供暖负荷 19.68MW,夏季设计空调负荷 23.88MW。如图 8-33 所示,能源中心系统主要包含地源热泵系统、电制冷机、燃气锅炉及 3 个水储能罐。

1. 地源热泵系统

用友软件园所处的地区的土壤渗透率高,取热和放热后,土壤温度恢复速度快,适于采用地源热泵方式供热供冷。系统建设了 940 口深度为 140m 的埋管井,井间间距为 5m,地埋管区域总占地约 2.6 万 m²。

能源中心地下建设了 3 台地源热泵,承担基本供热和供冷负荷。地源热泵在常规供热工况下,单台机组制热量 2242kW,耗电功率 537kW,设计供、回水温度 43℃/35℃,制冷工况下,单台机组制冷量 2586kW,耗电功率 447kW,设计供、

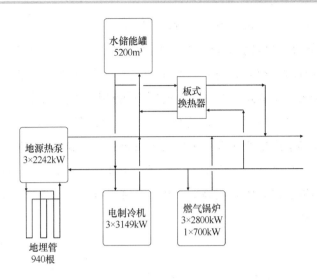

图 8-33 用友北京软件园二期能源站供热供冷系统流程图

回水温度 8℃/16℃（图 8-34）。

图 8-34 地源热泵及循环水泵

2. 水储能罐（图 8-35）

为了节约电费，系统建设了总容积 5200m³ 的三个水储能罐，高度均为 16m，

图 8-35 水储能罐

直径依次为 13.6m、12.6m 和 9.6m。高径比均在 1～2。

　　如图 8-36 所示，为北京市峰平谷电价时段划分，以及冬季某典型工作日的供热负荷。电价低谷时段热负荷低，而热负荷高的时段基本为电价平时段和高峰时段。因此，若按采用常规运行模式，系统所消耗的电力绝大多数为平时段和高峰时段电，电价较高。系统设置了水储能罐后，在电价低谷时段，系统运行如图 8-37（a）所示，地源热泵产生的热水大多存入水储能罐中，能源中心仅对外供给防冻热量，热负荷非常低。如图 8-37（b）所示，在平时段和高峰时段，根据当天的天气情况，预测所需供热量，优先用储水代替高峰时段地源热泵供热，富余的储热再进一步在平时段放热。

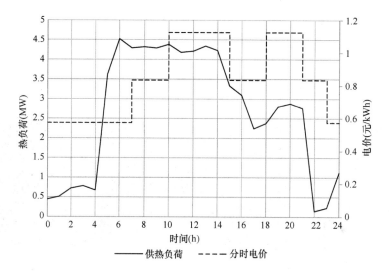

图 8-36　北京峰谷平时段划分及园区典型日供暖负荷

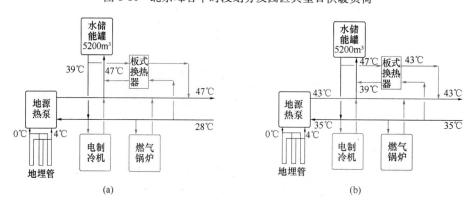

图 8-37　系统供热储放运行模式

（a）供暖季低谷时段；（b）供暖季平时段和高峰时段

在夏季供冷时，电价低谷期的运行流程如图 8-38(a) 所示，园区夜间（电价低谷期）没有冷负荷（数据机房等的冷却自行解决），地源热泵制取的冷水全部储存到水储能罐中。如图 8-38(b) 所示，在平时段和高峰时段，则类似于冬季，根据当天的天气情况，预测一天内所需的供冷量，释放储水优先代替高峰时段地源热泵供冷，富余的冷水再进一步在平时段供冷。

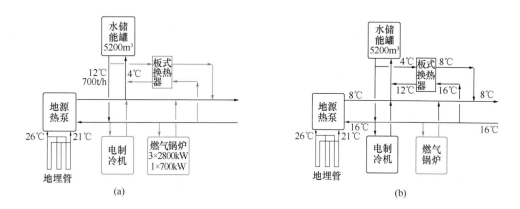

图 8-38　系统供冷储放运行模式

(a) 夏季低谷时段；(b) 夏季平时段和高峰时段

此外，考虑到水力工况的稳定，水储能罐向外供热供冷时，通过板式换热器与管网中的冷/热水进行换热，板式换热器的设计端差为 4℃。因此，地源热泵在储能时，冷凝器的进出水温度提高 4℃至 47℃/39℃，此时单台地源热泵的制热量降低至 2199kW，耗电功率提升至 560kW，COP 为 3.9，地源热泵在储冷工况下，蒸发器的进出水温度降低 4℃至 4℃/12℃，此时单台地源热泵的制冷量降低至 2269kW，耗电功率为 444kW，COP 为 5.1。

3. 逆流风机盘管

能源中心采用地源热泵承担基本供热供冷负荷，供热供冷参数对热泵机组的能效影响较大。为此，项目采用了逆流风机盘管，以降低热水温度和提高冷水温度。同时，还将供回水温差由常规的 5℃加大到 8℃，提高了管网的输送能力，在输送同样热量情况下，降低了管网管径和水泵流量，降低建设投资的同时大大降低了水泵输送功率。

如表 8-13 所示，为项目末端建筑采用的逆流式风机盘管与常规风机盘管的比较。

	逆流风机盘管与常规风机盘管比较	表 8-13	

	常规风机盘管	逆流风机盘管	
结构示意图	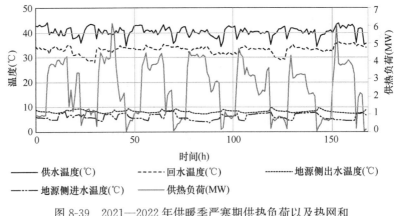		
外形尺寸	相同规格的两种风机盘管的外形尺寸基本相当		
换热面积	逆流风机盘管采用家用空调换热器的技术，在外形尺寸相同的情况下，其换热面积为常规风机盘管换热面积的 2 倍		
供回水温度 · 夏季	7℃/12℃	8℃/16℃	
供回水温度 · 冬季	45℃/40℃	43℃/35℃	

8.6.3 运行效果

能源中心按 28 万 m^2 的供能面积设计，但由于客观原因，仅建成了 18 万 m^2 的建筑，因此，供暖负荷基本上全部由地源热泵承担，仅有一个单体建筑散热末端采用的是散热器，由 1t 的燃气锅炉单独供给。

项目 2021—2022 年供暖季总供热量 3.42 万 GJ，折合单位面积耗热量仅为 0.19GJ/m^2，供热量中，地源热泵供热量 3.01 万 GJ，耗电量 268.3 万 kWh（包括了水泵电耗），系统 $COP=3.12$；燃气供热量 0.41 万 GJ，消耗天然气量 14 万 Nm^3。图 8-39 为上个供暖季严寒期（1 月 11 日至 1 月 17 日）一周的热网供回水温度及地埋管供回水温度的曲线。

图 8-39   2021—2022 年供暖季严寒期供热负荷以及热网和
地埋管的供回水温度曲线
注：此图的彩色版可扫目录的二维码查看。

　　水储能罐与地源热泵根据峰谷电价间歇运行并储放热量。如图 8-40 所示，为 2023 年月 1 日，其中一个储能罐沿高度方向上的温度分布沿时间的变化图。北京市的低谷电价时段为 23：00 至次日 7：00，从储能罐温度的变化也可以看出，23：00 储能罐整体温度降低至 35℃以下，热量基本完全释放。从 23：00 开始为储热过程，高温水从顶部流入，罐内储水温度升高，到凌晨 3 点，整个罐体就已经储满了 40℃以上的热水。早上 7：00 以后开始逐步放热。储放热过程可以看到罐体中存在明显的斜温层，由于罐体内温度测点布置间隔在 2～3m，因此斜温层的厚度体现得不准确，但基本应在 2m 左右。

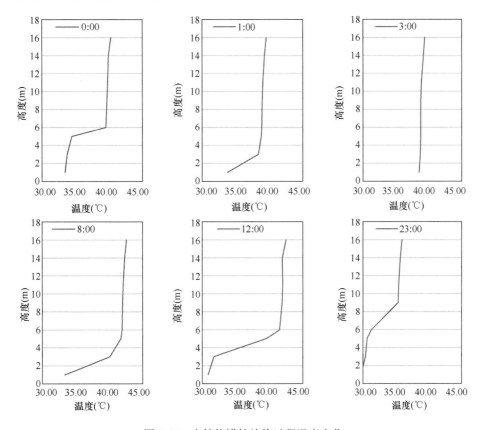

图 8-40　水储能罐储放热过程温度变化

　　2022 年供冷季总供冷量 3.23 万 GJ，能源系统耗电量 214 万 kWh（含水泵电耗），系统综合制冷 $COP=4.2$，折合单位面积耗电量 11.9kWh/m²。图 8-41 为 2022 年 7 月 11 日至 7 月 14 日的冷水供回水温度及地埋管供回水温度的曲线。

　　项目所在地的土壤渗透率高，并且项目原本设计为 28 万 m² 建筑供热供冷，

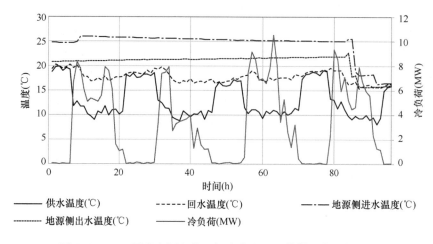

图 8-41　2022 夏季空调负荷一级冷水和地埋管供回水温度曲线

而二期软件园实际交付建筑面积仅为 18 万 m^2。地埋管区域地下约 25m 处设置了若干温度传感器，对区域内温度测点一日内的温度数据取平均值，认为是地埋管区域的日平均温度。如表 8-14 所示，区域平均温度在供暖季和供冷季前后的温度变化不大，因此，项目区域的土壤可以视为温度恒定的热源/冷源。这种特性也保障了项目中地源热泵的运行效果不会逐年衰减。

地埋管区域土壤温度　　　　　　　　　　　　　　　　　　表 8-14

时间	土壤平均温度（℃）	时间	土壤平均温度（℃）
供暖开始：2022 年 11 月 15 日	11.0	供冷开始：2022 年 5 月 15 日	17.5
供暖结束：2022 年 3 月 15 日	11.8	供冷结束：2022 年 9 月 15 日	18.2

8.6.4　经济性

项目投资约 6500 万元，其中地埋管约 2200 万元，主站房约 3700 万元，水储能罐约 600 万元。

项目采用了水储能，消耗低谷电供热供冷，从而大幅减少了电费。如表 8-15 所示，2021—2022 年供暖季消耗电力 268 万 kWh，电费仅为 159.5 万元，平均电价 0.5944 元/kWh，消耗的电力 90% 以上为低谷电。2022 年夏季供冷消耗电力 214 万 kWh，电费 153.4 万元，平均电价 0.7167 元/kWh，仍然低于平时段的电价。由于削峰填谷，当前每年可节约接近 160 万元的电费。

能源中心能耗及能源成本表　　　　　　表 8-15

	热量 (万 GJ)	消耗能源	能源费 (万元)	单位供热/ 冷能源成本 (元/GJ)	无水储能罐 的能源费 (万元)	调峰运行 节约能源费 (万元)
供热	3.42	电：268 万 kWh 燃气：14 万 m³	电 159.5 燃气 42 合计 201.5	电 53.0 燃气 102.4 平均 58.9	电 162.8 燃气 42 合计 304.8	103.3
供冷	3.23	电：214 万 kWh	电 153.4	电 49.5	电 209.7	56.3
合计		电：482 万 kWh 燃气：14 万 m³	电 312.9 燃气 42 合计 354.9		电 472.5 燃气 42 合计 514.5	159.6

编者评论：

（1）这是采用地源热泵并且通过储能罐调节一天内用电，利用峰谷差电价的案例。

（2）园区的建筑容积率较低，约为 0.6，内有大面积的绿地可用于敷设地埋管，因此可以选用地源热泵作为主要的供热供冷方式。此外，项目所在地土壤渗透率高，温度恢复快，保障了地源热泵的性能不会逐年衰减。并且能源中心供能区域的建筑未完全达产，大多数时间内，地源热泵为两用一备，这也提升了地埋管取/放热的效果。因此，地源热泵可以在与本案例有类似的条件的园区采用。

（3）水储能罐起到了良好的削峰填谷的作用，提高了项目的经济性。但水储能罐放冷/放热过程的换热温差大，一定程度上降低了系统的能耗，可以考虑取消换热器，消除换热过程的温度损失。

（4）软件园的数据机房应有巨大的计算机排热，目前这些机房均单独设置冷却系统进行散热，而回收利用这些热量可以成为低碳清洁热源，承担部分供暖负荷，可降低供热碳排放和成本。

8.7　吴忠市跨季节储热规划案例

8.7.1　项目基本情况

吴忠市现状集中供热面积为 1509 万 m²，由吴忠市唯一的热电联产热源——申能吴忠热电厂供热。申能吴忠热电厂装机为 2×350MW 间接空冷机组，目前供暖季最大供热出力约为 540MW，对外供应工业蒸汽流量约为 80t/h。根据电厂机组热平衡图和实际运行数据，电厂尚有大量乏汽余热未回收，供热潜力约为230MW。

目前吴忠市一级热网严寒期运行温度约为 100℃/57℃，热网回水温度较高，不利于申能吴忠电厂的余热利用。经过吴忠市政府组织协调，申能吴忠电厂与中环寰慧吴忠热力公司达成一致意见，由中环寰慧吴忠热力公司对热网进行大温差改造，利用 2022 年和 2023 年两年时间将热网回水温度降至约 35℃，电厂同步进行汽轮机高背压改造，通过回收电厂的乏汽余热提高电厂供热能力。

在我国构建新型电力系统的背景下，火电厂均需参与电力调峰，导致供暖季运行小时数减少，供热能力不能充分发挥，热电矛盾突出。随着吴忠市集中供热面积和工业蒸汽需求的增加，申能吴忠电厂将难以满足热负荷增长需求。根据预测，未来吴忠市工业蒸汽需求将增加至 300t/h，集中供热面积每年约增长 50 万 m^2，至2035 年吴忠市集中供热面积约增加至 2200 万 m^2。通过对现状建筑热指标的调研和新建建筑热指标的选取，规划综合热指标为 38.4W/m^2，则未来供热负荷需求约为 845MW。经初步分析，在供应 300t/h 工业蒸汽的前提下，申能吴忠电厂将余热全部回收也无法满足需求。因此，需要建设第二热源满足未来新增供热负荷需求，保障民生供热。

8.7.2   方案总体思路

通过对吴忠市周边热源资源情况进行调研，主要形成两种思路进行比较选择，最终作为吴忠市第二热源的建设方案。一是从距离吴忠市约 23km 的灵武电厂长输引热至吴忠市，二是继续深挖申能吴忠电厂的供热能力，对电厂进行热电协同改造，同时建设跨季节储热系统，将电厂非供暖季的余热储存起来为冬季供热。从整个吴忠市来看，第二热源与申能吴忠电厂联合供热，实际上是承担尖峰负荷。通过比较长输供热和跨季节储热系统单位容量随时间增加的费用可知，运行时间较短时，跨季节储热系统更有优势，如图 8-42 所示。根据本项目的参数计算，当运行时间小于 33 天，对应的热化系数大于 0.73 时，采用跨季节储热供热调峰更经济，反之则应采用长输供热系统。本方案根据未来供热负荷需求和电厂供热能力计算供热缺口，确定热化系数，进而选择经济可行的第二热源方案。再针对电厂灵活性调节需求，设计热电协同改造方案。

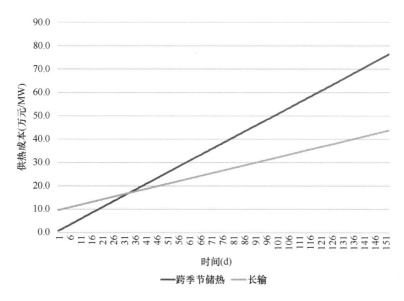

图 8-42　调峰热源经济性比较

8.7.3　第二热源方案设计

远期吴忠市的供热能力缺口为 159MW，需由第二热源来满足，热化系数为 0.81。根据图 8-42 的分析，应采用跨季节储热系统作为第二热源。

分别设计了从灵武电厂至吴忠市的长输供热方案和跨季节储热方案，供热能力均按 159MW 设计，通过具体方案的计算和分析，验证方案思路的正确性。

（1）灵武电厂至吴忠市的长输供热方案

灵武电厂一期工程建设 2×60 万 kW 空冷机组，二期工程建设 2×100 万 kW 空冷机组，现状供热面积约 6500 万 m²，还有较大供热能力余量。本项目设计热负荷为 159MW，设计供回水温度 100℃/35℃，设计流量 2097t/h。长输管网管径为 DN700，从灵武电厂至吴忠市北部城区现状管网的距离约为 22.6km。通过对长输管网的水力计算可知，沿途需设置一座中继泵站，供水泵扬程为 55m，回水泵扬程为 75m，管道承压 1.6MPa 如图 8-43 所示。

供暖季由申能吴忠电厂承担供热基本负荷，灵武电厂长输供热系统相当于承担供热尖峰负荷，热负荷延续时间图如图 8-44 所示。申能吴忠电厂供热量为 744 万 GJ，灵武电厂长输供热系统供热量为 32 万 GJ。考虑长输管网热损失后，灵武电厂供热量需为 35.4 万 GJ。

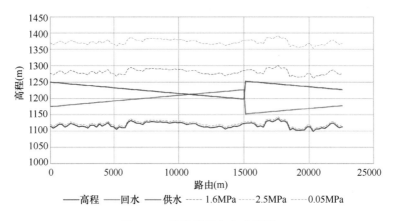

图 8-43   长输管网水力计算图

注：此图的彩色版可扫目录二维码查看。

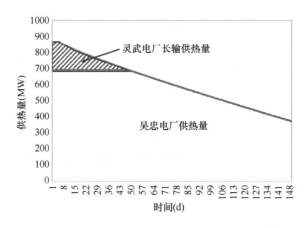

图 8-44   热负荷延续时间图

（2）跨季节储热方案

在申能吴忠电厂外建设跨季节储热系统，储热温度为 90℃/35℃。供暖季由申能吴忠电厂承担供热基本负荷，跨季节储热承担供热尖峰负荷。电厂总供热量 744 万 GJ，跨季节储热总供热量 32 万 GJ。通过对跨季节储热系统的模拟可知，当在供暖初寒期储热，严寒期供热时，热损失约为 10%，则储热量需为 35.6 万 GJ。在储热体放热至最后几天时，斜温层开始陆续排出，供热温度逐渐降低，由于斜温层排出的影响，储热体积也将有所增加，考虑热损失和斜温层的共同影响后，经计算，储热体容积约为 159 万 m^3。

初步选定储热体建设位置为申能吴忠电厂北侧围墙外，如图 8-45 所示，目前该区域为未开发状态，用地面积超过 300 亩（0.2km²）。储热体采用四面放坡设计，放坡比为 1∶1，挖深按 20m 考虑，其中地上 10m，地下 10m，占地约为 141亩（0.094km²）。储热体四周铺设土工膜防水层，顶盖加 200mm 厚聚氨酯保温层，剖面图如图 8-46 所示。

图 8-45　跨季节储热体位置

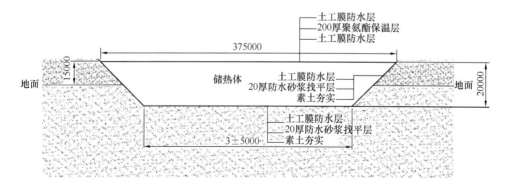

图 8-46　储热体剖面图

8.7.4　电厂热电协同改造方案

当前，宁夏实行的是电力辅助服务市场运营规则，火电厂需参与实时深度调峰交易，通过各档有偿调峰电量和对应市场出清价格获得收益，否则需分摊实时深度调峰有偿服务补偿费用。目前的深度调峰补偿措施如表 8-16 所示。在该规则下，电厂增加了 300MW 电锅炉，用于在低谷期进行深度调峰。

实时深度调峰补贴价格机制 表 8-16

档位	火电厂负荷率	补贴价格（元/kWh）
第一档	40%＜负荷率＜50%	0.35
第二档	负荷率≤40%	0.75

在此基础上，进一步对电厂进行热电协同改造，增加容积为 6 万 m^3 的低温储能罐，两台机组均进行"切缸"改造，结合锅炉主蒸汽的负荷调节实现低谷期发电零上网，高峰期多发电，供热能力得到充分发挥，流程图如图 8-47 所示。

具体运行模式如下：

（1）高峰期：机组满负荷，无供暖抽汽，实现最大发电能力，凝汽器和跨季节储热池梯级串联供热，无法回收的余热储存至低温储能罐；

（2）平峰期：机组满负荷抽凝运行，凝汽器、热网加热器和电锅炉梯级串联供热，多余高温热量储存至跨季节储热池；

（3）低谷期：机组低负荷运行，两台机组全部切缸，发电零上网，低温储能罐、热网加热器和电锅炉梯级串联加热，并向跨季节储热池储热。

通过以上改造方案，申能吴忠电厂在满足 300t/h 工业蒸汽需求的情况下，供热能力可以达到 686MW，低谷期达到与原系统相同的深调能力，但高峰期可以多发电，获得更多的发电收益。

8.7.5　经济性分析

1. 电厂经济性分析

（1）供热成本和热价分析

1）投资估算

为分析电厂的供热成本，电厂投资估算的范围包括储能罐、凝汽器、切缸改造、电锅炉和热网首站等费用。由于厂外设置跨季节储热体，可以代替厂内的高温

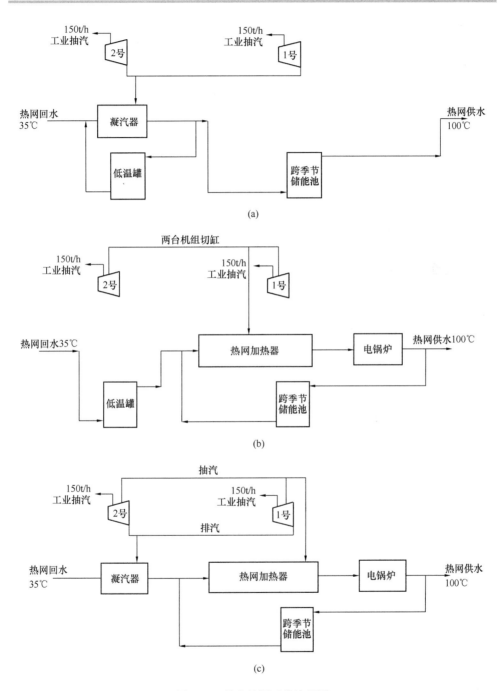

图 8-47 热电协同系统流程图

(a) 高峰期；(b) 平期；(c) 低谷期

储能罐，电厂可以节约该部分费用。具体费用如表 8-17 所示，电厂热电协同改造约需投资 2.82 亿元。

电厂投资估算   表 8-17

项目	投资（万元）	项目	投资（万元）
低温储能罐	4880	热网首站	4000
凝汽器	3267	二类费	1932
切缸改造	3000	预备费	2086
电锅炉	9000	建设投资合计	28165

2）供热成本

电厂热电协同改造的供热成本主要包括投资折旧、能源成本和其他成本，其中能源成本根据抽汽和排汽等效电计算。经计算电厂总供热量为 752 万 GJ，综合等效电为 28.8kWh/GJ，供热成本约为 12 元/GJ。

3）热价分析

对于供热系统来说，销售收入为售热收入，通过设定项目内部收益率，可以计算出销售热价。本方案项目内部收益率取为 8%，对应的热价应为 15 元/GJ。

2. 增量投资回收期

热电协同方案与常规方案相比，增加了高温储能罐和低温储能罐，其中高温储能罐由外部的跨季节储热体代替，则增加的设备费用仅为低温储能罐的费用，增加的建设投资总计为 5692 万元。

从运行上看，热电协同方案与常规方案在供热能力相同、低谷期调峰深度和时间相同的情况下，少耗煤约 2 万 t，高峰期多发电约 1.58 亿 kWh，增加燃煤费用 2500 万元，吴忠电厂上网电价为 0.35 元/kWh，增加发电收益为 5530 万元。经计算，增量投资的内部收益率可达 46.2%，所得税后静态投资回收期为 3.2 年。

3. 第二热源经济性分析

（1）投资估算

分别对长输供热系统和跨季节储热系统进行投资估算。长输供热系统建设投资范围主要包括长输管网和中继泵站。跨季节储热系统建设投资范围主要为储热体。投资估算对比如表 8-18 和表 8-19 所示。长距离供热系统建设投资 3.0 亿元，跨季节储热系统建设投资 2.57 亿元。

长输供热系统建设投资 表8-18

项目	投资（万元）	项目	投资（万元）
长输管网	21330	二类费	2920
中继泵站	3000	预备费	2725
工程费合计	24330	建设投资	29974

跨季节储热系统建设投资 表8-19

项目	投资（万元）	项目	投资（万元）
储热系统	21454	预备费	1854
工程费合计	21454	征地费	703
二类费	1716	建设投资	25727

（2）供热成本分析

长输供热系统的供热成本主要包括投资折旧、输送电耗和购热费用；跨季节储热系统的供热成本主要包括投资折旧和购热费用。申能吴忠电厂售热价格按15元/GJ计算，灵武电厂售热价格为28元/GJ。

经计算，长输供热系统的供热成本为76.5元/GJ（不含税），跨季节储热系统的供热成本为55.5元/GJ（不含税）。二者差价为21元/GJ，其中13元/GJ是由于电厂的热价差别导致的，即便灵武电厂热价也为15元/GJ，跨季节储热系统也比长输供热系统的供热成本低8元/GJ。

通过以上分析可以进一步验证，对于吴忠市的供热发展，采用跨季节储热系统作为第二热源更经济。另外，跨季节储热系统还可以增加吴忠市的供热安全保障性，如申能吴忠电厂冬季出现故障停机等问题，储热体可以向供热管网中补热，减少停热或缺热风险。

8.7.6 小结

吴忠市的集中供热全部由申能吴忠电厂承担，热源单一，供热安全难以得到保障。在构建新型电力系统的背景下，火电厂在参与电力调峰的同时也影响了供热，热电矛盾突出。申能电厂现状通过电锅炉进行深度调峰，虽有较好的经济效益，却损失了能效。通过对电厂进行热电协同改造，增加储热装置，在充分发挥供热能力的同时，可以将低谷期损失的电量在高峰期找回，从而提高电厂的能源利用效率和经济效益。电厂出厂供热成本可降至约12元/GJ，与常规电锅炉深度调峰方案相比，增加投资约5692万元，静态投资回收期为3.2年。在未来全国普遍实施电力现货市场机制后，热电协同系统还可以获得更高的收益。

即便深度挖掘电厂的供热能力，未来吴忠市的新增热负荷仍需通过新建热源满足。经分析，建设跨季节储热系统供热更加经济。未来供热缺口为 159MW，需建设约 159 万 m^3 的储热体，增加建设投资 2.57 亿元，供热成本为 55.5 元/GJ，比建设灵武电厂长输供热低 21 元/GJ，其中 13 元/GJ 是由于电厂的热价差别导致的，即便热价相同，跨季节储热系统也比长输供热系统的供热成本低 8 元/GJ。

8.8 宏济堂热泵酿酒新技术

8.8.1 项目背景

山东宏济堂制药集团股份有限公司始创于 1907 年，是中国 21 个重点中药企业和中国中药行业 50 强之一，拥有自营进出口权，已有一百多年的历史。山东宏济堂七粮窖酿酒有限公司（宏济堂酒坊）是山东宏济堂制药集团股份有限公司的全资子公司，位于中国国家级济南高新技术产业开发区。宏济堂酒坊所产"七粮窖"的传统白酒酿造方法包含研磨、搅和、制曲块、培曲、堆曲、磨曲、发酵等多个步骤。首先需将浸泡后的粮食置于面楂上甑锅进行蒸煮糊化，而后方可冷却发酵，此过程需要大量特定温度（约120℃）的高温蒸汽。随后将发酵好的粮食再度掺杂谷壳进行蒸煮，分一二道蒸馏过程，这一过程也需要大量的高温蒸汽。

宏济堂酒坊的一口蒸酒锅，每次工作大约需要 100kg/h 的蒸汽供应，之前是由 1 台制热量 72kW 的电热蒸汽锅炉供应。为解决因为产量少所导致的供不应求问题，宏济堂酒坊决定扩大生产，拟新增两口蒸酒锅，实现三口蒸酒锅共同作业，从而提高酒的产量。但是由此也带来令公司头疼的用能问题，如果三口蒸酒锅共同作业，那么就需要120℃的饱和蒸汽 300kg/h，如果还是使用电热蒸汽锅炉进行供应，蒸汽需求的制热量达到216kW，现场所能提供的电力变压器容量仅有 200kW，超过了设备目前能够提供的电容量上限，无法使用 216kW 的电锅炉，并且项目位于中国国家级济南高新技术产业开发区，属于城市郊区，无市政管道蒸汽供应，且天然气管道未接入，无法使用传统天然气锅炉的蒸汽供应方式。因此就需要一种能够保证用电负荷且在改造量最小的前提下，实现高效、清洁、经济、便捷的蒸汽供应系统。

8.8.2　项目方案

1. 方案技术原理

（1）技术原理介绍

综合考虑现场所有的能源供应形式，以及所需供热的温度条件，本项目建设了一套供应蒸汽温度为 120℃，出气量 300kg/h 的空气能热泵蒸汽机组（空气能锅炉）。

空气能锅炉作为一种全新的蒸汽供应技术，它以热泵和蒸汽压缩技术为基础，通过热泵技术从空气中取热来初步产生中温热水，并通过闪蒸进一步形成 80℃ 的负压蒸汽，在这个过程中仅消耗少量的电能就从空气中提取了大量的低品位热能产生了低温低压蒸汽，然后通过蒸汽压缩技术，通过机械压缩使得低温低压蒸汽的压力和温度实现提升，最终使得蒸汽的温度和压力满足用户的需求，供给用户使用，在这个过程中也是仅消耗少量的电能就实现了蒸汽品位的提升。其系统原理图如图 8-48 所示。空气能是一种清洁可再生能源，通过消耗少量清洁电能提升空气能品位供热，和燃料锅炉相比全程无二氧化碳的直接排放，和电锅炉相比耗电量可大幅度降低。

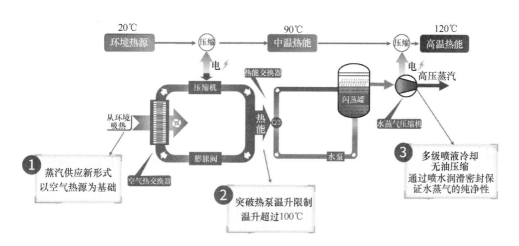

图 8-48　空气能锅炉系统原理图

空气能锅炉主要部分包括：复叠式空气源高温热泵系统、蒸汽发生装置、水蒸气增压机组、蒸汽稳压装置、输配控制系统等。核心设备是复叠式空气源高温热泵和双螺杆水蒸气压缩机。

（2）技术实现过程

空气能锅炉在具体实现的过程中主要分为以下过程：

1）软水吸热升温过程

将处理过的水进入复叠式空气源高温热泵机组进行升温，这一过程主要是从空气（或工业余热水）中吸收低品位热量，通过特殊高温冷媒循环，将空气中吸收的低品位热量提升从而将水加热至 85℃，输送至蒸汽发生装置。

2）蒸汽闪蒸发生过程

将上述复叠式空气源高温热泵产生的高温热水储存在闪蒸罐里，利用水蒸气压缩机抽取闪蒸罐上部气体使水面压力降低至 80℃ 水对应的沸点压力，从而产生闪蒸蒸汽，供向双螺杆水蒸气压缩机。

3）蒸汽压缩升温过程

从闪蒸罐产生的低温低压水蒸气，与双螺杆水蒸气压缩机的入口相通，经压缩机压缩后，蒸汽的温度和压力升高，根据需要可以配置不同的压缩机组，使蒸汽达到 120℃ 通向输配装置，满足生产生活需要。

4）蒸汽输配调节过程

双螺杆水蒸气压缩机输出的蒸汽视生产工艺或生活需求不同，需要输送至相应配给点，而且一般需要的温度和压力也不相同。输配系统应根据系统需求设置控制信号采集和反馈，以确保前端吸热和蒸汽发生与终端蒸汽供应相匹配，形成一套整体系统。

（3）核心技术点

空气能锅炉涉及的核心技术如下：

1）热泵介质工作温度高、区间变化大，对控制和状态稳定性要求更高，本项目所采用的高温热泵系列可以制取 85℃ 热水，最高可以实现 125℃ 供水，这样对系统结构及冷媒提出更高要求。具体是采用两级复叠压缩热泵技术，设置中间换热器，利用两级压缩热泵系统适应宽温区工作范围，最终实现产生高温热水的目标。由于冷媒排气温度高，对控制要求也更高，比如温度对润滑油黏度系数产生一定影响，从而影响压缩机润滑，而压缩比过高易引起输气量及效率下降等。机组采用直流变频低温级压缩机、电子膨胀阀等，使高温复叠式系统在不同环境下负荷发生变化时仍能稳定可靠地制取高温热水。

2）双螺杆水蒸气压缩机工作时输出蒸汽的参数控制

由于水自身的热物性特点，具有很高的绝热指数，造成在高温工况下运行时压缩机排气温度非常高，也容易产生很高的过热度，这样不利于压缩机的使用寿命以及系统的稳定运行。因此，为了保证压缩机组的长期稳定运行，本设计采用了向螺杆压缩腔内多级补水的方法来降低排气温度和排气过热度，以保证供应蒸汽处于饱和状态或过热度较小的过热状态。

（4）技术创新性

空气能锅炉的创新性主要体现在以下几个方面：

1）首次利用热泵技术加热水到中温闪蒸产生负压蒸汽，并通过水蒸气压缩机产生高温高压蒸汽，属于闭式热泵将水加热闪蒸成蒸汽，开式压缩过程将水蒸气高温高压输出；

2）首次利用热泵技术实现超过 100℃ 的温升，将空气中的热能转化成高温高压蒸汽的热能；

3）水蒸气压缩机可以实现正压、负压蒸汽的增压升温，通过喷水润滑密封实现水蒸气的纯净性；其中负压闪蒸或者微正压蒸汽＋蒸汽压缩管道输出高温高压蒸汽，使得空气能"锅炉"可以规避压力容器管制；

4）直流变频复叠空气源热泵可以实现从空气中取热稳定输出 85℃ 以上的热水；

5）智能集成的自动化控制与监测系统，为远程控制和优化运行提供了保障。

（5）技术原理对比

图 8-49 从热力学的角度对比了传统热锅炉和空气能锅炉的水蒸气生成过程。图中蓝线所示为传统热锅炉的蒸汽发生过程，红线所示为空气能锅炉的蒸汽发生过程。

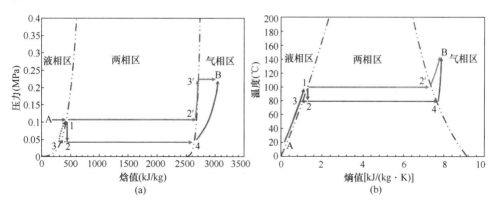

图 8-49 传统热锅炉和空气能锅炉的热物理过程

（a）压-焓图；（b）温-熵图

A 点到 1 点表示常压水被加热到高温状态。之后，在一定的压力和温度下，1-2′过程表示了饱和水从液态到气态的相变过程。由于最终状态 B 是过热状态，在传统的热锅炉中，如 2′-B 过程所示，饱和水蒸气将被引入到过热室，进一步被加热到高温高压状态。与传统的热锅炉相比，空气能锅炉的蒸汽生成方式更为灵活。A 点到 1 点表示常压水被加热到高温饱和状态，之后这部分高温水被引入到闪蒸罐内，2-3 和 2-4 为闪蒸分离过程，高温饱和水在较低的温度和压力下被分离为饱和水和饱和蒸汽，3-1 过程表明低温饱和水返回热泵并继续加热，过程 4-B 表示通过水蒸气压缩机的机械压缩将低温低压饱和水蒸气压缩至高温高压状态。

（6）技术方案对比

针对空气能锅炉，除了采用开式的两级复叠耦合水蒸气压缩的形式产生高温高压蒸汽，采用闭式的三级复叠热泵也是一种理论上的可行方案。但是相比较而言，三级复叠系统的最高温级循环的工质选择以及相应的成熟设备都是一个较大的实际应用问题。此外相比较于三级复叠循环，两级循环加水蒸气压缩机，可以有效地避免更高的冷凝温度，其蒸汽压缩压力对应的饱和温度就是所需使用的蒸汽温度，而通过三级复叠加闪蒸的方案，其供应热水的温度还需要略高于蒸汽温度，这样才能有效的闪蒸出蒸汽，这样也就导致了更高的冷凝温度，从而进一步地提升系统的能耗，降低了系统的性能，也增大了系统的实施难度。

（7）闪蒸温度的选择

闪蒸温度会通过影响热泵侧和水蒸气压缩机侧之间的功率分布来影响空气能锅炉的整体性能。针对环境温度恒定的工况下，不同闪蒸温度下空气能锅炉的功耗进行了理论分析。结果表明：随着闪蒸温度升高，由于冷凝温度随闪蒸温度的升高而升高，复叠热泵的功耗会增大。相比之下，由于入口蒸汽的温度和压力随闪蒸温度的升高而升高，水蒸气压缩机的功耗会降低。空气能锅炉的总功耗呈现先升后降的趋势，在供应 120℃蒸汽时，闪蒸温度在 80℃附近时耗能最小。

2. 方案设备介绍

（1）复叠式空气源高温热泵

方案采用空气源高温热泵热水机组作为空气能锅炉的前端热量供给装置。该空气源高温热泵热水机组采用复叠式循环，并配备复叠式变频压缩技术，低温级循环采用 R410A 制冷剂，高温级循环采用 R134A 制冷剂，最高出水温度高达 90℃，能够在 −35℃的超低温环境下稳定运行，制热性能无衰减。在环境温度为 20℃的工况下，输出 80℃的热水时，热泵机组 COP 高达 2.5。为了保证能够供应足够的热量，配备了 3 台 25P 的空气源高温热泵热水机，总制热量高达 180kW。

（2）闪蒸罐

闪蒸罐在空气能锅炉系统中主要用于将复叠式空气源高温热泵热水机组供给的热水闪蒸生成蒸汽，供给后续的水蒸气压缩机进行再压缩，同时该闪蒸罐具有一定的容积，也可以起到稳定系统压力的作用。标定工况下，复叠式热泵机组向闪蒸罐供给 85℃ 的高温水，闪蒸分离为 80℃ 的饱和蒸汽和饱和液，此时需保持闪蒸罐内部绝对压力为 47.4kPa。

（3）水蒸气压缩机

水蒸气压缩机是空气能锅炉的核心部件，用于抽吸闪蒸罐中闪蒸生成的水蒸气，并将闪蒸蒸汽进一步增压升温，供给到用户侧。系统开机前，水蒸气压缩机需要预先抽出闪蒸罐的空气，维持合适的闪蒸压力。其使用标准工况为 80℃ 吸气（47.4kPa）、120℃ 排气（198.7kPa 饱和压力）。

为了满足喷水降温以及两相压缩的实现，水蒸气压缩机选用双螺杆压缩机。水蒸气双螺杆压缩机作为空气能锅炉的核心设备，必须具有运行可靠，维护方便，经久耐用的特点，同时为了保障压缩过程中喷水的连续与有效地吸热蒸发，要保证压缩机可以实现吸气口雾化喷水和压缩腔内连续的雾化喷水。而且因为系统长期稳定运行过程中吸气压力处于负压状态，排气处于正压状态，为了防止在压缩过程中出现不凝性气体和齿轮箱润滑油的内漏，必须做好转子轴承的负压密封，有效地将压缩腔和齿轮箱以及外部空气隔离。专门设计了一款适用于空气能锅炉的无油水蒸气双螺杆压缩机。水蒸气双螺杆压缩机额定设计工况如表 8-20 所示。

水蒸气双螺杆压缩机的额定设计工况   表 8-20

技术参数	入口蒸汽温度（℃）	入口蒸汽绝对压力（kPa）	出口蒸汽温度（℃）	出口蒸汽绝对压力（kPa）	蒸汽产出量（t/h）
数值	80.0	47.4	120.0	198.7	0.3

水蒸气双螺杆压缩机可运行工况范围如表 8-21 所示。

水蒸气双螺杆压缩机可运行工况范围   表 8-21

技术参数	吸气饱和蒸汽温度（℃）	吸气压力（kPa）	排气饱和蒸汽温度（℃）	排气压力（kPa）	最高排气温度（℃）	转速（r/min）
数值	75～95	38.6～84.6	100～160	101.4～618.2	220	3000～5000

转子型线如图 8-50 所示，阴阳转子采用 5：7 的齿数组合，转子齿数多，排气孔口面积大，而压力脉动、振动和噪声等较小。转子型线均为二次曲线，可以有效地降低通过接触线的横向泄漏和通过泄漏三角形的轴向泄漏，从而提高压缩机的容积效率。主要型线参数如表 8-22 所示。

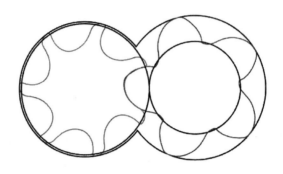

图 8-50   阴阳转子转子型线

转子型线主要参数   表 8-22

型线参数	数值	型线参数	数值
阳转子齿数	5	阴转子齿数	7
阳转子齿顶圆直径 （mm）	205	阴转子齿顶圆直径 （mm）	192
阳转子齿根圆直径 （mm）	128	阴转子齿根圆直径 （mm）	115
阳转子节圆直径 （mm）	133.334	阴转子节圆直径 （mm）	186.666
中心距（mm）	160		

阴阳转子的结构参数和特性如表 8-23 所示。

转子的结构参数和结构特性   表 8-23

转子结构参数	数值	典型几何特性	数值
转子长度（mm）	330	阳转子齿间面积（cm^2）	19.384
阳转子扭角（°）	300	阳转子齿间面积（cm^2）	18.636
阴转子扭角（°）	200	面积利用系数	0.45235
阳转子导程（mm）	396	扭角系数	0.98194
阴转子导程（mm）	554.4	每转理论排量（cm^3）	6159.99

根据阴阳转子的结构参数得到转子的三维模型，并配套设计水蒸气双螺杆压缩

机相应的壳体，最终得到压缩机以及转子的三维模型如图 8-51 所示。

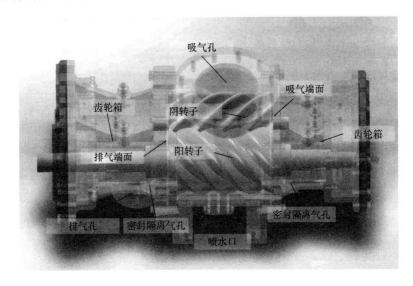

图 8-51　压缩机的三维模型图

根据实际应用需求，水蒸气双螺杆压缩机的内容积比（吸气结束时压缩腔的容积/排气开始时压缩腔的容积）设计为 4.5，在水蒸气双螺杆压缩机的吸气孔口前的吸气管道内布置有一个雾化喷水口，在压缩腔体内阴阳转子两侧各布置有三个雾化喷水口，实现压缩过程中雾化喷水的连续性。阳转子侧雾化喷水口与转子中心线夹角为 125°，阴转子侧雾化喷水口与转子中心线夹角为 115°，三个喷水口距离排气端面的距离依次是 226.6mm、155.6mm、106.8mm。

在该无油水蒸气双螺杆压缩机中，转子的驱动靠同步齿轮来实现，同步齿轮为可调式结构可以调节转子间间隙，同步齿轮箱内配有油冷系统，润滑油不断地由油泵送入齿轮内，然后经过散热器回流入油箱，不仅具有润滑的作用还可以有效地降低齿轮温度。

为了保证齿轮的轴向密封性能，防止压缩过程中不凝性气体和齿轮箱内的润滑油内漏，采用六道碳环与微正压隔离气双层密封技术，四道碳环密封压缩腔，两道碳环密封齿轮箱，在碳环中间通有微正压隔离气，实现正压与负压的双向密封，优先保证润滑油不会内漏。

压缩机机体采用铸铁铸造，转子采用 302 不锈钢制作。

3. 方案实施落地

宏济堂酒坊的空气能锅炉在设计完成后于 2019 年 1 月—5 月进行施工建设，

其施工布置示意图如图 8-52 所示，历经四个月，在经历了土地平整、核心设备组装、管道连接、水电连接、设备调试、保温优化后，空气能锅炉现场设备安装情况如图 8-53 所示，项目总投资额为 111.6 万元，占地面积 70m²。

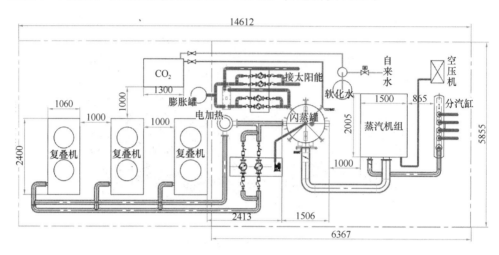

图 8-52   空气能锅炉的施工布置示意图

(a)

(b)

图 8-53   空气能锅炉现场设备安装情况

（a）核心设备组装完毕；（b）机组整体保温完毕

8.8.3 项目运行效果

项目于 2020 年投入使用，能够完全保证酒窖日常生产蒸汽的供应，最大蒸汽供应量可以实现 300kg/h，最大电功耗不超过 150kW，在尽量降低能耗的前提下，为宏济堂酒坊的扩大生产提供了充足稳定可靠的蒸汽供应。目前已经运转 1 年半，空气能锅炉的实时测试性能如图 8-54 所示，用户使用结果表明设备可以实现全年

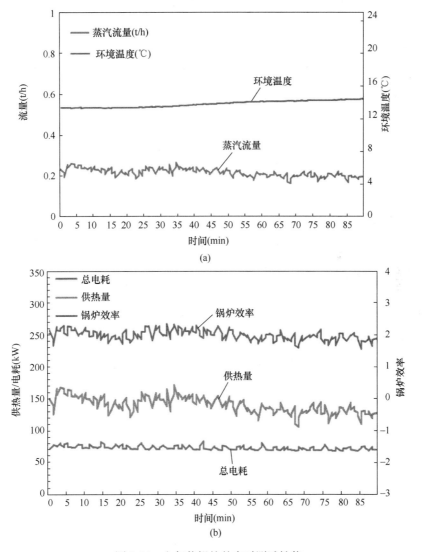

图 8-54　空气能锅炉的实时测试性能

（a）蒸汽流量和环境温度；（b）供热量、电耗和锅炉效率

稳定运行，在 2020 年 11 月 17 日宏济堂酒坊为空气能锅炉出具了使用节能报告，报告显示：该设备节能效果显著，与传统电直热锅炉相比，在用户使用期间内平均节省电量约为节能 46％，设备每小时节约 90kWh 电能，每年可节约用电 777600kWh，节约 46.7 万元运行费用，2.4 年可以回收投资成本。

同时针对空气能锅炉的性能也进行了实时测试，实时测试结果也表明空气能锅炉在环境温度为 15℃的时候，设备的 COP 可以达到 2 左右。为了进一步验证机组性能的可靠性，委托山东省产品质量检测研究院针对该空气能锅炉进行了性能检测，并出具了权威检测报告：在环境温度为 18.9℃，供应 120.2℃饱和蒸汽时，该设备的 COP 可达 1.85。

空气能锅炉具有显著的社会效益，它提供了一种全新的工业蒸汽供应方案，使中小型企业摆脱了对燃料锅炉和电锅炉的依赖，引领了空气源热泵供热的技术进步和行业发展。

同时空气能锅炉还具有显著节能减排效益，在环境温度 20℃时，空气能锅炉供应 120℃的蒸汽温度能效可以达到 1.8，表明每生产 1t 蒸汽仅需要消耗 400kWh 的电能，远低于电锅炉 720kWh 的电能消耗，因此每产生 1t 蒸汽比电锅炉节省了 320kWh 的电能，节省了 128kg 标准煤，减排了 319.04kg CO_2；那么一台 10t/h 的空气能锅炉每天使用 24 个小时，每年使用 360 天，就可以节约 2764.8 万 kWh 电量，节省 11059.2t 标准煤，减排 27565.1t CO_2。而每生产 1t 蒸汽燃气锅炉排放 163.8kg 的 CO_2，生物质锅炉排放 197.2kg 的 CO_2，燃煤锅炉排放超过 330kg 的 CO_2，如果空气能锅炉耗电是基于风能、太阳能、水能等清洁能源进行发电，更是可以有效地减少了 CO_2 的排放，全面实现近零排放。同时空气能锅炉通过电力驱动，依靠空气热源，适用面广，可以在我国大多数地区广泛推广与应用。

附　　录

各发电方式投资及运行维护费　　　　　　　　　　　　　附表 1

	投资 （元/kW）	固定运行维护成本 [万元/（MW·年）]	发电能耗	寿命 （年）
煤电	4500	6.2	300gce/kWh	40
煤电＋CCS	8000	24.4	333.3gce/kWh	40
气电	3000	9.8	0.2Nm³/kWh	40
气电＋CCS	6000	28	0.222Nm³/kWh	40
生物质电	8000	44.8	300gce/kWh	40
生物质电＋CCS	12000	44.8	333.3gce/kWh	40
西部陆上风电	6000	14.6		20
海上风电	12000	43.45		25
西部集中光伏	4600	6.65		25
西部分布式光伏	4260	6.3		25
东部陆上风电	6100	14.6		20
东部集中光伏	4230	6.65		25
东部分布式光伏	3900	6.3		25

注：1. 西部风光电含 20% 的储能投资，1200 元/kW，东部风光电含 10% 的储能投资，600 元/kW。

2. 中国现有火电装机高达 12 亿 kW，且 46% 为运行 10 年及以下机组，火电机组投资考虑按 60% 计算，CCS 投资不变。

特高压输电方式投资及运行维护费　　　　　　　　　　附表 2

	投资 [万元/（MW·km）]	固定运行维护成本 [万元/（MW·km·年）]	输电损失 （2000km）	寿命 （年）
特高压直流	0.19	0.0019	6%	30
特高压交流	0.3	0.003	2.5%	30

各区域燃料价格   附表 3

	燃煤价格（元/tce）	燃气价格（元/m³）	生物质价格（元/tce）
新疆	797	2.54	1600
青海	937	3.13	1600
宁夏	870	2.74	1600
甘肃	970	3.00	1600
陕西	1037	2.92	1600
西南电网	1180	3.30	1600
南方电网	1205	3.30	1600
华中电网（除河南）	1276	3.30	1600
华东电网	1190	3.30	1600
河南	1100	3.80	1600
山西	1027	3.76	1600
山东	1217	3.87	1600
河北南网	1023	3.87	1600
蒙西	920	2.85	1600
冀北	1023	3.87	1600
北京	1090	3.00	1600
天津	1090	3.00	1600
蒙东	920	2.85	1600
黑龙江	1137	3.54	1600
吉林	1120	3.54	1600
辽宁	1130	3.87	1600

注：参照各区域燃煤、燃气价格的现状并考虑一定的增长。